中国石油大学(北京)学术专著系列
国家自然科学基金项目资助(项目号：71573273；71934006)

中国可再生能源发电的机遇挑战和激励机制设计

赵晓丽 著

科学出版社
北京

内 容 简 介

气候变化和环境污染给中国经济可持续发展带来了重大挑战，促进能源结构由化石能源向以可再生能源为代表的清洁低碳能源转型已成为人类未来能源发展的大趋势。本书主要包括三部分内容：第一部分从传统化石能源发电的环境负外部性及可再生能源发电的环境正外部性（与化石能源发电相比的环境外部成本）角度分析可再生能源发电面临的机遇；第二部分分析了中国可再生能源发展中面临的挑战，包括能源转型所带来的利益关系重新调整带来的挑战，监管机制完善过程中的挑战等问题；第三部分分析了促进可再生能源发展的激励机制，包括制度保障、监管机制完善、电力市场机制完善、宏观管理和微观运行机制优化等。

本书可供研究中国可再生能源发展的相关学术界人士、高校学生、可再生能源发展的政策制定者和政策咨询研究机构工作人员，以及与可再生能源发展利益密切相关的企业界人士等参考使用。

图书在版编目（CIP）数据

中国可再生能源发电的机遇挑战和激励机制设计 / 赵晓丽著. —北京：科学出版社，2020.9

（中国石油大学（北京）学术专著系列）

ISBN 978-7-03-065584-4

Ⅰ. ①中⋯　Ⅱ. ①赵⋯　Ⅲ. ①再生能源-发电-研究-中国
Ⅳ. ①TM619

中国版本图书馆CIP数据核字（2020）第106522号

责任编辑：万群霞　崔元春 / 责任校对：王　瑞
责任印制：吴兆东 / 封面设计：无极书装

科学出版社 出版
北京东黄城根北街16号
邮政编码：100717
http://www.sciencep.com

北京虎彩文化传播有限公司 印刷
科学出版社发行　各地新华书店经销

*

2020年9月第 一 版　开本：720×1000 1/16
2021年4月第二次印刷　印张：17 1/2
字数：353 000

定价：158.00元
（如有印装质量问题，我社负责调换）

丛 书 序

  大学是以追求和传播真理为目的，并对社会文明进步和人类素质提高产生重要影响力和推动力的教育机构和学术组织。1953年，为适应国民经济和石油工业的发展需求，北京石油学院在清华大学石油系吸收北京大学、天津大学等院校力量的基础上创立，成为新中国第一所石油高等院校。1960年被确定为全国重点大学。历经1969年迁校山东改称华东石油学院；1981年又在北京办学，数次搬迁，几易其名。在半个多世纪的历史征程中，几代石大人秉承追求真理、实事求是的科学精神，在曲折中奋进，在奋进中实现了一次次跨越。目前，学校已成为石油特色鲜明，以工为主，多学科协调发展的"211工程"建设的全国重点大学。2006年12月，学校进入"国家优势学科创新平台"高校行列。

  学校在发展历程中，有着深厚的学术记忆。学术记忆是一种历史的责任，也是人类科学技术发展的坐标。许多专家学者把智慧的涓涓细流，汇聚到人类学术发展的历史长河之中。据学校的史料记载：1953年建校之初，在专业课中有90%的课程采用苏联等国的教材和学术研究成果。广大教师不断消化吸收国外先进技术，并深入石油厂矿进行学术探索，到1956年，编辑整理出学术研究成果和教学用书65种。1956年4月，北京石油学院第一次科学报告会成功召开，活跃了全院的学术气氛。1957～1966年，由于受到全国形势的影响，学校的学术研究在曲折中前进。然而许多教师继续深入石油生产第一线，进行技术革新和科学研究。到1964年，学院的科研物质条件逐渐改善，学术研究成果及译著得到出版。党的十一届三中全会之后，科学研究被提到应有的中心位置，学术交流活动也日趋活跃，同时社会科学研究成果也在逐年增多。1986年起，学校设立科研基金，学术探索的氛围更加浓厚。学校始终以国家战略需求为使命，进入"十一五"之后，学校科学研究继续走"产学研相结合"的道路，尤其重视基础和应用基础研究。"十五"以来，学校的科研实力和学术水平明显提高，成为石油与石化工业应用基础理论研究和超前储备技术研究，以及科技信息和学术交流的主要基地。

  在追溯学校学术记忆的过程中，我们感受到了石大学者的学术风采。石大学者不但传道授业解惑，而且以人类进步和民族复兴为己任，做经世济时、关乎国家发展的大学问，写心存天下、裨益民生的大文章。在半个多世纪的发展历程中，石大学者历经磨难、不言放弃，发扬了石油人"实事求是、艰苦奋斗"的优良作风，创造了不凡的学术成就。

学术事业的发展犹如长江大河，前浪后浪，滔滔不绝，又如薪火传承，代代相继，火焰愈盛。后人做学问，总要了解前人已经做过的工作，继承前人的成就和经验，并在此基础上继续前进。为了更好地反映学校科研与学术水平，凸显石油科技特色，弘扬科学精神，积淀学术财富，学校从2007年开始，建立"中国石油大学(北京)学术专著出版基金"，专款资助教师以科学研究成果为基础的优秀学术专著的出版，形成了"中国石油大学(北京)学术专著系列"。受学校资助出版的每一部专著，均经过初审评议、校外同行评议、校学术委员会评审等程序，确保所出版专著的学术水平和学术价值。学术专著的出版覆盖学校所有的研究领域。可以说，学术专著的出版为科学研究的先行者提供了积淀、总结科学发现的平台，也为科学研究的后来者提供了传承科学成果和学术思想的重要文字载体。

石大一代代优秀的专家学者，在人类学术事业发展尤其是石油与石化科学技术的发展中确立了一个个坐标，并且在不断产生着引领学术前沿的新军，他们形成了一道道亮丽的风景线。"莫道桑榆晚，为霞尚满天"。我们期待着更多优秀的学术著作，在园丁灯下伏案或电脑键盘的敲击声中诞生，而展现在我们眼前的一定是石大寥廓邃远、星光灿烂的学术天地。

祝愿这套专著系列伴随新世纪的脚步，不断迈向新的高度！

中国石油大学(北京)校长

2008年3月31日

序

气候变化是人类在环境与发展问题上面临的严峻而紧迫的挑战，统计数据表明，大气污染物排放总量的75%、温室气体排放总量的85%来自于能源生产和消费的过程，实施能源、环境、气候协同治理可以大幅度提高协同效益。促进可再生能源发电增长是优化能源结构、改善环境质量、减缓气候变化的一个重要措施。

全球很多国家高度重视发展可再生能源。截至2018年年底，全球非水可再生能源发电装机已达全部电力装机的17.6%；2018年新增电力的23%已来自非水可再生能源。中国政府同样高度重视可再生能源的发展，在过去十几年间，中国在可再生能源发展领域取得了举世瞩目的成绩。自2005年《中华人民共和国可再生能源法》颁布至2018年，中国非水可再生能源装机增长了338倍，其中风电装机增长了173倍，太阳能光伏发电装机在2009年的基础上增长了5820倍（从2009年的3万kW增加到2018年的17463万kW）。但是，中国可再生能源发电与世界可再生能源发电大国相比还有很大差距。截至2018年年底，中国非水可再生能源装机虽然已达全部电力装机容量的20.9%，但仍比德国和英国分别低32.8%和19.5%；2018年中国非水可再生能源发电量仅占全部发电量的11%，分别低于德国和英国25.0%和23.2%。截止2018年年底，中国的煤电装机占比仍然高达53.6%，远高于全球平均水平的29.5%。因此，中国以促进可再生能源发展为目标的能源结构转型升级的任务依然任重道远。

赵晓丽教授所著的《中国可再生能源发电的机遇挑战和激励机制设计》系统地分析了中国可再生能源发电所面临的环境机遇、制度挑战和解决这些问题的激励机制，该著作对解决中国可再生能源发展障碍中的经济、社会、环境等问题进行了全面考察。这一著作的出版将为中国可再生能源的进一步发展，以及中国能源结构的转型升级起促进作用。赵晓丽教授长期从事可再生能源发电、能源结构转型及节能减排等领域的政策研究工作，在相关领域取得了多项研究成果，这本《中国可再生能源发电的机遇挑战和激励机制设计》即是她对中国能源转型领域研究的重要贡献之一。

本书的一个主要特征是既有基于选择模型方法、人力资本方法、机组组合模型等经济学方法对可再生能源发电增长的影响因素进行定量的、偏学术的分析，又有基于中国电力市场改革实际和未来发展方向、结合国外促进可再生能源发电的成功经验对可再生能源发电增长的影响因素进行定性的、偏应用的分析；既有对促进中国可再生能源发展的经济价值、环境价值的理论阐述，又有对如何促进可再生能源发展的市场制度、监管制度等方面完善的政策建议。本书围绕促进中国可再生能源发电这一研究主题,将理论研究和实际问题进行了很好的统一,对解决可再生能源发展领域的理论和实践问题具有重要参考作用。

在以减缓和适应气候变化为重要战略目标的当今世界,促进可再生能源的发展已成为各国能源战略的重要选择。中国经济在经历了快速增长之后,目前的主要任务已转为如何促进经济增长、社会稳定与环境保护的协调发展,实现高质量增长,促进可再生能源发展是实现这一目标的重要保障。

该书所研究的内容对解决中国可再生能源发展中所面临的挑战,如何从制度机制上促进可再生能源的发展具有许多借鉴之处。对于关心中国可再生能源发展及能源转型的广大读者而言,阅读本书对深刻理解中国可再生能源发展中的相关问题会有很大帮助。希望我们共同努力,在促进可再生能源发展及促进中国和世界的可持续发展领域做出我们的贡献!

2020 年 1 月 20 日

前　言

能源是一个国家经济发展的动力。但由传统化石能源消费所带来的环境损害问题已引起广泛的关注,如何实现能源消费中的生态环境安全,已成为中国经济可持续发展面临的重要挑战。从世界经济的发展历程来看,经济增长周期与能源技术革命密切相关,源自新技术的重大突破及其商业化进程是经济增长的主要动力。以可再生能源为主导的新一轮能源革命已成为一种必然趋势,哪一个国家在这一趋势中尽快转型,取得领先优势,将决定这一国家未来经济政治的国际影响力。

面对全球气候变化的挑战,世界范围内的可再生能源已得到快速发展。2015 年,全球电力供应增长的一半来自风电。少数国家个别时段的电力供应已完全来自可再生能源。许多国家均制定了促进可再生能源发展的战略。德国计划在 2020 年,将可再生能源发电比例提高至 50%,2040 年提高至 65%,2050 年提高至 80%;丹麦甚至计划到 2050 年完全摆脱化石能源,经济发展不再依赖石油、天然气和煤炭。

一方面,中国的可再生能源也得到了快速发展,目前中国风电和太阳能发电装机容量均位于世界第一。截至 2015 年年底,中国的风电装机容量已是风电装机容量排在全球第二位的大国——美国的 2 倍。但另一方面,中国可再生能源的发展正面临严峻挑战。中国可再生能源的发电比例依然很低,弃风、弃光问题十分严重。中国的风电装机容量虽然为美国的 2 倍,但风电发电量却只有美国的 97.6%(Lu et al., 2016);2016 年弃风电量高达 500 亿 kW·h,部分地区弃风率超 40%(国家能源局,2017)。

如何促进中国可再生能源的发展,避免中国的能源系统继续锁定在高污染的生产模式下是需要研究解决的一个重要课题。研究显示,政策是影响可再生能源发展的重要因素(Polzin et al., 2015; Zhao et al., 2016)。可再生能源政策通过提供财政补助、低息贷款和强制性指标(如生产配额和可交易证书)等方式直接影响可再生能源的发展,或通过节能减排政策、促进相关产业发展政策等方式间接影响可再生能源的发展。同时也有观点认为,以固定上网电价(FIT)政策为代表的财政补贴类优惠政策虽然对可再生能源的发展起重要的推动作用,但是这类政策往往给政府带来严重的财政负担,因此,需要通过电力市场化改革等制度优化设计手段促进可再生能源的可持续性发展(Meyer, 2004)。Lu 等(2016)也认为制度安排是影响可再生能源发展的关键因素;除了政策、制度等促进可再生能源发展的因素之外，资源环境条件等也是影响可再生能源发展的重要驱动力量。因此，本书主要从资源环境的约束角度出发，研究中国可再生能源发展中面临的机遇、挑战，以及促进可再生能源发展的制度优化问题。

具体而言，本书中"中国可再生能源发电的机遇"是指随着人们对环境问题的重视，以可再生能源取代传统化石能源为代表的能源结构的转型升级已得到越来越广泛的认同。这一部分主要内容包括评估传统化石能源发电产业的环境外部成本，分析环境污染对人体健康的影响及经济损失，阐述与传统化石能源发电相比，可再生能源发电的能源效率和环境提升价值。

"中国可再生能源发电的挑战"主要体现在四个方面。第一，大量弃风、弃光现象背后的利益关系重新调整所面临的巨大障碍。第二，促进可再生能源发展的监管机制完善过程中的挑战。例如，电网公司业务性质的定位与促进可再生能源发展之间存在冲突等。第三，电力市场机制不完善，这不仅影响了可再生能源低边际成本优势的发挥，同时也制约了为可再生能源发电进行调峰的灵活性电源的建设和发展。第四，电力行业宏观管理和微观运行中存在的问题。

"中国可再生能源发电的激励机制设计"主要从五个方面进行阐述。一是促进可再生能源发展的监管制度保障问题。国外的监管经验显示对电网公司的监管是电力监管的核心，因此这部分内容重点分析了电网公司的业务结构、收入模式与责任体系的重新定位问题。二是探讨了促进可再生能源发展的监管内容完善，包括对电网公司所有权的监管及行业监管内容的改革。三是具体分析了电网公司考核指标体系的改革问题。四是分析了电力市场机制对可再生能源消纳的作用，并对电力市场机制的完善提出了建议。五是对电力市场的宏观调控机制和微观运行机制的改革和完善提出了建议。

总之，中国可再生能源的发展促进能源系统领域利益关系的重新调整；同时，影响可再生能源政策制定的社会选择也具有较大复杂性，这一切决定了中国可再生能源发展之路必定不平坦，还有很多困难要去克服，还有很长的路要走。但能源结构转型已成为一种历史发展的必然趋势，可再生能源的发展中虽然还面临很多挑战，但这些都是发展中不可避免的问题，我们相信这些问题会逐步得到解决，同时也希望本书所呈现给读者的研究成果能为早日解决这些问题发挥作用。

本书受到国家自然科学基金、能源基金会和中国石油大学（北京）学术专著出版基金的支持，在此对这些支持单位表示感谢！

在本书的完成过程中，尤其得到了原能源基金会北京办事处芦红主任、王曼经理和国家能源局新能源和可再生能源司梁志鹏副司长等领导的大力帮助，在此，对他们的帮助致以衷心的感谢！

本书的完成，还要得益于相关课题组成员的帮助，他们分别是参与国家自然科学基金项目研究的马春波、杨自力、蔡琼、刘素蔚、闫风光、李淑洁、范春阳、姚进、郜东慧；参与能源基金项目研究的杨晓光、张素芳、张政军、张永伟、袁家海、刘秀丽、王君卫、鲍勤、杨睿、王顺昊。

  由于水平有限，书中难免存在不足之处，敬请读者批评指正。

作 者

2019 年 12 月

目　　录

丛书序
序
前言

第1章　传统发电产业的环境外部性 ·· 1
  1.1　中国传统发电产业环境外部性现状 ··· 1
  1.2　基于生命周期法的中国燃煤发电环境外部性评价 ························ 5
      1.2.1　生命周期方法的技术路线 ·· 5
      1.2.2　数据来源 ·· 7
      1.2.3　计算结果及分析 ·· 9
      1.2.4　环境外部性的经济成本 ··· 12
  1.3　基于选择模型方法的中国燃煤发电环境外部性评价 ··················· 14
      1.3.1　选择实验设计 ·· 14
      1.3.2　计量经济学模型 ·· 17
      1.3.3　计算结果及分析 ·· 19
      1.3.4　计算结果的有效性检验 ··· 23
  1.4　本章小结 ·· 25

第2章　环境外部性的经济损失分析——以北京市为例 ····················· 26
  2.1　空气污染对健康具有重要影响 ·· 26
  2.2　北京市的空气污染状况 ·· 29
      2.2.1　北京市空气污染总体情况 ·· 29
      2.2.2　北京市空气污染情况的分区统计 ···································· 30
  2.3　研究方法及数据来源 ··· 31
      2.3.1　研究方法 ·· 31
      2.3.2　数据来源 ·· 35
  2.4　计算结果及分析 ·· 39
  2.5　本章小结 ·· 43

第3章　可再生能源发电对电力系统能源强度的影响 ·························· 45
  3.1　相关理论分析 ··· 45
      3.1.1　可再生能源发电增长对燃煤消耗的影响 ·························· 45
      3.1.2　风电发电量增加对燃油消耗的影响 ································ 46
      3.1.3　风电发电量增加对燃煤机组变负荷磨损成本的影响 ·········· 46

3.2 风电发电量增加对能源强度影响的研究方法 ························· 48
   3.2.1 模型建立 ··· 48
   3.2.2 数据来源 ··· 52
   3.2.3 模型求解方法 ··· 57
3.3 计算结果及分析 ··· 58
   3.3.1 电力系统能源强度随风电增加而降低 ·························· 58
   3.3.2 风电发电量增加与电力系统能源强度最低目标的实现 ············ 60
   3.3.3 风电发电量增加与供热需求的满足 ···························· 61
   3.3.4 两种目标函数下的弃风情况对比分析 ·························· 63
   3.3.5 风电发电量增加对电力系统经济成本的影响 ···················· 64
3.4 改进燃煤机组调峰能力后的计算结果及分析 ························ 65
   3.4.1 风电发电量增加对电力系统能源强度的影响 ···················· 66
   3.4.2 满足能源强度最低时的弃风情况 ······························ 68
3.5 本章小结 ··· 71

第4章 可再生能源发电与燃煤发电环境外部性比较 ················· 72
4.1 基于生命周期法的风电环境外部性评价 ···························· 72
   4.1.1 中国风电资源分布及发电现状 ································ 72
   4.1.2 风电场系统边界 ·· 74
   4.1.3 数据来源及说明 ·· 74
   4.1.4 计算结果及分析 ·· 76
4.2 基于选择模型方法的生物质发电环境外部性评价 ···················· 79
   4.2.1 中国生物质资源分布及发电现状 ······························ 79
   4.2.2 选择试验设计 ·· 81
   4.2.3 实证模型构建 ·· 84
   4.2.4 计算结果及分析 ·· 86
4.3 光伏发电的环境外部性评价 ······································ 91
   4.3.1 中国太阳能资源分布及发电现状 ······························ 91
   4.3.2 基于全生命周期方法的光伏发电环境外部性分析 ················ 93
   4.3.3 基于选择模型的光伏发电的环境外部价值评估 ·················· 98
4.4 与燃煤发电相对比的可再生能源发电环境外部价值 ················· 103
   4.4.1 可再生能源发电与燃煤发电污染物排放数量的对比 ············· 103
   4.4.2 可再生能源发电与燃煤发电污染物排放的环境外部成本比较 ····· 103
4.5 本章小结 ·· 104

第5章 可再生能源发电的经济性评价 ···························· 105
5.1 风电与燃煤发电的经济成本比较 ·································· 105
   5.1.1 风力发电的经济成本 ·· 105

		5.1.2 燃煤发电的经济成本	106
		5.1.3 考虑环境外部性的风电与燃煤发电综合成本比较	108
	5.2	可再生能源发电对利害关系者经济利益的影响	109
		5.2.1 对火电企业经济利益的影响	109
		5.2.2 对电网公司利益的影响	110
		5.2.3 对地方政府利益的影响	111
	5.3	本章小结	117
第6章	制约可再生能源消纳的关键		119
	6.1	有效监管是促进可再生能源发展的关键	119
		6.1.1 完善的监管制度	119
		6.1.2 明确的监管职能	121
		6.1.3 对电网公司监管是电力监管的核心	124
		6.1.4 综合能源监管部门职能独立	127
		6.1.5 监管信息透明	128
		6.1.6 执行和处罚有力	129
	6.2	中国电力行业监管中存在的问题	129
		6.2.1 电力系统综合资源规划缺乏	129
		6.2.2 电网公司业务性质的定位与促进可再生能源发展之间存在冲突	130
		6.2.3 监管主体缺少社会和公众监督	131
		6.2.4 电网公司行业监管和所有权监管现状及存在的问题	132
		6.2.5 电网公司业绩考核现状及存在问题	134
	6.3	本章小结	139
第7章	电力市场机制构建中存在的问题		140
	7.1	电价机制现状及存在的问题	140
		7.1.1 上网电价机制	141
		7.1.2 跨省跨区电力交易价格机制	143
		7.1.3 辅助服务补偿电价机制	145
		7.1.4 需求侧响应电价机制	146
	7.2	电力交易机制现状及存在的问题	147
		7.2.1 中国跨省跨区电力交易组织情况分析	147
		7.2.2 电力交易机制对可再生能源发电的制约	148
	7.3	本章小结	148
第8章	电力行业宏观管理和微观运行中存在的问题		150
	8.1	电力规划协调机制中存在的问题	150
		8.1.1 电力规划不协调阻碍了可再生能源的发展	150
		8.1.2 规划的执行力弱阻碍了可再生能源发电的消纳	151

8.2 财税机制中存在的问题·····152
8.2.1 补贴机制存在附加值调整滞后与补贴不到位的问题·····153
8.2.2 体现能源生产环境外部性的财税机制不完善·····154
8.2.3 财税政策的支持对象相对有限·····155
8.3 电力运行机制中存在的问题·····156
8.3.1 年度发电计划的安排模式不利于接纳更多可再生能源并网发电·····156
8.3.2 调度模式安排中存在着不利于可再生能源并网发电的因素·····156
8.3.3 备用容量安排中的问题·····157
8.4 本章小结·····158

第9章 促进可再生能源发展的监管制度保障·····159
9.1 国外电力行业监管经验对中国的借鉴·····159
9.1.1 形成有效的电力市场结构是实现有效监管的前提·····159
9.1.2 形成独立的综合能源监管部门是有效监管的关键·····159
9.1.3 第三方的有效参与是有效监管的重要措施·····160
9.1.4 信息的高度透明是有效监管的重要方面·····160
9.1.5 将公共服务业务与竞争性业务分离,并采取不同的监管方式·····160
9.2 电网公司业务结构、收入模式与责任体系的重新定位·····160
9.2.1 电力体制改革的思路与内容·····160
9.2.2 电网公司的基本定位·····162
9.2.3 电力体制改革路径中的几种模式·····162
9.2.4 不同类型电网公司责任·····164
9.2.5 国资体制改革背景下电网公司功能与经营责任的重新定位·····165
9.3 明确电网公司新定位下的责任体系及其履行机制·····166
9.3.1 新定位下电网公司的责任体系·····166
9.3.2 建立公共服务责任的履行机制·····168
9.4 当前电力体制下电网公司监管制度的完善·····168
9.4.1 明确可再生能源发展责任在电网公司监管中的重要地位·····168
9.4.2 确立电力监管顶层目标并建立一体化的综合协调机制·····170
9.4.3 优化监管主体的职权配置与专业能力·····172
9.4.4 优化监管程序与提高监管透明度·····174
9.4.5 协调行业监管与所有权监管·····174
9.5 本章小结·····176

第10章 促进可再生能源发展的监管内容完善·····178
10.1 有效电力监管体系的构成·····178
10.1.1 制定明确的监管原则与政策目标·····178
10.1.2 监管权限合理划分·····178

10.1.3　监管机构独立 ·············· 178
　　　10.1.4　监管程序合理 ·············· 179
　　　10.1.5　监管对象明确 ·············· 179
　　　10.1.6　监管机构职责清晰 ············ 179
　10.2　电力行业监管的重点 ················ 179
　　　10.2.1　对电网公司的监管是电力监管的重点 ···· 179
　　　10.2.2　对电网公司发展可再生能源发电责任的监管 · 180
　10.3　电力体制改革过渡时期电网公司监管内容完善 ······ 181
　　　10.3.1　电网公司促进可再生能源发电责任在行业监管中的体现 ··· 182
　　　10.3.2　电网公司促进可再生能源发电责任在所有权监管中的体现 · 184
　　　10.3.3　加强电网公司信息披露 ········· 185
　　　10.3.4　完善许可证监管 ············· 186
　　　10.3.5　对电网规划与投资建设加强监管 ····· 186
　　　10.3.6　电网无歧视公平开放 ··········· 187
　　　10.3.7　电网公司财务监管 ············ 187
　　　10.3.8　电力调度监管 ·············· 187
　10.4　电力体制改革情景下电网公司监管改革 ········ 188
　　　10.4.1　行业监管的主要内容 ··········· 188
　　　10.4.2　所有权监管的主要内容 ·········· 190
　　　10.4.3　电网公司发展可再生能源发电责任在行业监管中的体现 ··· 191
　　　10.4.4　电网公司发展可再生能源发电责任在所有权监管中的体现 · 193
　10.5　本章小结 ······················ 193

第 11 章　促进可再生能源发电的电网公司绩效考核制度设计 ··· 195
　11.1　考核制度设计的基本思路和总体原则 ········· 195
　　　11.1.1　考核制度设计的基本思路 ········· 195
　　　11.1.2　电网公司绩效考核制度设计的基本原则 ··· 195
　11.2　电力体制改革和国资监管方式改革对电网公司考核的影响 ·· 196
　　　11.2.1　电力体制改革对电网公司绩效考核的影响 · 196
　　　11.2.2　国资监管改革对电网公司考核的影响 ···· 197
　11.3　电网公司绩效监管体系改革方案设计 ········· 199
　　　11.3.1　改革阶段划分与总体目标模式分析 ····· 199
　　　11.3.2　不同改革进程下电网公司绩效考核机制设计 · 200
　11.4　改革方案的分阶段实施计划与配套措施 ········ 210
　　　11.4.1　电力体制改革过渡期的电网公司考核实施计划与配套措施 · 210
　　　11.4.2　电力体制改革完成期电网公司考核实施计划与配套措施 ·· 210
　11.5　本章小结 ······················ 211

第 12 章 促进可再生能源发展的市场交易机制完善 ·················· 213

12.1 电力市场化改革对可再生能源发电的影响 ·················· 213
12.1.1 电力市场化改革对可再生能源发电影响的理论分析 ·················· 213
12.1.2 电力市场化改革对可再生能源发电影响的定量化分析 ·················· 216

12.2 国外电力市场机制设计经验 ·················· 220
12.2.1 市场设计需要反映电力系统对调峰电源的持续需求 ·················· 220
12.2.2 改革交易机制或增加交易产品促进可再生能源发电增长 ·················· 221
12.2.3 可再生能源证书交易机制 ·················· 221

12.3 电价机制的完善 ·················· 225
12.3.1 电价形成机制改进建议 ·················· 225
12.3.2 可再生能源跨省交易电价机制 ·················· 226
12.3.3 辅助服务电价机制 ·················· 227
12.3.4 需求侧响应电价机制 ·················· 228

12.4 电力交易机制的完善 ·················· 229
12.4.1 扩大电力交易范围 ·················· 229
12.4.2 建立辅助服务电力交易市场 ·················· 230
12.4.3 鼓励可再生能源跨省(自治区、直辖市)交易 ·················· 230

12.5 本章小结 ·················· 231

第 13 章 促进可再生能源发展的宏微观调控运行机制完善 ·················· 232

13.1 财税机制的国际经验借鉴 ·················· 232
13.1.1 美国经验 ·················· 232
13.1.2 欧盟经验 ·················· 234
13.1.3 对中国的启示 ·················· 235

13.2 调度机制的国际经验 ·················· 236
13.2.1 在更大区域内调度是减小电网影响和接入成本的优化选择 ·················· 236
13.2.2 成立可再生能源电力控制中心 ·················· 237
13.2.3 更多利用市场机制决定风电上网电量 ·················· 237
13.2.4 对中国的启示 ·················· 238

13.3 发电预测机制的国际经验 ·················· 238
13.3.1 欧美国家和地区风电预测预报机制 ·················· 238
13.3.2 对中国的启示 ·················· 241

13.4 改革宏观调控机制,实现可再生能源优先调度 ·················· 242
13.4.1 电力规划协调机制的完善 ·················· 242
13.4.2 财税机制的完善 ·················· 243

13.5 改革微观运行机制,实现可再生能源优先调度 ·················· 245
13.5.1 改革年度发电计划 ·················· 245

  13.5.2 电力调度机制的完善 …………………………………………… 246
  13.5.3 电力系统备用机制的完善 …………………………………… 247
  13.5.4 机组组合模式的完善 ………………………………………… 249
 13.6 本章小结 ……………………………………………………………… 249
第 14 章 结论及展望 ………………………………………………………… 251
参考文献 ……………………………………………………………………………… 254

第1章 传统发电产业的环境外部性

外部性是一个经济学概念，最早由 Marshall(马歇尔)于 1890 年在《经济学原理》中提出。外部性是指经济主体活动给社会带来了不利影响，而且没有消除这种不利影响的成本，从而引起私人成本与社会成本之间的差异(王海龙和赵光洲，2007)，这是从狭义角度对外部性的定义，即外部性仅指负外部性；还有一种是从广义角度的定义，即外部性是指一个主体的经济活动给其他行动主体造成了影响。

外部性也称为溢出效应、外部效应、外部影响，指一个主体的经济活动给其他行动主体造成了影响，但没有为此承担相应的行为后果(成本)，或获得相应的利益补偿。依据外部性的作用效果，可将其分为正的外部性和负的外部性。正的外部性或外部经济性是指经济活动给社会其他人带来了益处，但自己不能得到相应的补偿；负的外部性或外部不经济性是指经济活动给社会其他人带来了损害，但却没有为该损害承担相应的补偿责任。

环境外部性是指个人或企业的经济活动对环境造成的影响，它也有正的环境外部性和负的环境外部性之分。正的环境外部性是指个人或者企业的活动给环境带来的有利影响，如植树造林活动、防风固沙活动等；负的环境外部性是指个人或者企业的活动给环境带来的不利影响，如废水、废气、固体废弃物的任意排放、砍伐树林等。负的环境外部性产生的原因一般有以下三个方面：①所有权不明确。生态环境属于一种公共物品，在使用方面具有非竞争性和非排他性。对于这样的环境资源，个人或企业对其的消耗或者破坏直接由社会承担，因此会产生那些只顾个人利益最大化，而不考虑社会损害的行为。②不同利益群体利益分散化。由于经济活动是分散进行的，经济主体之间在利益上存在一定的独立性。有意识地增加社会外部成本能有效降低其私人内部成本，导致经济主体只考虑内部成本与效益，而忽略了相关的社会责任。③相关制度的不完善。外部性难以定量化确定，缺乏对其进行相关的控制措施，导致个人为过度追求自身利益而不顾环境的外部成本。

1.1 中国传统发电产业环境外部性现状

1. PM 污染

PM 即为颗粒物，烟尘是燃煤过程中排放出来的固体颗粒物，主要成分是二氧化硅、氧化铝、氧化铁、氧化钙和未经燃烧的炭微粒等。当前已引起人们重视的颗粒物分为两类：细颗粒物($PM_{2.5}$)和可吸入颗粒物(PM_{10})，前者直径不超过

2.5μm，是人类头发直径的 1/30，后者直径较大。对于烟尘污染的危害，一般认为当烟尘质量浓度大于 0.1mg/m³ 时，便对健康不利。当烟尘的年平均质量浓度由 0.08mg/m³ 增加到 0.1mg/m³ 时，居民的支气管炎发病率提高，死亡率有增长的趋势；当烟尘的日平均质量浓度达到 0.15mg/m³ 时，老弱病患者的死亡率将大大提升。电力企业尤其是燃煤火电企业在生产过程中会排放大量的烟尘，根据《中国环境统计年报.2015》（中华人民共和国环境保护部，2016）可知，2015 年中国的火电企业共排放 165.2 万 t 烟粉尘，占全国废气中烟粉尘总排放量的 10.74%。

图 1.1 显示的是中国火电产业粉尘等污染物的排放占全部工业排放的比例，虽然火电产业粉尘排放占全部工业排放的比例呈下降趋势，但这一比例在 2015 年仍然高达 13.4%。

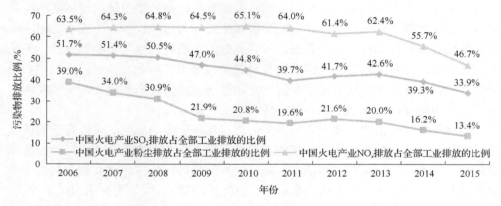

图 1.1 中国火电产业粉尘、SO_2、NO_x 排放占全部工业排放的比例（2006~2015 年）
资料来源：中华人民共和国环境保护部(2006~2015)

2. SO_2 污染

SO_2 作为一种大气污染物，已经被人们广泛认知。在大气中，SO_2 会被氧化成硫酸酸雾或硫酸盐的气溶胶，是形成酸雨的主要原因。酸雨会对农作物、森林、水生生物、建筑物材料及人体健康等造成损害。大气中 SO_2 浓度在 1.43mg/m³ 以上对人体已有潜在影响；在 2.86~8.58mg/m³ 时多数人开始感到刺激；在 1144~1430mg/m³ 时人会出现溃疡和肺水肿甚至窒息死亡。由于煤中含有硫的化合物，燃烧时会生成 SO_2。根据《中国环境统计年报.2015》（中华人民共和国环境保护部，2016）可知，2015 年中国的火电企业共排放 SO_2 528.1 万 t，占全国废气中 SO_2 总排放量的 28.41%。图 1.1 显示，火电产业 SO_2 排放占全部工业排放的比例在 2014 年仍然高达 39.3%。图 1.2 显示了中国和美国电力工业 SO_2 和 NO_x 排放情况的对比(1998~2015 年)，自 2004 年开始中国电力工业 SO_2 和 NO_x 排放均超过美国，而且这种差距有不断扩大的趋势。

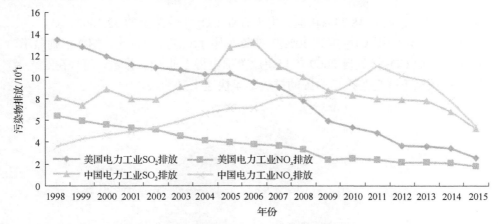

图 1.2　中国和美国火电产业 SO_2 和 NO_x 排放情况的对比(1998～2015 年)
资料来源：美国能源信息管理局；中国电力行业年度发展报告(1998～2015)(中国电力企业联合会，1998～2015)

3. NO_x 污染

NO_x 是形成酸雨的原因之一，也是破坏大气臭氧层的原因之一；NO_x 会导致植物和材料损害，使人体易得呼吸道感染疾病，同时对心脏、肺、肝、肾都有害。此外，NO_x 与其他污染物在一定条件下能产生光化学烟雾污染，其具有特殊气味，刺激眼睛，伤害植物，并能使大气能见度降低。火电产业一直是中国 NO_x 排放的主要来源，根据《2015 年中国环境统计年报》(中华人民共和国环境保护部，2016)可知，2015 年中国的火电企业共排放 NO_x 551.9 万 t，占全国废气中 NO_x 总排放量的 29.8%。图 1.1 显示，火电产业 NO_x 排放占全部工业排放的比例一直非常高，2014 年有所下降，但仍然高达 55.7%。图 1.2 进一步显示，中国电力工业 NO_x 排放远远超过美国。

4. CO_2 污染

煤中质量分数最高的元素是碳元素，在煤燃烧时碳元素完全氧化生成 CO_2。国际上已有越来越多的学者将 CO_2 看作是一种环境污染物。CO_2 对环境的主要影响是产生温室效应。研究表明，近 100 年全球气温升高 0.6℃，如果不加以控制，预计到 21 世纪中叶，全球气温将升高 1.5～4.5℃。温室效应会导致全球海平面升高、生物多样性减少、气候反常等，也会对人类的生存环境产生巨大的影响。当前中国仍然是 CO_2 排放量最多的国家，CO_2 主要来源是能源部门，以电力行业的排放为主。根据国际能源署(International Energy Association，IEA)发布的《燃料燃烧产生的 CO_2 排放 2016》可知，中国 2015 年 CO_2 排放量为 9.087×亿 t，约占全球排放总量的 28.06%。2015 年中国电力行业 CO_2 排放量为 4.384×亿 t，分别占

中国 CO_2 排放总量的 48.24%和世界电力行业 CO_2 排放总量的 32.18%。

图 1.3 显示中国 CO_2 排放 50%左右来自电力和热力生产业。图 1.4 则显示，中国电力工业 CO_2 排放自 2009 年起超过美国电力工业 CO_2 排放，而且在这之后，美国的排放呈下降趋势，但中国的排放却呈快速上升趋势。

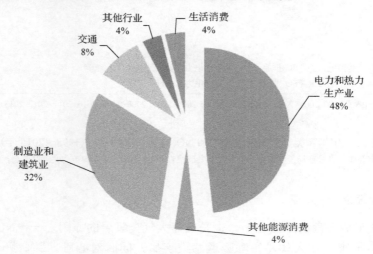

图 1.3　中国各行业的 CO_2 排放

"其他能源消费"包括石油炼制，固体燃料生产，煤矿、石油和天然气开采等其他能源生产行业产生的碳排放
资料来源：国际能源署. 2016. 燃料燃烧产生的二氧化碳排放回顾

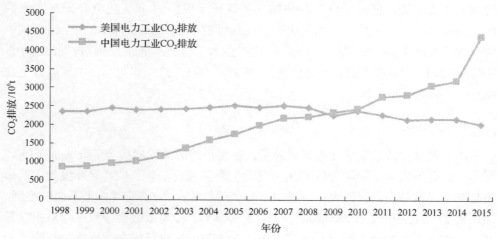

图 1.4　中国和美国电力工业 CO_2 排放情况的对比（1998~2015 年）
资料来源：中国电力企业联合会统计信息部主编的《电力工业统计资料汇编》（1998~2015 年）；
中国电力工业 CO_2 排放量是根据国家统计局能源统计司主编的《中国能源统计年鉴》
（1998~2015 年）的数据计算所得

1.2 基于生命周期法的中国燃煤发电环境外部性评价

1.2.1 生命周期方法的技术路线

1. 研究方法的总体思路

生命周期评价(LCA)是一种用于评估产品在其整个生命周期内,即从原材料的获取、产品的生产直至产品使用后的处置,对环境影响的技术和方法(樊庆锌等,2007)。按照生命周期的特点,燃煤发电系统的生命周期评价分为以下四个阶段:原料获取阶段、建设阶段、运行阶段、报废回收阶段。

原料获取阶段主要包括燃料获取阶段和建筑原料获取阶段。在该阶段,燃料获取包括燃料的开采和运输,建筑原料获取包括建材、水泥、铁、铝、钢等建筑原料的生产和运输。建设阶段包括电厂及辅助设施建造、厂房的建设、相关设备的安装。运行阶段主要指电力生产,主要涉及相关原料的消耗和相关废物的处理。报废回收阶段包括相关设备的回收及厂房的解体。相关阶段如图 1.5 所示。

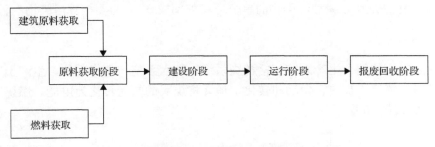

图 1.5 燃煤发电系统的生命周期评价阶段

针对传统发电产业的环境外部性特点,对于污染物的排放主要考虑 PM、SO_2、NO_x、CO_2、CO 等。通过对于燃煤发电系统不同阶段的排放物的计算,可以得到在整个生命周期内燃煤发电的环境外部性。

2. 模型构建

1) 燃煤环境外部性的核算模型

燃煤电厂生命周期环境外部性的核算主要考虑三个方面:生命周期所处阶段、不同阶段各种材料的消耗量、某种材料的污染物排放因子(消耗单位质量能源伴随的温室气体的生成量)。通过计算某种污染物不同阶段的产出量之和,得出生命周期内污染物的排放总量。具体模型如式(1.1)所示:

$$E = \sum_{i}^{n} E_i = \sum_{i}^{n} \sum_{j}^{m} C_{ij} \mathrm{EF}_{ij} \tag{1.1}$$

式中，E 为生命周期内某种污染物的排放量；E_i 为第 i 阶段某种污染物的排放量；C_{ij} 为第 i 阶段第 j 种材料的消费量；EF_{ij} 为第 i 阶段第 j 种材料的某种污染物排放因子。

2) 电力生产环境外部成本的经济核算模型

对于环境外部成本的经济核算：首先，根据电厂生命周期内污染物排放量得出单位发电量污染物排放量；其次，根据单位污染物造成的环境外部成本得出单位发电量的环境外部成本；最后，将不同污染物的单位环境外部成本相加得到单位发电量总的环境外部成本。具体模型如下：

$$C = \sum_{m=1}^{n} \mathrm{Emission}_m P_m \tag{1.2}$$

式中，C 为总的环境外部成本；$\mathrm{Emission}_m$ 为生命周期内第 m 种污染物单位发电量的排放量；P_m 为第 m 种污染物的单位环境外部成本；n 为要核算污染物的种类。

3. 系统边界

燃煤电厂的整个生产系统包括燃烧系统、汽水系统、电气系统，生产工序主要是制粉、燃烧、加热、做功和转化，最终将煤炭的热能转化为电能。燃煤电厂工艺流程如图 1.6 所示。

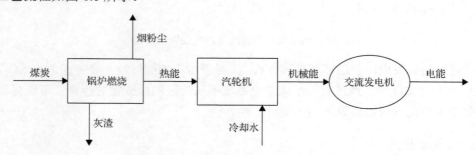

图 1.6 燃煤电厂工艺流程图

根据燃煤电厂工艺流程图，按照生命周期评价法，得出详细的燃煤电厂生命周期系统边界，如图 1.7 所示。生命周期评价法中需要考虑煤炭开采、洗选、运输阶段的碳排放，燃煤电厂建设阶段提取设备材料(如钢)和建造所用的材料(如混凝土、钢铁等)的碳排放，燃煤电厂运行阶段废物运输、尾气脱硫等环节的碳排放，以及火电厂退役产生的碳排放。

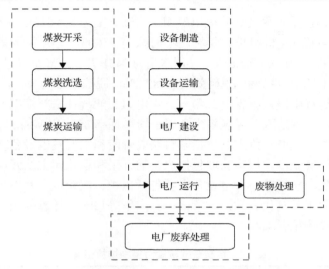

图 1.7 燃煤电厂生命周期系统边界

假设燃煤电厂发电的钢铁和煤炭都由国内生产，且都通过铁路或货车运输，则详细的燃煤电厂 LCA 系统边界的定义及假设见表 1.1。

表 1.1 燃煤电厂 LCA 系统边界的定义及假设

系统边界	定义与假设
原料获取阶段	此阶段包括煤炭开采、洗选及将煤炭运输到火电厂，假设各煤场均能达到行业均值
建设阶段	包含火电厂设备制造、设备运输、火电厂基础设施建设。设备制造的碳排放以设备所耗钢材来估算，火电厂基础设施建设用混凝土、钢铁及铝的耗用量来核算
运行阶段	火电厂正常运行阶段包括煤炭燃烧、尾气脱硫、废物处置环节的碳排放。不考虑设备零部件的老化及更换等因素
报废回收阶段	此阶段包括火电厂达到服役年限之后，电厂设备的拆除和处理过程。参照 Odeh 和 Cockerill (2008) 的研究，假设此阶段碳排放是火电厂建设阶段碳排放的 10%

1.2.2　数据来源

为了有效计算燃煤电厂的生命周期环境外部性问题，本书选取目前具有代表性的燃煤机组进行计算。根据《二〇一三年电力工业统计资料汇编》[①]，全国单机 6000kW 及以上的火电机组共有 7223 台，其中超过 600MW 的机组有 522 台，占总机组数量的 7.2%，这说明 600MW 及以上的发电机组具有较高的技术水平，分析该类型机组的生命周期环境外部性具有较好的代表性。

本章选取的燃煤电厂分析对象为华能吉林发电有限公司九台电厂（简称华能九台电厂）二期工程。华能九台电厂位于吉林省九台市，是吉林省率先投产的

---

① 中国电力企业联合会统计信息部. 2014. 二〇一三年电力工业统计资料汇编. 北京.

单机容量最大、运行参数最高的火电机组。装机方案为 2×660MW 国产超临界、燃煤凝汽式发电机组。机组设计年利用小时数为 5500h，发电标准煤耗为 282.4g/(kW·h)，设计的厂用电率为 5.85%，年用水量为 1451 万 m^3，年耗煤量为 421.3 万 t，烟气除尘效率不低于 99.7%，脱硝效率为 82.3%，脱硫效率为 90%。为了不失代表性，在机组运行阶段，根据《二〇一三年电力工业统计资料汇编》中关于全国煤耗率的数据，本章选取其煤耗率为全国平均煤耗率 302g/(kW·h)。

燃煤电厂原料获取阶段主要包括燃料获取阶段和主要发电设备获取阶段。燃料获取主要指煤炭获取，煤炭获取包括煤炭的开采和运输。主要发电设备获取包括发电设备的生产和运输。发电设备主要包括锅炉、汽轮机、发电机等。针对煤炭获取阶段，为了具有代表性，本章参考狄向华等(2005)计算的全国煤炭获取阶段排放结果，具体见表 1.2。

表 1.2　煤炭获取阶段污染物排放强度

污染物	排放强度/(g/kg)
SO_2	0.736
NO_x	1.22
CO_2	77.3
PM	0.324

资料来源：狄向华等(2005)。

燃煤电厂主要设备的材料消耗均以耗钢量来估算。各部位钢材需求量数据来自《上海 600~660MW 级发电机说明书》，具体见表 1.3。

表 1.3　电厂主要设备需求量核算

	锅炉	汽轮机	发电机	合计
设备生产耗用钢材/t	509.42	1052.522	490	2051.942

资料来源：上海电气电站设备有限公司上海发电机厂．上海 600~660MW 级发电机说明书。

对于发电设备运输距离的核算，采取 2013 年全国货运的平均运输距离作为核算依据。假定建筑原料的运输主要为铁路运输和公路运输，根据《2014 中国统计年鉴》可知，2013 年全国铁路运输的平均距离为 735km，公路运输的平均距离为 181km。针对建筑原料运输过程中的外部环境，郜晔昕(2012)做了相关统计与计算，具体见表 1.4。

表 1.4　运输方式排放强度　　[单位：kg/(Mt·km)]

运输方式	SO_2	NO_x	CO_2	PM
铁路运输	80	67	13757	54
公路运输	152	112	29968	62

1.2.3 计算结果及分析

1. 原料获取阶段环境外部性分析

根据华能九台电厂二期工程耗煤量数据,结合煤炭获取阶段污染物排放强度(表1.2),计算可得煤炭获取阶段相关排放物的年排放量(表1.5)。

表1.5 煤炭获取阶段相关排放物的年排放量　　　　(单位:t)

SO_2排放量	NO_x排放量	CO_2排放量	PM排放量
3100.77	5139.86	325664.9	1365.01

基于表1.3的数据,结合王腊芳和张莉沙(2012)的数据,可计算得到主要发电设备生产阶段的排放量数据,见表1.6。

表1.6 主要发电设备生产阶段的排放量数据　　　　(单位:t)

耗材质量(钢材)	SO_2排放量	NO_x排放量	CO_2排放量	PM排放量
2051.94	4.12	11.84	4230.85	1.56

对于主要发电设备的运输,根据高成康等(2012)、祝伟光等(2010)的研究,设定原料的30%采取铁路运输,70%采用公路运输。结合表1.3的数据,可知建筑原料运输阶段的排放量结果(表1.7)。

表1.7 建筑原料运输阶段的排放量　　　　(单位:t)

SO_2排放量	NO_x排放量	CO_2排放量	PM排放量
0.07	0.06	13.92	0.04

由表1.5~表1.7可知,原料获取阶段的排放量结果见表1.8。

表1.8 原料获取阶段的排放量　　　　(单位:t)

SO_2排放量/t	NO_x排放量/t	CO_2排放量/t	PM排放量/t
3104.96	5151.76	329909.67	1366.61

2. 燃煤电厂建设阶段环境外部性分析

厂房建设过程中污染物的排放主要考虑其所消耗的建设材料生产过程的排放。厂房建设材料消耗参考《2×600MW燃煤发电厂建设标准》,主要材料为钢铁和混凝土。根据王腊芳和张莉沙(2012)对于钢铁生产过程污染物排放情况的研究及李小冬等(2011)对于混凝土材料生产过程污染物排放情况的研究,可知两种材料单位产量的污染物排放量,即生产1t钢材排放CO_2 2061.88kg,排放SO_2 2.01kg,排放NO_x 5.77kg,以及排放粉尘0.76kg;生产1m³混凝土(混凝土等级按C_{30}计算)

排放 CO_2 361.6kg，排放 SO_2 1.3kg，排放 NO_x 1.6kg，以及排放粉尘 3.2kg。据此，可以计算得到燃煤电厂厂房建设过程相关排放量（表1.9）。钢所指的原材料包括网架、钢结构和钢筋，其总质量为10922t。混凝土指的是混凝土的体积和加气混凝土砌体的体积与其密度相乘得到的结果，总质量为166189.6t。

表1.9 燃煤电厂厂房建设过程中大气污染物排放量 （单位：t）

建材原料		排放量			
耗材	质量	SO_2	NO_x	CO_2	PM
钢	10922	21.95	63.02	22519.85	4.26
混凝土	166189.6	97.69	120.23	27173.01	240.47
合计		119.64	183.25	49692.86	244.73

资料来源：混凝土和混凝土砌体密度采用混凝土和混凝土砌体密度均值，分别为2350kg/m³、550kg/m³，见《中国土木工程手册》(李伯宁，1989)《建筑材料标准汇编-混凝土(上)(第四版)》(中国标准出版社第五编辑室，2013)。

根据《电力建设工程概算定额(2006年版)》(中国电力企业联合会，2007)，参考《2×660MW电厂厂区工程施工组织设计》，可以计算锅炉、汽轮机、发电机安装过程中各种材料的消耗。由此得出各种污染物及CO_2的排放量，结果见表1.10。

表1.10 设备安装过程中的排放 （单位：t）

建材原料		排放量			
耗材	质量	SO_2	NO_x	CO_2	PM
钢铁	106.95	0.21	0.62	220.52	0.04
铁	7.15	0.25	0.06	18.27	0.13
油料	1410.24	7.45	21.87	5406.61	3.11
铜	0.05	0.00	0.00	0.55	0.00
合计		7.91	22.55	5645.95	3.28

由表1.9和表1.10可知，该燃煤电厂在建设阶段的排放量结果见表1.11。

表1.11 燃煤电厂建设阶段的大气污染物排放量 （单位：t）

SO_2	NO_x	CO_2	PM
127.55	205.80	55338.80	248.01

3. 燃煤电厂运行阶段环境外部性分析

燃煤电厂运行阶段的排放主要来源于燃煤过程中的排放，以及废弃物处置阶段的运输产生的排放。华能九台电厂二期工程运行阶段发电标准煤耗为282.4gec[①]/

[①] 克标准煤，gec/(kW·h)表示每千瓦·时的电力折算为克标准煤量。

(kW·h)，脱硫石膏生产量为 4.86 万 t/a，灰渣量为 41.04 万 t/a，距灰场 4.5km，根据《二〇一三年电力工业统计资料汇编》，2013 年中国发电标准煤耗为 302gec/(kW·h)，为了使计算结果具有代表性，本书的发电标准煤耗采取全国平均水平。

燃煤电厂运行阶段的污染物排放主要来源于燃煤发电过程的排放。根据白连勇（2013）的研究可知燃煤电厂燃烧 1t 原煤的大气污染物排放情况（表 1.12）。

表 1.12　燃煤电厂燃烧 1t 原煤的大气污染物的排放量　（单位：kg）

SO_2	NO_x	CO_2	PM
1.25	8	1730.97	0.4

华能九台电厂二期工程年耗煤量为 4.213×10^6t，预计运行期为 20 年，结合表 1.12 的数据可以得到燃煤电厂发电过程所产生的大气污染物排放总量，又因为全国平均标准煤耗为 295gec/(kW·h)，并且 1t 原煤相当于 0.714t 标准煤，所以可以得到燃煤过程中每年相关排放物排放的计算结果，见表 1.13。

表 1.13　燃煤过程中每年相关大气污染物的排放量　[单位：g/(kW·h)]

SO_2	NO_x	CO_2	PM
0.52	3.31	715.18	0.17

4. 废弃物运输及处理产生的排放物

电厂运行中产生的废物主要可以分为固体废物和废水。由于废水通过管道排放，不涉及运输问题，此环节分为固体废物运输和废弃物处理。华能九台电厂二期工程灰场位于厂址东南约 4.5km 处，石膏厂在灰场南部沟内，灰渣与石膏处置的运输距离为 4.5km。结合邰晔昕（2012）公路运输阶段排放强度可知，每年电场废弃物处理运输过程排放量见表 1.14。

表 1.14　每年电场废弃物处理运输过程大气污染物的排放量　（单位：t）

SO_2	NO_x	CO_2	PM
0.31	0.23	61.9	0.13

5. 燃煤电厂报废回收阶段外部性分析

对于报废回收阶段的环境外部性，参考刘敬尧等（2009）的研究，即假设此阶段碳排放是燃煤电厂建设阶段碳排放的 10%，该阶段排放量见表 1.15。

表 1.15　燃煤电厂报废回收阶段大气污染物排放量　（单位：t）

SO_2	NO_x	CO_2	PM
8.57	32.89	12943.51	583.88

6. 燃煤电厂各阶段排放量合计

综合上述各阶段的计算结果,可知燃煤发电生命周期的污染物及 CO_2 排放情况,具体见表1.16。

表 1.16 燃煤发电单位电力大气污染物排放量 [单位:g/(kW·h)]

污染物	原料获取阶段		生产阶段		报废回收阶段	合计
	煤炭获取	设备获取	电厂建设	电厂运行		
SO_2	0.30	2.05×10^{-5}	6.25×10^{-4}	0.52	1.52×10^{-6}	0.82
NO_x	0.50	5.84×10^{-5}	0.001	3.31	1.13×10^{-6}	3.81
CO_2	31.94	0.02	0.27	715.25	3.04×10^{-4}	747.48
PM	0.13	7.85×10^{-6}	0.001	0.17	6.37×10^{-7}	0.30

对于燃煤发电生命周期的各污染物排放,狄向华等(2005)、刘敬尧等(2009)、陈建华等(2009)、黄智贤和吴燕翔(2009)、周亮亮和刘朝(2011)等已经做出了相关核算结果。为了保证结果的可信性,将得出的结果与其他研究进行比较,通过对已有研究结果的统计可知:SO_2 排放的研究结果在 $0.26 \sim 9.93 \text{g/(kW·h)}$,本书的计算结果 0.82g/(kW·h) 处于合理区间,具有一定的代表性。NO_x 排放的研究结果在 $0.15 \sim 6.79 \text{g/(kW·h)}$,本书的计算结果为 3.81g/(kW·h),也处于合理区间。CO_2 排放的研究结果在 $690.01 \sim 1749.11 \text{g/(kW·h)}$,本书的计算结果为 747.48g/(kW·h),也处于合理区间。PM 排放的研究结果在 $0.44 \sim 20.2 \text{g/(kW·h)}$,本书的计算结果为 0.30g/(kW·h),同样处于合理区间。对于各污染物的排放,本书的计算结果与以往的研究结果相比会有所降低,一方面是因为计算采取的标准不同,另一方面是因为发电企业进行节能减排和技术进步的结果。

由各污染物各阶段排放量的分析可知:对于 SO_2 的排放,在整个生命周期阶段,电厂运行阶段的排放最多,占总排放量的63.36%;对于 NO_x 的排放,在整个生命周期阶段,电厂运行阶段的排放最多,占总排放的86.85%;对于 CO_2 的排放,在整个生命周期阶段,电厂运行阶段的排放最多,占总排放量的95.69%;对于 PM 的排放,在整个生命周期阶段,煤炭获取阶段和电厂运行阶段的排放最多,分别占总排放的43.19%和56.48%,合计占总排放的99.66%。

1.2.4 环境外部性的经济成本

对于环境外部成本的经济性评估,目前比较流行的方式主要有两种:一种主要侧重于对环境损害价值的估计,如 ExternE 模型方法、国际原子能机构的统一世界模型(the uniform world model,UWM)方法。其中,ExternE 模型已经在欧洲相关领域得到了广泛的认可与应用。另一种主要侧重于对人们为避免环境损害的支付意愿的评估,如条件价值评估法(CVM)和选择模型法(CM)。在1.3节的分析中将应用选择模型方法进行分析,本节将采用基于 ExternE 模型方法计算得到的单位污染排放的经济成本进行评估。

ExternE 模型方法来源于欧盟的 EcoSense China/Asia 计划,该方法将环境外部性的影响分为三类:环境影响、全球变暖、意外事件(Zhang et al.,2007b),将煤电行业不同污染物的外部性影响转换为货币价值。它是一种自下而上的方法,采用影响路径方法(IPA),按照污染物的排放、传播、影响、成本损害的顺序对环境影响进行量化分析。

目前已有学者采用 ExternE 模型方法,对中国煤电行业的环境外部成本进行了相关研究。Kypreos 和 Krakowski(2005)运用 ExternE 模型方法对 2003 年山东省火电行业的单位大气污染物的环境外部性损害成本进行了评估,运用 ExternE 模型的人口密度调节方式,得到中国 SO_2、NO_x、PM 的单位质量外部成本分别为 1602 美元/t、1039 美元/t、1142 美元/t。DuvalJouve(2003)指出 CO_2 的单位治理成本约为 19 美元/t。参考当年(2003年)美元对人民币平均汇率为 8.28,可知 CO_2 和其他污染气体的环境成本见表 1.17。

表 1.17 污染物单位排放的外部成本(2003年)

	SO_2	NO_x	CO_2	PM
环境成本/(美元/t)	1602	1039	19	1142
环境成本/(元/kg)	13.26	8.60	0.16	9.46

表 1.17 确定了在 2003 年价格水平下 CO_2 和其他污染气体的环境成本。研究中需要将 2003 的环境成本根据中国消费者价格指数折算成 2013 年的成本。根据《2014 中国统计年鉴》(国家统计局,2014),2013 年与 2003 年中国消费者价格指数水平之比为 1.36。具体结果见表 1.18。

表 1.18 污染物单位排放的外部成本(2013年)　　(单位:元/kg)

	SO_2	NO_x	CO_2	PM
环境成本	18.04	11.70	0.21	12.86

根据上述核算的燃煤电厂生命周期各阶段排放量,结合燃煤发电单位电力排放污染物排量(表 1.16)和污染物单位排放的环境成本的估算值(表 1.18),基于式(1.2)可以得到 2016 年 SO_2、NO_x、CO_2、PM 的单位环境成本分别为 0.016 元/(kW·h)、0.047 元/(kW·h)、0.172 元/(kW·h)和 0.004 元/(kW·h),总计约 0.24 元/(kW·h),即中国燃煤发电的环境外部性成本为 0.24 元/(kW·h)。

1.3 基于选择模型方法的中国燃煤发电环境外部性评价

1.3.1 选择实验设计

选择实验(CE)方法的基本思想是向参与者提供不同属性的选择集和状态组合(使用统计模型进行不同属性状态的损益比较),让他们选择喜欢的场景。这种方法具有容易收集数据的优点,已被环境价值评估和环境管理领域的研究人员广泛使用(Hanley et al.,1998;Lee and Yoo,2009)。其他方法如成本效益分析(Faaij et al.,1998)和ExternE模型(Sáez et al.,1998;Dimitrios 和 Georgakellos,2010)也用于评估电力行业的环境外部性成本。然而,成本效益分析方法无法准确反映公众的支付意愿(WTP)。

该方法中输入的数据仅限于概括性地描述环境变化对生产力或管制政策成本变化的影响(Turner et al.,1995)。ExternE方法的优点是通过输入参数,进行简单的计算就可以自动分析出环境损害的经济价值。然而,由于不同地区和文化之间存在公共价值评估的差异,这种方法无法评估不同国家或地区的环境外部性成本。相比之下,选择实验方法不仅可以对环境质量的变化进行总体价值评估,还可以通过观察不同情况下受访者的权衡取舍(对应不同属性的组合)来评估环境质量的每个属性值(Hanley et al.,1998),选择实验方法的主要优点是能够获得商品或服务的边际属性值。此外,选择实验方法能够分析大量信息并估计环境属性的变化范围。这些优点在许多政策涉及改变属性水平而不是改善(或不改善)整体环境的背景下被证明是有用的。因此,本书采用选择实验方法来量化受访者对中国燃煤发电行业清洁化生产的偏好。

选择实验方法最初是由Louviere 和 Hensher(1982)、Louviere 和 Woodworth(1983)提出来的。随机效用理论(Mcfadden,1986)和特征效用理论是选择实验模型的两个主要理论来源(Lancaster,1966)。根据特征效用理论评估环境成本的一个关键问题是构建效用函数,将选择问题转化为效用比较(或价值比较)。选择实验设计包括如下三个步骤。

第一步,识别被评估对象的属性。例如,评估可再生能源投资价值的属性可以包括景观、野生动物、空气污染和就业(Ku and Yoo,2010)。本书只关心燃煤发电的环境成本,因此,这些属性侧重于环境质量。在回顾了大量文献(Lee and Yoo,2009;Dimitrios and Georgakellos,2010;Susaeta et al.,2011)和环境质量标准[如《环境空气质量标准》(GB/T 3095—2012)]的基础上,确定了环境质量的相关属性(如$PM_{2.5}$、CO_2排放、酸雨)和每个属性的贡献比例。通常,总悬浮物(total suspended particulate,TSP)用于测量空气污染,包括直径小于100μm 的所有悬浮颗粒。虽然悬浮颗粒物的正式定义包括PM_{10}和$PM_{2.5}$,但$PM_{2.5}$对健康的影响更为严重,成为本书选择的属性之一,而不是所有悬浮颗粒。另外,为准确确定属性和比例,成立了中心小组来讨论受访者对各种污染物和 CO_2 排放影响的理解和反应。

第二步,测试选择实验设计的合理性。为验证设计是否合理,进行了探索性调查,以解决以下问题:①是否遗漏了与燃煤电力环境外部性相关的重要因素(属性)?②属性水平的确定是否合理?③问卷是否容易被正确理解?

基于上述两个步骤编制的数据,选择了四个属性及每个属性的相对水平(表 1.19),即三个环境属性 CO_2(CO_2 排放量减少百分比)、$PM_{2.5}$(粉尘排放量减少百分比)、酸雨(SO_2 和 NO_x 减排百分比),以及一个价格属性(被定义为每户每月电费增加幅度)。

表 1.19 属性的描述和水平

属性	描述	水平
CO_2	CO_2 排放量减少百分比	1%~5%(低) 6%~10%(中) 11%~20%(高)
$PM_{2.5}$	空气质量水平,对应的是粉尘排放量减少百分比	空气质量优异 空气质量良好 轻度污染 中度污染 重度污染
酸雨	酸雨的分布,对应的是 SO_2 和 NO_x 减排百分比	无酸雨 轻度酸雨 中度酸雨 相对严重酸雨 重度酸雨
费用	每户每月电费增加幅度	0元、5元、10元、15元、25元

价格属性的水平是通过预调查和咨询西澳大学的专家决定的,下限为 0 元,上限为电费的 50%,而 2013 年的电费为每月 25 元。

第三步,数据采集。通过 600 份面对面问卷收集了每个受访者 6 个选择集的数据(设计了三种调查问卷,共计 18 套)。为了解决选择实验过程中遇到的关键问题——信息超载,如众多复杂属性的替代方案太多,我们应用正交主效应设计来减少属性的可能组合数量①。正交主效应设计通过使用 SPSS 19.0 软件包实现,最终选定了 18 个选择集。鉴于以前的研究(Lee and Yoo,2009;Susaeta et al.,2011)已经发现,每个受访者最多可以填写 4~6 个选择集,研究中将 18 个选择集分为 3 份问卷,每份问卷都有 6 个选择集。

在筛选过异常值和未完成的问卷后,剩下 411 份问卷,得到 2466 条观察数据

---

① 正交主效应设计是一种部分因子分析设计,旨在不让单个受访者面对所有选择情形。基于因素之间没有相互作用的先决条件,这种设计能够允许对因子研究的所有主效应进行正交和无偏估计(Margolin,1968)。

(411个有效受访者×6个选择集)供分析。抽样包括东部(35.28%)、西部(24.09%)、中部(40.63%),也包括城市和乡村(分别占 41.36%和 58.64%)。抽样总体是随机选择的,目的是涵盖广泛的人口统计因素,包括教育水平、年龄和收入水平。

问卷分为四部分。在第一部分中说明了本次调查的目的,并运用"廉价磋商法"强调"我们将选择一个特定地点进行试点项目,在那里电力价格将由你的答案来制定,而且在将来这样的价格政策也将在你所生活的地区实施"。因为使用选择模型对中国燃煤发电的环境成本进行评估是基于一个假设的市场,而不是实际的市场交易行为。所以,受访者在调查问卷中比在现实世界中拥有更高的 WTP 来获得干净的环境,这意味着假设性偏误将会发生。Cummings 和 Taylor(1999)提出的"廉价磋商法",已被证明是减少假设性偏误的有效途径(List and Gullet,2001;Bulte et al.,2005;Aadland and Caplan,2006;Brown et al.,2008)。

第二部分记录了受访者的一些社会经济信息情况。性别、年龄、教育和收入通常被用作共同变量来测量偏好的异质性。本书除了上述变量之外,还考虑了环保意识,如"你知道地球变得越来越暖和吗?",这是因为人们的价值观会影响到他/她的偏好和行为选择(Ellis et al.,2007),而环保意识将会影响受访者在环境领域的价值观。

第三部分解释了不同属性水平下的环境质量及其对人体健康的影响。例如,在受访者填写问卷之前提醒他们注意以下信息(图 1.8)。

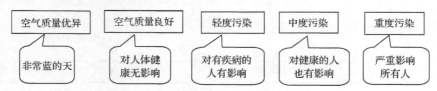

图 1.8　PM$_{2.5}$ 排放及其对人体的影响

第四部分由各种替代方案组成。通过组合表 1.19 中给出的四个属性及其不同的属性水平来设计替代方案。选择集的一个示例见表 1.20。

表 1.20　选择集示例

属性	垃圾发电	农林生物质发电	沼气发电	现状
温室气体减少量	高	低	高	不减少
酸雨减轻程度	低	高	低	不减轻
雾霾指数	空气质量良好	中度雾霾	轻度雾霾	中度雾霾
人体毒性	低度	无	无	无
每月额外支付的电费/(元/月)	21	7	7	0
您的选择:				

1.3.2 计量经济学模型

选择模型包括两部分：随机效用函数和特征效用函数。随机效用函数被分解为效用的可观察元素（确定性分量）和效用的不可观察元素（随机分量）。根据 Train（2009）的研究，受访者 n 在选择集 t 中选择替代方案 j 的随机效用可以用数学表达式表示：

$$U_{njt} = V_{njt} + \varepsilon_{njt}, \quad \forall j,t \tag{1.3}$$

式中，U_{njt} 为随机效用；V_{njt} 为效用的可观察元素，是受访者 n 在选择集 t 中选择替代方案 j 时的效用；ε_{njt} 为受访者 n 和替代方案 j 之间的效用不可观察元素。

对于 $i \neq j$ 的所有选择集 t，如果 $U_{nit} > U_{njt}$，那么受访者将选择替代方案 i 而不是替代方案 j。

此外，V_{njt} 可以表示为

$$V_{njt} = V(X_{njt}, S_n), \quad \forall j,t \tag{1.4}$$

式中，X_{njt} 为受访者 n 在选择集 t 中选择替代方案 j 时的环境质量的相关属性，表示特征效用函数；S_n 为受访者 n 的社会经济属性。

通过对误差项分布的不同假设，随机效用模型可以变形为不同类别的选择模型（van der Kroon et al.，2014）。对于所有的 i，如果误差项 ε_{njt} 的分布通常被假设为独立同分布（IID）的极值分布，那么选择的概率函数 P_{nit} 可以表示为

$$P_{nit} = \frac{\exp V_{nit}}{\sum_{j=1}^{N} \exp V_{njt}} \tag{1.5}$$

式（1.5）描述了多项 Logit（MNL）（多项分对数）模型，它是简单且使用最广泛的选择模型（Train，2009），是高级模型建立的基础（Hensher et al.，2005）。因此，研究中采用 MNL 模型作为分析的第一种方法。

为了解释个体之间的偏好异质性和 WTP 差异性，有必要考虑影响个体决策的一些其他变量——社会经济地位、态度和过去的经验（Lim et al.，2014）。替代特定常数（ASC）与社会经济变量的相互作用反映了 WTP 影响因素的更多信息，揭示了其与受访者平均水平的差异（Louviere et al.，2000；Han et al.，2008；Train，2009；Lim et al.，2014）。因此，本书采用的第二种方法是 MNL 带协变量模型，用于表示选择模型中的异质性。

虽然 MNL 模型和 MNL 带协变量模型通常被用于估计选择的概率，但是这两个模型需要一个限制性假设，即选择与其他代替方案不相关（IIA）（Borchers et al., 2007）。此外，MNL 带协变量模型表示出来的偏好异质性比较粗糙（Colombo et al., 2008）。针对 MNL 模型和 MNL 带协变量模型的缺点，众多学者提出了随机参数 Logit（RPL）模型（Colombo et al., 2008）。RPL 模型是一种具有高度灵活性的模型，可以用来粗略估计任何随机效用模型，并通过允许偏好随机变化、替代方案不受限制和随时间变化的被忽略因素的相关性来消除 MNL 模型的三个主要局限性（Train，2009）。因此，本书进一步采用 RPL 方法作为分析的第三种方法。

RPL 模型的典型表达式可以分解为一个不可观察的偏好异质性变量和一个确定性变量（Colombo et al., 2008；Yoo and Ready, 2014）。受访者 n 在选择集 t 中选择替代方案 j 的效用具体为

$$U_{njt} = \boldsymbol{\beta} \boldsymbol{X}_{njt} + \boldsymbol{\eta}_n \boldsymbol{X}_{njt} + \varepsilon_{njt}, \quad \forall j, t \tag{1.6}$$

式中，$\boldsymbol{X}_{njt}$ 为可观察变量的向量，包括受访者的选择属性和社会经济特征；$\boldsymbol{\beta}$ 为与这些变量相关联的系数的向量，其代表群体中偏好的平均值；ε_{njt} 为群体中个体偏好与平均偏好的偏差；$\boldsymbol{\eta}_n$ 为偏离了群体平均值 $\boldsymbol{\beta}$ 的程度向量。在这种结构下，每个受访者都有自己的参数向量 $\boldsymbol{\beta}_n$。

随机参数对数概率的通常形式如式（1.7）所示（Train，2009）。其中，$f(\beta)$ 是 $\boldsymbol{\beta}_n$ 的密度函数：

$$P_{nit} = \int \frac{\exp(\boldsymbol{\beta}_n \boldsymbol{X}_{nit})}{\sum_{j=1}^{N} \exp(\boldsymbol{\beta}_n \boldsymbol{X}_{njt})} f(\beta) \mathrm{d}\beta \tag{1.7}$$

综上所述，本书采用三种不同的计量经济学模型（MNL 模型、MNL 带协变量模型和 RPL 模型）来分析受访者面临环境改善的偏好。然而，面临如何比较这三种不同模型的问题。MNL 模型、MNL 带协变量模型和 RPL 模型的比较不能采用常规的对数似然比率检验，因为这些模型是非嵌套的（Colombo et al., 2008）。因此，根据 Jaeger 和 Rose（2008）、Cerwick 等（2014）、De Valck 等（2014）、Yoo 和 Ready（2014），本书采用赤池信息量准则（AIC）、有限样本的 AIC 准则（FIC）、最小贝叶斯信息准则（BIC）标准和汉南-奎因信息准则（HIC），来比较上述三种模型，以确定哪一种模型更合适。AIC 和 BIC 的值通常用于判断模型的拟合效果。它们的值越小，模型的拟合效果越好。如果 AIC 和 BIC 的比较结果相互冲突，就要综合考虑 AIC、FIC、BIC 和 HIC 这四个值的大小。具有上述四个值最小值最多的模型被认为是最合适的模型。

此外，本书还需要计算中国电力行业绿色发展的 WTP。这种评估也可以通过选择模型来实现(Hanley et al., 1998)。通过计算两个参数的比率即可得到 WTP 的值：环境属性系数 $\beta_{attribute}$ 和成本属性估计系数 β_{cost} (Hensher et al., 2005)。这两个参数应具有统计学意义；如果没有，就不能获取有价值的 WTP 估值(García-Llorente et al., 2012)。根据 Hanemann(1984, 1983)，边际 WTP($MWTP_{attribute}$)具体可表示为

$$MWTP_{attribute} = -(\beta_{attribute} / \beta_{cost}) \tag{1.8}$$

式中，$\beta_{attribute}$ 为环境属性系数(CO_2 减排、$PM_{2.5}$ 减排及 SO_2 和 NO_x 减排)。

计算中使用 Krinsky 和 Robb(1986)提出的程序估计出三个属性的边际支付意愿：$PM_{2.5}$、酸雨和 CO_2，以及 95%的置信区间。然后，边际支付意愿可以通过 $WTP_{attribute}$ 系数的样本分布平均值来估计。

除了单一环境属性的边际支付意愿估算之外，还需要估计三种未来情景中的补偿剩余或福利变化，并将其与现状进行比较。计算实现较高环境质量所需的金额，并将所有替代方案的效用与参考替代方案的效用进行比较。为实现较高环境质量所需的金额被称为总支付意愿，其计算方法如式(1.9)所示(Hanemann, 1984)：

$$TWTP = -(1/\beta_{cost})\left[\ln\sum\exp(V_1) - \ln\sum\exp(V_0)\right] \tag{1.9}$$

式中，TWTP 为总支付意愿；V_1 为任何替代方案的效用；V_0 为参考替代方案的效用。

1.3.3 计算结果及分析

1. MNL 模型和 MNL 带协变量模型的结果

使用 Nlogit 5.0 估计结果，MNL 模型、MNL 带协变量模型和 RPL 模型的估计结果见表 1.21。在 MNL 带协变量模型中，增加了受访者特征的交互变量和替代特定常数(ASC)，其代表受访者选择环境改善方案的一个虚拟变量。AIC/N 和 BIC/N 的结果(N 表示受访者的数量)表明 MNL 带协变量模型是比 MNL 模型更适合的拟合模型。

MNL 模型和 MNL 带协变量模型的结果表明，所有环境质量的属性系数跟预期一致，具有正向的统计显著性，这表明受访者对于环境改善具有 WTP。额外费用(电费)、账单在 1%的水平上具有负向的统计显著性，这意味着随着额外费用的增加和环境的改善，支付额外费用用于环境改善的概率会下降，这样的结果支持了结论的合理性和可信度。

表 1.21 MNL 模型、MNL 带协变量模型和 RPL 模型的估计结果

变量	MNL 模型系数（标准值）	MNL 带协变量模型系数（标准值）	RPL 模型系数（标准值）
ASC1	−1.583***(0.321)	−3.528***(0.401)	−3.633***(0.508)
ASC2	−1.566***(0.330)	−3.508***(0.408)	−3.701***(0.523)
ASC3	−1.507***(0.318)	−3.448***(0.399)	−3.631***(0.509)
随机参数（正态分布）：只适用于 RPL 模型			
空气质量优异	1.119***(0.202)	1.154***(0.205)	0.973***(0.349)
空气质量良好	1.086***(0.156)	1.112***(0.158)	0.740***(0.278)
无酸雨	1.212***(0.270)	1.262***(0.275)	1.351***(0.370)
非随机参数：只适用于 RPL 模型			
轻度污染	0.412***(0.147)	0.422***(0.148)	0.438***(0.163)
轻度酸雨	0.866***(0.254)	0.910***(0.258)	0.998***(0.291)
中度酸雨	0.706***(0.275)	0.725***(0.280)	0.892***(0.321)
CO_2 减排（11%~20%）	0.669***(0.148)	0.717***(0.155)	0.788***(0.196)
CO_2 减排（6%~10%）	0.620***(0.126)	0.650***(0.133)	0.720***(0.168)
CO_2 减排（1%~5%）	0.353***(0.123)	0.378***(0.128)	0.529***(0.167)
账单	−0.069***(0.011)	−0.072***(0.012)	−0.073***(0.015)
男性×ASC		−0.468***(0.105)	−0.480***(0.116)
年龄（≥50 岁）×ASC		0.704***(0.225)	0.728***(0.249)
年龄（39~49 岁）×ASC		0.511***(0.180)	0.544***(0.199)
年龄（29~39 岁）×ASC		−0.181(0.175)	−0.210(0.189)
大学及以上×ASC		1.029***(0.137)	1.094***(0.158)
高中及以下×ASC		0.426***(0.159)	0.419**(0.176)
收入（>50000 元）×ASC		0.505***(0.156)	0.546***(0.171)
收入（25000~50000 元）×ASC		0.760***(0.156)	0.817***(0.172)
收入<25000 元×ASC		0.679***(0.160)	0.737***(0.178)
无孩×ASC		1.413***(0.178)	0.493**(0.238)
温室气体×ASC		0.338***(0.125)	0.457**(0.219)
空气质量优异：无孩			1.041***(0.236)
空气质量良好：无孩			1.038***(0.206)
空气质量良好：温室气体			0.091(0.239)
无酸雨：无孩			0.428**(0.174)
似然估计值	−3353.92	−3214.23	−3176.38.32
AIC/N**	2.735	2.631	2.610
FIC/N	2.735	2.631	2.610
BIC/N	2.766	2.687	2.695
HIC/N	2.746	2.651	2.640
调查样本数	411	411	411
调查数据	2466	2466	2466

注：括号中的值是标准值；"N"表示受访者的人数。
**表示在 5%的水平下显著。
***表示在 1%的水平下显著。

在这项研究中有两个主要关注点：第一，关注受访者的环保意识对燃煤电力行业绿色发展偏好的影响。研究发现，表现出强烈环保意识的受访者更有可能支付更高的额外费用，这个结果与 Ellis 等 (2007) 的观点一致，这意味使环境恶化得到社会广泛认可对改善环境十分重要。第二，关注中国受访者对不同排放物的偏好差异。表 1.21 显示，在 MNL 带协变量模型中，$PM_{2.5}$ 排放降低到优异和良好的空气质量水平的系数分别为 1.154 和 1.112，酸雨降至无、轻度和中度酸雨的系数分别为 1.262、0.910 和 0.725；而 CO_2 减排 11%~20%、6%~10%和 1%~5%的系数分别为 0.717、0.650 和 0.378。这些结果表明，比起 CO_2 减排，受访者更喜欢 $PM_{2.5}$ 减排和酸雨减少（SO_2 和 NO_x 的减排）。中国受访者更加重视酸雨和空气污染造成的当前损害/损失，对温室气体（GHG）造成的未来损害/损失的关注度较低。但从长远来看，GHG 排放增加导致气候变化造成的损失在很大程度上将比酸雨和空气污染严重得多。因此，中国政府应该教育公众和关注酸雨及 $PM_{2.5}$ 一样地关注 CO_2 和其他类型的 GHG 减排。此外，其他五个重要发现如下所述。

(1) 男性的系数在 1%的水平上呈负向显著，这说明男性比女性表现出更不愿意支持环境改善。以前有关性别变量的研究有不同的结果：Susaeta 等 (2011) 的研究结果与本书一致，发现女性有意愿为电力行业的绿色发展支付更多的电费，而 Aravena 等 (2012) 却发现，性别对电力行业清洁化生产的额外电费没有显著影响；Zarnikau (2003) 甚至发现，对于电力行业的绿色发展，男性比女性愿意支付更高的费用。

(2) 如果收入较高的受访者愿意为减排付出更高的费用，那么对于收入在 10000~50000 元的受访者来说，预期是正确的。但是，人均年收入超过 50000 元的受访者为环境改善愿意支付的费用比收入较低（10000~50000 元）的受访者愿意支付的费用要少。假设一个原因可能是富有的受访者比低收入者更能够避免环境污染的损害。例如，他们可以移居到干净的地方和社区，甚至迁出中国。Mendelsohn 等 (2006) 也指出，如果低收入受访者预计会遭受到气候变化的较大损失，那么他们可能更愿意为电力行业的绿色发展支付更多的费用。这印证了 Susaeta 等 (2011) 的研究结果，他们指出"积极的 WTP 更有可能来自中等收入"。

(3) 受访者的教育程度越高，愿意支付的额外费用越高。这一结果与 Susaeta 等 (2011)、Aravena 等 (2012) 和 Sun 等 (2016) 的研究一致。Susaeta 等 (2011) 认为，大学及以上学历的受访者，相比只有高中及以下学历的受访者，对美国南部的绿色电力发展愿意支付的额外费用将会更高。Aravena 等 (2012) 指出，随着教育程度的提高，智利的环保价格额外支付意愿会增加。Sun 等 (2016) 得出结论，教育水平越高，受访者愿意为中国雾霾减少而支付的费用将会越高。

(4) 一般来说，年长的受访者比年轻的受访者更有可能推动环境改善。MNL 带协变量模型的结果表明，除 29~39 岁的交互项外，所有交互项均具有统计显著性。年龄在 29~39 岁的交互项无统计学显著性的原因主要有两个：一个是 29~

39岁的受访者面临高昂的生活费用,而且承担环境改善成本的能力有限;另一个是这些受访者的体质较强,与其他受访者相比,具有较强的身体能力来承受污染。本书的结果与Aravena等(2012)和Susaeta等(2011)的结论不同。Aravena等(2012)认为,年轻人比老年人愿意为电力行业的绿色发展支付更多的费用。这是因为"年轻人比老年人更有可能游览阿根廷的巴塔哥尼亚,所以他们愿意支付更多的费用来维持它的原状"。如果原因是正确的,那意味着是环保意识而不是年龄差异对受访者的偏好起到了作用。Susaeta等(2011)得出结论,受访者年龄对于电力行业的绿色发展支付的额外费用没有统计显著性。

(5)另外发现了一个有趣的现象,没有孩子的人比那些有孩子的人更倾向于支付环境改善的费用,这与原来的期望相反。然而,这可以解释为没有孩子的人比那些有孩子的人的经济负担轻,因此其有较高的WTP。

2. RPL模型估计结果

RPL模型的一个重要作用是可以通过分析每个随机参数与可疑变量的交互作用来确定平均总人口样本周围可能存在的任何偏好异质性的可能来源(Hensher et al., 2005)。在RPL模型中,$PM_{2.5}$(优异)、$PM_{2.5}$(良好)和无酸雨被指定为具有正态分布的随机参数。总体模型具有统计学显著性,估计结果见表1.21。通常情况下,AIC和BIC的值被用来判断模型拟合程度,其数值越低,表明拟合度越好。如果二者数值冲突时,则引入AIC、FIC、BIC、HIC四种数值进行判断。因此,表明RPL模型是比MNL带协变量模型更合适的模型拟合。

RPL模型的结果与MNL带协变量模型的结果一致,这使本书的结论更加可信。特别要说明的是,空气质量优异情况下无孩的系数是1.041,空气质量良好情况下无孩的系数为1.038,这些结果表明:在样本人群中,如果受访者没有子女,那么他对 $PM_{2.5}$ 降低到空气质量优异和良好水平更加敏感;即这样的受访者更倾向于将 $PM_{2.5}$ 提高到优异或良好的空气质量水平,愿意为此支付更高的额外费用。类似的结果是,在无酸雨的情况下,无孩的系数是0.428,这表明没有子女的受访者愿意为改善酸雨到非酸雨状态支付更高的额外费用。

3. WTP分析

选择模型中边际支付意愿估计值见表1.22。表1.22中所有的边际支付意愿均显著为正,表明受访者对环境改善的边际支付意愿为正。例如,在RPL模型的结果中,每户每月对于 $PM_{2.5}$ 减排从中度污染(现状)改善到空气质量优异、空气质量良好和轻度污染的边际支付意愿分别为13.282元、10.110元和5.982元;每户每月对于酸雨减少从重度酸雨改善到无酸雨、轻度酸雨和中度酸雨的边际支付意愿分别为18.452元、13.628元和12.178元;而每户每月对于 CO_2 减排从无减排改善到高减排(11%~20%)、中等减排(6%~10%)和轻度减排(1%~5%)的边际支付意愿分别为 10.757 元、9.836 元和 7.223 元。

表 1.22　MNL 模型、MNL 带协变量模型和 RPL 模型的边际支付意愿（单位：元）

评价指标	MNL 模型	MNL 带协变量模型	RPL 模型
空气质量优异	16.258*** (12.064, 20.453)	16.105*** (11.850, 20.359)	13.282*** (5.356, 21.207)
空气质量良好	15.7793*** (11.188, 20.371)	15.516*** (11.148, 19.885)	10.110*** (3.193, 17.027)
轻度污染	5.983*** (1.618, 10.348)	5.894*** (1.788, 10.000)	5.982*** (1.608, 10.356)
无酸雨	17.612*** (10.310, 24.914)	17.614*** (10.625, 24.602)	18.452*** (9.120, 27.785)
轻度酸雨	12.580*** (4.986, 20.173)	12.694*** (5.435, 19.952)	13.628*** (6.098, 21.157)
中度酸雨	10.254** (2.279, 18.228)	10.124** (2.232, 18.016)	12.178** (3.993, 20.363)
CO_2 减排（11%～20%）	9.727*** (4.604, 14.849)	10.011*** (4.935, 15.088)	10.757*** (5.037, 16.477)
CO_2 减排（6%～10%）	9.010*** (4.082, 13.939)	9.078*** (4.345, 13.810)	9.836*** (4.565, 15.108)
CO_2 减排（1%～5%）	5.136** (0.729, 9.544)	5.269** (1.036, 9.501)	7.223** (2.084, 12.362)

**表示在 5%的水平下显著。
***表示在 1%的水平下显著。

上述结果表明，与 CO_2 减排的 WTP 相比，受访者倾向于为 $PM_{2.5}$ 和 SO_2 的减排支付更高的费用，其中为 SO_2 减排的支付意愿最大。这反映了本书的样本结构中农村地区所占的比例较大：从农村地区收集了 241 个样本，占样本总数的 58.64%；而从城市地区收集了 170 个样本，占总数的 41.36%。农村地区的居民承受的酸雨损害比城市地区的居民更大，因为酸雨使土壤酸化，影响农作物生长。

根据式(1.9)估计的平均每户改善现状至最佳环境状况的总支付意愿为 40 元/月或 480 元/年。根据中国国家能源局收集的数据，居民生活年用电量为 $6928\times10^8 kW\cdot h$。同时，根据《中国家庭发展报告 2014》（国家卫生和计划生育委员会，2014），2014 年中国有 4.3 亿户家庭，那么一个家庭的用电量为 1611(kW·h)/a 或 134(kW·h)/月。因此，改善现状至最佳环境状况的总 WTP 为 0.30 元/(kW·h)，这表明中国燃煤发电的环境外部成本为 0.30 元/(kW·h)。

1.3.4　计算结果的有效性检验

1. 理论有效性检验

理论有效性检验是指检验本书结果与原始假设之间的一致性。根据 2014 年居民生活用电量数据($6928×10^8$kW·h,数据来自中国国家能源局)和 2014 年家庭户数[4.3 亿,数据来自《中国家庭发展报告 2014》(国家卫生和计划生育委员会,2014)],可以计算出中国一般家庭的用电量(2014 年为 134kW·h)。同时,我们知道中国居民电费约为 0.6 元/(kW·h)。因此,2014 年每户家庭电费为 80.4 元。这与我们的调查结果——受访者为了环境改善至最佳状况而愿意支付额外的 40 元是合理的,因为附加的额外费用约占每月电费总额不到 50%。因此,研究结果与原始假设是一致的(不超过 50%)。

2. 标准有效性检验

Diptiranjan(2012)基于剂量-反应模型计算了印度燃煤电厂的环境成本。使用该模型获得的结果为 0.26 元/(kW·h),低于本书的研究结果,但与本书很接近。Dimitrios 和 Georgakellos(2010)基于 Ecosense LE 模型对希腊燃煤电厂的环境成本进行了评估,结果为 0.264 元/(kW·h),也接近本书的研究结果。欧盟委员会采用 ExternE 方法计算出欧盟国家燃煤电厂的环境成本,得到的结果为 0.23~0.34 元/(kW·h)(Söderholm and Sundqvist,2003);IEA 分析了 19 个国家各类发电的环境成本,发现燃煤电厂的环境成本为 0.20~0.45 元/(kW·h)(Sundqvist,2004);本书的研究结果在上述欧盟委员会和 IEA 的两项研究的范围之内。

基于这些结果可以认为:第一,本书的研究结果是合理的,因为它接近这些结果或是在这些结果范围之内。第二,与 19 个国家和欧盟委员会的上限结果相比,本书结果略低,有三个原因:①中国的经济水平低于一些发达国家,如欧盟国家,因此中国的受访者为环境改善支付的额外费用比欧盟或其他发达国家低。②中国的家庭电费低于其他国家的电费(表 1.23),而且环境改善的额外费用一般不超过总电费的 50%,因此电费较低会导致额外费用也较低。③与发达国家相比,中国

表 1.23 2014 年中国和其他国家间的居民电价比较 [单位:美元/(kW·h)]

国家	居民电价	国家	居民电价
丹麦	0.403	新西兰	0.236
德国	0.395	希腊	0.236
意大利	0.307	卢森堡	0.218
爱尔兰	0.305	瑞典	0.214
葡萄牙	0.292	斯洛伐克	0.214
澳大利亚	0.267	斯洛文尼亚	0.213
英国	0.256	瑞士	0.209
日本	0.253	法国	0.207
荷兰	0.252	……	……
比利时	0.244	中国	0.091

受访者的环保意识相对较低。虽然中国许多地区每年都会发生长时间的雾和霾，但许多受访者对 $PM_{2.5}$ 的认识还是很少的。例如，问卷调查结果显示，54.8%的受访者对 $PM_{2.5}$ 知之甚少；37.4%的受访者认为他们的日常行动对环境的影响不大。因此，相对较差的环保意识导致中国环境改善的 WTP 比发达国家略低。

1.4 本章小结

本章的主要目的是评估燃煤发电的环境外部成本。首先，采用生命周期方法和选择模型方法进行分析。基于生命周期方法计算得到燃煤发电的污染物排放，进一步参考基于 ExternE 方法计算得到的单位污染排放外部成本，计算得到中国燃煤发电的外部成本为 0.24 元/(kW·h)。

其次，进一步基于选择模型方法对中国燃煤发电的环境外部成本进行了分析。分别采用三种模型(MNL 模型、MNL 带协变量模型和 RPL 模型)进行计算。基于 RPL 模型的 WTP 计算结果表明，为环境改善至最佳状态，每户的 WTP 为 40 元/月(480 元/年)或 0.30 元/(kW·h)，即燃煤发电的环境外部成本为 0.30 元/(kW·h)。

以上结果显示：基于选择模型方法计算得到的燃煤发电环境外部成本高于基于生命周期法计算得到的结果。这是由于选择模型方法的数据来源是问卷调查，依据的是模拟的市场环境。虽然问卷设计中增加了廉价磋商法用以减少数据获取中的偏差，但是仍难以避免偏差的存在。即人们在填写问卷时所显示的愿意为环境改善所支付的电费溢价可能高于其实际所真正愿意支付的溢价水平。

研究结果进一步显示：被调查者的环保意识、性别、收入水平、受教育程度、年龄、是否有孩子等均会影响到其对燃煤发电环境外部成本认知的偏好。

第2章 环境外部性的经济损失分析——以北京市为例

2.1 空气污染对健康具有重要影响

空气污染对健康具有重要影响。世界卫生组织(WHO)估计,全世界每年约有 700 万人死于空气污染相关疾病,占总死亡人数的 12.5%(Kuehn,2014)。WHO (2013)报告指出,空气污染与两类症状密切相关,即呼吸系统疾病和心血管疾病,其可能导致过早死亡。

空气污染的健康影响已经引起了病理学家的注意,并且自 1950 年以来被广泛调查。这些研究证实了严重的空气污染与出现呼吸系统症状和死亡的风险增加之间的相关性,并且还表明这种影响可能在不同地区、不同种族和不同年龄的人群中有所不同。自 1996 年 5 月至 2010 年 12 月的一项长期调查显示,NO_2 浓度每上升 25%会导致巴西圣保罗地区呼吸系统疾病人数上升 2.43%(Bravo et al.,2016)。至于 SO_2,污染物浓度的相同增加将使瑞士的呼吸道疾病的发病率提高 1.6%;在澳大利亚布里斯班,污染导致的呼吸系统疾病患者的住院率为 0.8%~2.2%,成年人受影响较小,青少年受影响相对较大(Samakovlis et al.,2005)。欧盟委员会在外部项目中精确地测量过这种影响,即采用剂量-反应模型来估计主要空气污染物对健康的影响,发现其受天气条件、日照水平和季节变化的影响。其研究结果表明,如果 PM_{10} 浓度增加 $1\mu g/m^3$,则暴露于该污染环境中的人中有 0.06%会死于相关疾病。

中国一些地区还对这些空气污染物,包括 NO_2、SO_2 和 PM_{10} 的健康影响进行了评估。例如,中国上海的 NO_2 污染使呼吸系统疾病的发病率提高了 1.50%;PM_{10} 浓度每增加 $10\mu g/m^3$,城市的死亡率就会增加 0.84%(Chen et al.,2002;Li et al.,2004)。河北省承德市在 1997 年采用了集成供热系统,将当地 SO_2 浓度从 $3.86\mu g/m^3$ 降低到了 $0.264\mu g/m^3$。这种改善将呼吸系统疾病的死亡率从 8.1‰下降到了 2.3‰(Zhang et al.,2000)。Xu 等(2014)发现 PM_{10} 的影响在夏季比在其他季节更显著,男性和老年人对 PM_{10} 污染更敏感。Yang 和 Pan(2008)评估了北京市单个污染物的影响并得出结论:SO_2、NO_2 和 PM_{10} 浓度每增加 $10\mu g/m^3$,心血管疾病的死亡风险将分别增加 0.40%、1.30%和 0.40%。Zhang 等(1999)全面评估了三种污染物对人类健康的影响,发现在天津市的重污染区,青少年呼吸系统疾病的发病率比空气清洁区高 4 倍。

在一些现有研究中,空气污染的健康影响与个别污染物相关,即 SO_2、NO_2

和PM_{10},但这些污染物的影响事实上是重叠的(Künzli et al.,2000),污染物对健康的影响的总和将高于空气污染的损失。因此,本书用PM_{10}评估空气污染,因为SO_2和NO_2是PM_{10}的重要前提,它们的影响是PM_{10}的一部分(Pope and Dockery,2006)。此外,在2012年,PM_{10}是337天的主要污染物。

在病理学研究中充分评估了健康影响之后,现在更多的是针对这些影响的经济估价。据估计,空气污染导致的健康恶化,使世界新产生的财富每年损失1.2%~2.0%(WHO,2006)。该费用包括两个部分:①增加保护费用和用于治疗空气污染相关疾病的医疗费用;②人力资本贬值,即身体状况恶化、疲劳所致的劳动力下降、丧失工作能力、疾病和死亡。作为这一领域的先驱学者,Ostro(1983)细致地分析了美国健康访谈调查,发现总悬浮颗粒物(TSP)下降10%,会导致工作日损失天数减少4.4%,以及限制活动的天数减少3.1%。Hanemann等(1984)后来的研究进一步证实了上述结果在统计上的显著性。在中国,环境污染的影响效果也被进行了定量化评估。据估计,PM_{10}污染造成的健康损失分别占北京市和上海市国内生产总值的0.53%(Zhang et al.,2007a)和1.03%(Kan and Chen,2004)。

主要空气污染物对人体健康危害情况及健康效应终端见表2.1。

表2.1 主要空气污染物对人体健康危害情况及健康效应终端

污染物名称	影响类别	作用机理	健康效应终端
SO_2	急性	浓度为2.86~14.3mg/m³时可闻到臭味,浓度为14.3mg/m³时长吸入可引起心悸、呼吸困难等心肺疾病。重者可引起反射性声带痉挛,喉头水肿以至窒息	呼吸系统及心血管疾病问诊量与死亡率
NO_x	慢性	刺激肺部,使人较难抵抗感冒之类的呼吸系统疾病。长期吸入NO_x可能会导致肺部构造改变,导致血液供氧不足,严重者导致死亡	呼吸系统及心血管疾病问诊量与死亡率
可吸入颗粒物	慢性	作用于肺泡,引起支气管炎等疾病,影响血液流通。如果其中附有各种工业粉尘(如金属颗粒),则可引起相应的尘肺等疾病	呼吸系统及心血管疾病问诊量与死亡率
臭氧	慢性	其影响较复杂,轻时表现为肺活量少,重时引起支气管炎等	呼吸系统疾病问诊量
氟化物	急性、慢性	可由呼吸道、胃肠道或皮肤侵入人体,主要使骨骼、造血、神经系统、牙齿及皮肤黏膜等受到侵害。重者或因呼吸麻痹、虚脱等而死亡	呼吸系统及心血管疾病问诊量与死亡率
CO	急性	对血液中血色素的亲和能力比氧大210倍,能引起严重的缺氧症状即煤气中毒。浓度约286mg/m³时就可使人感到头痛和疲劳	心血管疾病问诊量与死亡率
苯、酚、甲醛	急性	通过肺部进入血液,长期吸入会侵害人的神经系统,急性中毒会使人产生神经痉挛甚至昏迷、死亡	心血管疾病问诊量与死亡率

表2.1显示,空气质量对人体健康有着直接或间接的影响,空气污染对人体的危害主要作用于呼吸系统及循环系统。对于呼吸系统,空气污染可以诱发慢性

支气管炎、支气管哮喘、肺气肿和肺癌等主要疾病。而对于循环系统，空气污染是心血管疾病的一个重要和普遍的危险因子，它可以直接或间接引起心血管系统结构和功能损害，产生多种心血管病，诱发急性心脏事件，并成为心血管疾病和死亡的重要原因。例如，当人体吸入过量可吸入颗粒物时，细小颗粒能够通过肺部毛细血管进入人体内循环系统中，阻塞动脉血管、微血管，更有甚者，当颗粒物中含有毒重金属时，可直接作用于心脏瓣膜，导致冠心病、心绞痛及急性心肌梗死等疾病(阚海东和邬堂春，2013)。

因此，一定浓度的空气污染物可以导致人体罹患有关的呼吸道疾病及心血管疾病。通过对医院有关疾病的问诊量统计可以近似反映居民患病人数。空气污染对人体的影响不仅与空气的成分、质量、程度、污染持续的时间、温度、湿度有着密切的关系，而且与人体的年龄、体质、工作、遗传背景、健康状态和防范措施有着密切关联。

虽然上述研究提供了一些有用的观点，但分析中国的空气污染对健康影响方面的研究仍然有一些不足。在关注的中国的相关文献中，许多研究使用从其他研究[大多数引用 Aunan 和 Pan(2004)、Xu 等(2014)]引用的剂量反应系数来评估空气污染对健康的影响和相关的经济学损失，而在用现场数据估计剂量反应系数的基础上开展的研究工作十分有限。即使是在确实做出第一手估计剂量反应系数的实证研究中，研究的注意力也主要局限于空气污染与死亡率之间的关系，而对空气污染诱发的疾病的调查相当少。这是因为死亡率数据相对容易获得，但在中国几乎没有评估疾病特异性发病率所需的数据。根据2004年的一项调查(Aunan and Pan，2004)，只有三项研究(一项针对北京市，两项针对香港)使用门诊访问数据来估计中国人群之间空气污染与入院的简单关联。然而，这些研究相当陈旧，可能无法正确反映当前空气污染的影响。例如，以北京市为研究对象的研究早在1995年就已经出现了20多年(Xu et al.，2014)。

本书基于2012年在北京市的三家地方医院收集到的数据，对关于空气污染如何与中国人的死亡和疾病相关联问题进行了最新的经验估计。与空气污染有关的人类症状包括循环系统疾病、呼吸系统疾病和免疫功能恶化(Dong et al.，2007)。免疫缺陷可能引起循环疾病，并且空气污染对它们的影响可能重叠，因此本书没有单独考虑与空气污染有关的免疫功能恶化对健康产生的影响。研究估计，由于空气污染，北京市在2102年损失了58302万元，其中18.3%用于治疗空气污染引起的心血管疾病，12.6%用于治疗空气污染引起的呼吸系统疾病，其他69.1%的损失是过早死亡导致的人力资本贬值损失。正如大多数以前的研究所证实的，老年人比年轻人更容易受到空气污染的影响，因为他们最可能感染心血管疾病和呼吸系统疾病。这些规则对于35岁以上的群体尤其明显。此外，5岁以下的婴儿是北京市空气污染的另一主要受害群体。

2.2 北京市的空气污染状况

2.2.1 北京市空气污染总体情况

图 2.1 显示了北京市的空气污染程度,以及 1994~2012 年的呼吸系统疾病的死亡率。这一时期大致可分为三个阶段:第一阶段,1994~1998 年。该阶段北京市污染排放呈现出先下降后上升的趋势,北京市呼吸系统疾病的死亡率也呈现类似趋势,并在 1998 年达到近 18 年的峰值——死亡率达到 0.086%(10 万人中死亡 85.9 人)。第二阶段,1998~2008 年。该阶段北京市城市空气污染呈下降趋势。这一阶段,以北京市成功申办第 29 届夏季奥运会为契机,北京市在煤烟型污染治理、机动车污染控制、工业污染防治和扬尘控制等方面,实施了 160 多项空气污染控制措施。中心城区 1.6 万台 2.0×10^5t 以下燃煤锅炉全部完成清洁能源改造,调整搬迁市区 140 多家污染企业,关停了郊区所有水泥立窑、沙石料厂和黏土砖厂。2008 年北京市政府采取单双号限行、重点污染企业暂停营业等措施,使当年三种主要空气污染物浓度降幅达到 50%。该阶段全市呼吸系统疾病的死亡率呈现先急速下降后小幅上升的趋势,其中在 2004 年达到近 18 年的低谷值——死亡率为 0.043%(10 万人中死亡 43.07 人)。第三阶段,2008~2012 年。该阶段北京市空气污染呈现出平稳趋势,空气污染治理手段趋于成熟。该阶段呼吸系统疾病的死亡率变动幅度不大。

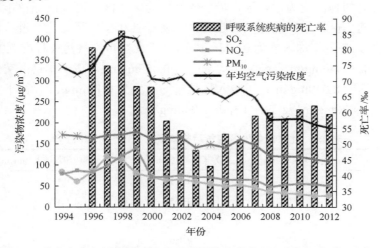

图 2.1 北京市空气污染物浓度和呼吸系统疾病的死亡率(1994~2012 年)
资料来源:北京市环境保护局.1994~2012 年北京市环境状况公报

图 2.1 还显示,2004 年呼吸系统疾病的死亡率急剧下降,达到 0.43‰。这是因为 SARS 在 2003 年爆发,许多弱势人群死于该疾病。为了控制这种流行病,工

业生产、商业活动和运输量都大大减少。2008年以后的空气污染浓度保持得相当稳定，死亡率也保持稳定，属于第三阶段。

除了单个空气污染物浓度标准，中国还采用综合空气污染指数（API）来评估空气质量。该指标用三种主要污染物来衡量污染状况，并且每天测量空气污染与最坏污染物浓度（也称为主要污染物）。因此，综合空气污染指数可以更好地反映空气改善状况。

1994~2012年，北京市的综合空气污染指数持续下降，其中在2000年、2003年和2008年出现三次急剧下降。这一趋势一方面与北京市的空气污染控制政策相关，另一方面，金融投资也促进了这一改善。1994~2004年，北京市政府一直不断提高环境保护投资，其中在1999年和2004年分别达到了两次峰值，由此接下来的几年内污染状况减缓。

虽然北京市的空气污染，如污染物浓度和综合空气污染指数，在过去十几年中相对改善，但应该注意的是，城市NO_2和PM_{10}的年均浓度仍然为$52\mu g/m^3$和$109\mu g/m^3$，远高于WHO标准的$40\mu g/m^3$和$20\mu g/m^3$。因此，北京市的空气污染形势依然非常严峻。

2.2.2 北京市空气污染情况的分区统计

2011年北京市各区（含亦庄）受污染人口数量、三种污染物年均浓度统计结果见表2.2。其中，SO_2年均浓度最高的地区为通州区，最低的地区为平谷区；NO_2年均浓度最高的地区也为通州区，最低的地区为怀柔区；可吸入颗粒年均浓度最高的地区为房山区，最低的地区为延庆区、密云县和昌平区。北京市总体污染物年均浓度方面：SO_2年均浓度为$0.028mg/m^3$，低于北京市空气污染标准$0.060mg/m^3$及WHO标准$0.040mg/m^3$；NO_2年均浓度为$0.055mg/m^3$，高于北京市空气污染标准和WHO标准$0.040mg/m^3$；可吸入颗粒年均浓度为$0.114mg/m^3$，高于北京市空气污染标准$0.070mg/m^3$及WHO标准$0.040mg/m^3$。

表2.2 北京市各地区空气污染浓度及人口统计（2011年）

地区	SO_2年均浓度/(mg/m^3)	NO_2年均浓度/(mg/m^3)	可吸入颗粒年均浓度/(mg/m^3)	人口/万
东城区	0.030	0.064	0.112	91.0
西城区	0.030	0.065	0.114	124.0
亦庄	0.028	0.059	0.129	33.0
海淀区	0.035	0.056	0.120	340.2
朝阳区	0.029	0.060	0.117	365.8
石景山区	0.025	0.051	0.131	63.4
丰台区	0.030	0.055	0.127	217.0

续表

地区	SO₂ 年均浓度/(mg/m³)	NO₂ 年均浓度/(mg/m³)	可吸入颗粒年均浓度/(mg/m³)	人口/万
通州区	0.050	0.071	0.126	125.0
大兴区	0.029	0.065	0.132	142.9
房山区	0.038	0.062	0.138	96.7
门头沟区	0.032	0.053	0.119	29.4
昌平区	0.027	0.049	0.097	173.8
顺义区	0.026	0.049	0.117	91.5
平谷区	0.020	0.032	0.108	41.8
密云县	0.027	0.039	0.097	47.1
怀柔区	0.025	0.031	0.099	37.1
延庆县	0.022	0.040	0.097	31.9
地区平均/汇总	0.030	0.053	0.116	2051.6
全年数据平均	0.028	0.055	0.114	
最高值	0.050	0.071	0.138	
最低值	0.020	0.031	0.097	
北京市空气污染标准	0.060	0.040	0.070	
WHO 标准	0.040	0.040	0.040	

资料来源：北京市环境保护局. 2011 年北京市环境状况公报。

2.3 研究方法及数据来源

2.3.1 研究方法

与空气污染相关的疾病所导致的经济损失由两部分组成：①医疗成本，即由空气污染导致的疾病所引起的过高的保护费用和医疗费用。②过早死亡的损失，即过早死亡所造成的劳动力下降和丧失工作能力。这两部分先分别估计然后加在一起作一般估计。

1. 由空气污染导致的就诊人数和医疗成本的计算

假设与空气污染相关的疾病主要是心血管疾病和呼吸系统疾病，其在所有年龄组中是不变的，它们分别由 c_{car} 和 c_{res} 表示。因此，与整个社会（C_{med}）相关的总的空气污染相关的医疗和保护成本等于个体成本乘以受心血管疾病和呼吸系统疾病影响的患者数量，即为 Z_{car} 和 Z_{res}：

$$C_{med} = c_{car}Z_{car} + c_{res}Z_{res} \tag{2.1}$$

本书用于评估 c_{car} 和 c_{res} 的数据来自《北京统计年鉴2012》。

假定 Z_{car} 和 Z_{res} 都与空气污染物浓度相关，并且使用由美国国家环境保护局（EPA）开发的剂量-反应模型来估计关系：

$$\ln\left[E(Z_{ij})\right] = \alpha + \beta_j s(X_{ij}) + \text{DOW} + H + s(\text{time}, \text{df}=7) \\ + s(\text{temperature}, \text{df}=6) + s(\text{humidity}, \text{df}=6) \quad (2.2) \\ + s(\text{price}, \text{df}=6)$$

式中，E 为期望值；Z_{ij} 为由于心血管疾病或呼吸系统疾病在第 j 个样本医院中第 i 天就医患者（PSD）的人数；β_j 为第 j 个样本医院所在区域的空气污染物浓度与PSD之间的相关性；X_{ij} 为第 j 个样本医院位置第 i 天的空气污染物浓度；DOW 为一个虚拟变量，指示第 i 天是否为工作日，DOW=1 表示工作日，DOW=0 表示非工作日，设置这个变量是因为患者去医院就诊存在两种不同的类型；类似的原因，本书还在模型中设置 H 虚拟变量，$H=1$ 表示采暖时期，$H=0$ 表示非采暖时期。s 为三次样条平滑函数；$s(\text{time}, \text{df})$ 为时间样条平滑函数，其中 df 为自由度；$s(\text{temperature}, \text{df})$ 为湿度样条平滑函数；$s(\text{price}, \text{df})$ 为肉类及禽蛋食品供需价格样条平滑函数。该模型明确考虑了样条函数的空气污染、时间、温度、湿度及肉和蛋的价格水平[①]，因为这些因素都被假定为与心血管疾病和呼吸系统疾病的事件呈非线性相关（Dusseldorp et al., 1995; Kwiterovich, 1997; Chen et al., 2012）。

EPA 剂量-反应模型中可以根据实际需要选择污染指数。本书选取 PM_{10} 作为每天空气污染物浓度（X_{ij}）的反应系数[②]，同时参考中国空气质量标准中规定的一级标准，PM_{10} 的浓度为 $40\mu g/m^3$ 作为空气污染的阈值（高过这一标准即为空气污染会给人体健康带来损害）。

基于式（2.2），对于每个样本医院，可以估计其 β_j，并得出剂量反应系数 b_j [式（2.3）]。剂量反应系数的含义是空气污染物浓度增加 $10\mu g/m^3$，与之相关的到医院就诊人数增加的百分比：

$$b_j = \frac{\ln \beta_j}{\Delta D} \quad (2.3)$$

式中，ΔD 为空气污染物年均浓度与其阈值之间的差距。更进一步，为了消除由医院规模和每日就医数量的不稳定性所导致的潜在偏差，在三个样本医院之间取平均值从而得到 b_j。利用空气污染与特定疾病就医数量之间的相关性，进一步估

---

① 肉和蛋的消耗是住宅饮食模式的指标，其对发病率具有潜在影响，假设在研究期间肉和蛋的供应是稳定的，价格水平与需求和总假设呈正相关。因此，肉和蛋的价格指数可以用作住宅膳食习惯的指标。

② PM_{10} 和 $PM_{2.5}$ 的区别是 PM_{10} 沉淀在人体呼吸道的上部，而 $PM_{2.5}$ 能够进入呼吸道的底部。

计目标城市北京市受到空气污染影响的人数，如式(2.4)所示：

$$Z_{\text{res/car}} = \Delta Z = Z_p - Z_c = Z_p\left[1 - \frac{1}{(1+\bar{b})^{\Delta D}}\right] \quad (2.4)$$

式中，$Z_{\text{res/car}}$ 为由空气污染所导致的因呼吸系统疾病和心血管疾病到医院的就诊患者数量；Z_p 为心血管疾病和呼吸系统疾病到医院的总就诊患者数量；Z_c 为无污染情况下到医院的就诊患者数量①；ΔZ 为由空气污染所导致的到医院的就诊患者数量；$\bar{b}$ 为 b_j 的加权平均值②。

2. 由空气污染导致的过早死亡人数和经济损失的计算

与污染—疾病关系的估计类似，每天由于特定疾病早逝的人数用 EPA 的剂量-反应模型进行估计：

$$\begin{aligned}\ln[E(P_{ik})] =\ & \alpha + \beta_k s(X_i) + \text{DOW} + H + s(\text{time}, df=7) \\ & + s(\text{temperature}, df=6) + s(\text{humidity}, df=6) \\ & + s(\text{price}, df=6)\end{aligned} \quad (2.5)$$

式中，P_{ik} 为由第 k 种疾病引起的第 i 天的过早死亡数（$k=1$ 表示呼吸系统疾病；$k=2$ 表示心血管疾病）；β_k 为空气污染与因疾病 k 导致过早死亡之间的相关系数。

当得到 β_k 的估计后，就可以用式(2.6)计算剂量反应系数 b_k（由空气污染物增加 $10\mu g/m^3$ 引起的增加过早死亡的百分数）：

$$b_k = \frac{\ln \beta_k}{\Delta D_{\text{PM}}} \quad (2.6)$$

式中，ΔD_{PM} 为 PM_{10} 的年均浓度与其阈值之间的差值。

北京市空气污染导致的疾病特异性每日过早死亡数量是用剂量-反应模型估计的，全年的过早死亡数量是通过对每天和每个区域的死亡数进行加和来估算的，如式(2.7)所示：

$$P_k = \sum_{i=1}^{365}\sum_{n=1}^{17} P_{kin} = \sum_{i=1}^{365}\sum_{n=1}^{17} P_n \Delta D_{in} b_k \quad (2.7)$$

---

① 本书定义污染物的浓度高于其阈值。
② 权重通过特定医院中的心血管疾病或呼吸系统疾病的就诊患者数量与三个医院中的两种疾病的总就诊患者数量的比例来确定。

式中，P_k 为在研究年北京市由空气污染引起的过早死亡数量，即分别由心血管疾病和呼吸系统疾病所导致的死亡人数，可通过将每天 (i) 和每个区域 (n) 中由空气污染所导致的相关疾病引起的提前死亡数量 P_{kin} 计算出来。P_{kin} 通过将 n 区域中过早死亡的总数 P_n 乘以 ΔD_{in}（空气污染浓度的每日均值与其阈值之间的差值）和剂量反应系数 b_k 来估计。

为了估计由过早死亡引起的经济损失，需要计算各年龄层的过早死亡数量，并利用式(2.8)来探讨经济损失：

$$P_{km} = \lambda_{km} P_k \tag{2.8}$$

式中，P_{km} 为在第 m 年龄层中与疾病 k 相关的过早死亡数量；λ_{km} 为在第 m 年龄层中与疾病 k 相关的过早死亡数量与该疾病相关的总过早死亡的比例。

依据人力资本法确定的损失随着患者死亡年龄的变化而变化。可以合理地假设患者死亡年龄越小，过早死亡中人力资本的损失越大。具体来说，过早死亡成本的人均损失是用修订的人力资本法计算的，这种损失主要是预期寿命减少导致的人力资本增值的减少。式(2.9)描述了如何计算个体在 t 岁时的过早死亡损失，用 c_t^{death} 表示。

$$c_t^{death} = \sum_{i=1}^{80-t} \frac{D(1+g)^i}{(1+r)^i} \tag{2.9}$$

在式(2.9)的计算中，2012 年人均 GDP 为 D，贴现率为 r。i 为过早死亡年数；t 为死亡时的年龄。将北京市居民在 2012 年的平均寿命作为预期寿命，取 80 年[①]。任何发生在 80 岁之前的死亡将被视为过早死亡，由过早死亡导致的损失的计算首先是将其死亡年龄与 80 岁之间的差额产生的潜在的人力资本损失折现到 2012 年，其次将所有人过早死亡产生的损失加在一起作为人均过早死亡损失的估计。每年的人力资本收益用该年的人均国内生产总值估计，假定其以速率 g 增长。

基于式(2.9)的计算结果，利用式(2.10)可以计算过早死亡的总经济损失：

$$TC^{death} = \sum_{k=1}^{2} \sum_{m=1}^{13} P_{km} c_t^{death} \tag{2.10}$$

式中，TC^{death} 为所有个体因心血管疾病和呼吸系统疾病过早死亡所造成的总经济损失。

[①] 根据中华人民共和国卫生部(2011)，北京的平均寿命为 80.18 岁。计算中取整数部分。

2.3.2 数据来源

本书将每天的 PM_{10} 浓度作为空气污染浓度指标(X_{ij})[①],在设置阈值时,参考国家空气质量标准(NAAQS)中的Ⅰ级标准:PM_{10} 为 $40\mu g/m^3$[②]。该模型估计的具有特定疾病的 PSD 数据(2012 年 1 月 1 日~12 月 31 日)是从三家医院收集的,这三家医院分别位于石景山区、丰台区和大兴区,位于北京市中部和南部,如图 2.2 所示。本书使用当地医院访问数据是因为这样的数据可以帮助消除对北京市居民健康状况估计的非本地访问造成的样本污染。北京市中部和南部地区的空气污染比北部更严重,会使本书的研究结果略微夸大了北京市空气污染对健康的影响。

图 2.2 北京市地图及获取数据的三家医院所在地

从各区域的空气质量监测站收集三个地区的空气污染数据,其中石景山区一

---

① 本书集中研究了 PM_{10} 的影响,没有明确讨论 $PM_{2.5}$ 的影响,原因如下:PM_{10} 为直径小于 $10\mu m$ 的可吸入颗粒物,危害人类呼吸系统并导致疾病。PM_{10} 通常沉积在上呼吸道,$PM_{2.5}$ 可进入下呼吸道或肺部。

② 阈值是指污染物浓度限值,低于此值,认为空气污染不会危害人类健康,其几乎是所有评估空气污染对健康的影响的一个关键因素。

个、丰台区两个、大兴区两个。对于具有多个监测站的地区，空气污染物浓度等于每个站的读数的平均值。对于北京市整体而言，空气污染物浓度是所有污染监测站的平均值。本书涉及的所有空气质量监测站均由政府管理，因此所有使用的污染物浓度读数都是官方数据。

研究期间北京市丰台、石景山及大兴三区空气污染指数日均变化趋势如图2.3~图2.5所示，资料来源于北京市环境保护监测中心。

收集的气象数据，包括温度、空气湿度和降雨量来自北京市气象局。与北京市每种疾病相关的PSD数据来自《2012北京卫生年鉴》（北京市卫生局和北京卫生统计年鉴编委员会，2012），食品价格数据来自北京新发地农产品电子交易中心。

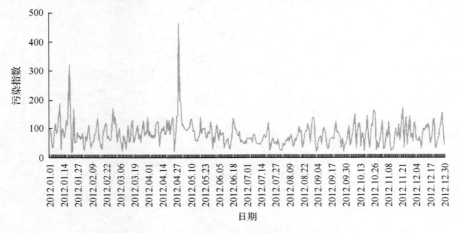

图2.3　丰台区空气污染指数日均变化趋势

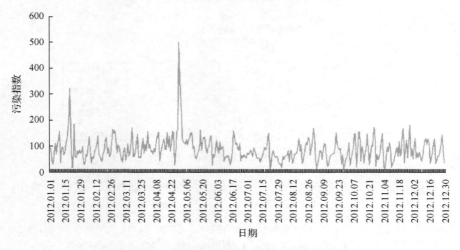

图2.4　石景山区空气污染指数日均变化趋势

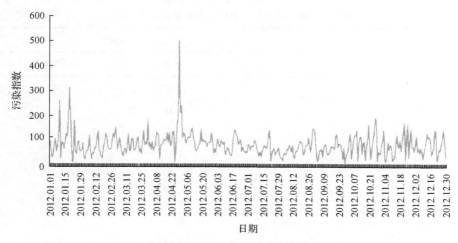

图 2.5 大兴区空气污染指数日均变化趋势

为了估计式(2.5)中的 β_k，需要利用每天呼吸系统疾病和心血管疾病所导致的总死亡人数。然而，这些数据既不能从北京市获得，也不能从样本医院获得。作为替代方案，本书使用 2012 年香港数据来估计特定年龄的相关系数 β_k。这些数据包括从香港环境保护署收集的空气污染物浓度资料、从香港天文台收集的湿度资料、从香港特别行政区政府统计处收集的食物价格数据，以及从香港卫生防护中心收集的每日死亡人数。因此，本书使用的过早死亡剂量反应系数来自香港居民。虽然它可能不完全像北京市居民之间的剂量-反应关系，但是两者之间存在着很好的替代关系，原因有二：一是，已经在各种病理学研究中显示，在具有相似种族的组之间，剂量-反应关系是相似的(Dong and Zhi, 2010; Daniel and Petrolia, 2011)；二是，从北京市和香港收集的空气中 PM_{10} 的大多数化学成分的质量(具有相似的污染程度)彼此在统计学上没有太大不同(表 2.3)。因此，用香港的空气污染剂量-反应系数代替北京市的空气污染剂量反应系数，在一定程度上可以使我们合理地估计北京市空气污染对过早死亡的影响。

由于北京市分年龄段、分病因死亡人数数据难以取得，本书采用《2012 中国卫生统计提要》(中华人民共和国卫生部，2012)中大城市分年龄段分病因死亡人口占总人口比例数据进行同比例缩减，以 0 岁代表婴儿出生开始计算，以 80 岁作为大城市居民正常死亡年龄终止计算，规定每 5 年为一个区间。分疾病、分年龄段死亡比例见表 2.4。

式(2.9)中，人均国内生产总值年平均增长率以 2001~2011 年的平均增长率来估计，增长数据来自《北京统计年鉴》。北京的年平均贴现率数据来自世界经济展望数据库(International Monetary Fund, 2012)。

表 2.3　香港与北京市 PM_{10} 中化学成分的对比　　（单位：%）

项目	北京	香港 下限	香港 上限
OC	6.4～12.4	4.11	25.52
EC	2.3～5.6	1.01	12.01
Ca	4.53	0.00	8.07
Fe	1.64	0.00	2.58
Al	3.81	0.04	2.29
Ti	0.23	0.00	70.53
Mg^{2+}	0.98	0.10	2.62
Mn	0.08*	1.65	96.29
Cr	4.19	0.89	19.18
Ni	0.04*	3.05	27.47
V	8.18	1.63	14.08
As	0.01*	1.01	20.57
Zn	0.16	0.00	2.01
Pb	0.08*	39.55	100.00
Cu	0.03*	11.09	100.00
Na^+	0.68	1.21	22.44
Cl^-	1.00	0.34	29.39
K^+	0.58	0.63	4.06
NH_4^+	1.68	0.90	8.57
SO_4^{2-}	3.71	3.80	41.91
NO_3^-	1.48	2.47	14.38

注：表中呈现的数据是直接引用或基于表中引用的三个现场研究结果的计算。北京市的抽样空气是在 2004 年收集的，而香港的抽样空气是在 2001 年的冬季（2000 年 11 月～2001 年 2 月）收集的。假设每个城市的空气污染成分在这段时间内不会发生显著变化。OC 表示有机碳，而 EC 表示元素碳。北京市 PM_{10} 的大多数化学成分的含量在香港的上下限范围内，这意味着北京市和香港空气污染中的化学成分没有显著差异。但是对于这些危险化学品，其浓度在北京市较低，这超出了我们的预期。假设空气中的这些有害化学成分会对人体健康造成更大的风险，用北京市的剂量-反应系数代替香港的剂量-反应系数可能会夸大对污染致死的估计。

*表示在 10%的水平上显著。

资料来源：北京市 OC、EC 数据来自 Zhang 等(2007a)，Ca～NO_3^- 数据来自 Sun 等(2006)；香港数据来自 Ho 等(2003)。

表 2.4 2012 年各年龄组心血管疾病和呼吸系统疾病死亡率 （单位：1/100000）

	年龄组							
	0～5	5～10	10～15	15～20	20～25	25～30	30～35	35～40
CD	7.35	0.85	1.70	2.37	3.38	4.44	8.30	17.33
RD	34.95	1.13	0.66	0.61	0.99	0.79	1.55	2.72

	年龄组							
	40～45	45～50	50～55	55～60	60～65	65～70	70～75	75～80
CD	35.71	58.23	99.28	160.18	262.79	487.59	1020.39	1954.55
RD	4.27	5.58	12.10	20.85	41.07	90.29	228.31	538.04

注：CD 表示心血管疾病；RD 表示呼吸道疾病。
资料来源：中华人民共和国卫生部，2012。

2.4 计算结果及分析

2012 年，PM_{10} 是北京市的主要污染物，因为有 337 天其都是综合空气污染指数计算的主要污染物，年均浓度远高于北京市所有地区的国家空气质量一级标准（40μg/m³）（表 2.5）。

表 2.5 2012 年北京地区的年平均污染物浓度和人口数量

地区	PM_{10} 浓度/(μg/m³)	人口/万人	地区	PM_{10} 浓度/(μg/m³)	人口/万人
东城区	113	90.8	昌平区	97	183
西城区	111	128.7	顺义区	98	95.3
亦庄	126	33	平谷区	98	42
海淀区	114	348.4	密云县	85	47.4
朝阳区	114	374.5	怀柔区	87	37.7
石景山区	124	63.9	延庆县	82	31.7
丰台区	113	221.4	年均水平	114	
通州区	119	125	最大值	138	
大兴区	124	147	最小值	97	
房山区	122	98.6	中国国家空气质量一级标准	40	
门头沟区	109	29.8			

空气污染对人类健康产生重大影响，其对心血管疾病和呼吸系统疾病发病率的影响由表 2.6 可以推断。表中的正相关系数表明，随着污染物浓度的增加，这两种疾病的发病率将增加，其中呼吸系统疾病的发病率对空气污染更敏感。本书使用剂量-反应模型估计每个样本医院中每种疾病的剂量-反应系数，并显示在表 2.7 中。

表 2.6 空气污染与样本地区呼吸系统疾病和心血管疾病发病率的相关系数

疾病类型	丰台区	石景山区	大兴区
呼吸系统疾病	0.642	0.638	0.710
心血管疾病	0.385	0.384	0.639

表 2.7 呼吸系统疾病(RD)和心血管疾病(CD)的发病率剂量-反应系数

地区	疾病	剂量-反应系数	权重
丰台区	RD	0.0071	0.2161
	CD	0.0056	0.1810
石景山区	RD	0.0096	0.2774
	CD	0.0031	0.3098
大兴区	RD	0.0060	0.5066
	CD	0.0043	0.5092

根据估计(表 2.7),空气污染物浓度每增加 $10\mu g/m^3$,呼吸系统疾病的 PSD 数量分别增加 0.71%、0.96% 和 0.60%。以每年的 PSD 数量作为每种类型疾病的权重,通过对三个样本医院中两种疾病的相关性进行平均,得出城市的剂量-反应系数。以城市为整体,心血管疾病的剂量-反应系数为 0.42%,呼吸系统疾病的剂量-反应系数为 0.72%。换句话说,PM_{10} 浓度每增加 $10\mu g/m^3$,心血管疾病的 PSD 数量将增加 0.42%,而呼吸系统疾病的 PSD 数量将增加 0.72%。

将得到的剂量-反应系数估计值代入式(2.3),可计算得到 2012 年北京市空气污染引起的与心血管疾病相关的 PSD 为 278000,呼吸系统疾病的 PSD 为 190700。将这两个数字乘以每个资本的医疗成本,可以得出结论:2012 年,北京市空气污染导致的心血管疾病所产生的经济损失为 10686.32 万元,呼吸系统疾病所产生的经济损失为 73305.1 万元。

类似地,由空气污染引起的心血管疾病和呼吸系统疾病的死亡率的影响可从表 2.8 推断。

表 2.8 呼吸系统疾病和心血管疾病的死亡率剂量-反应系数

空气污染	疾病	剂量-反应系数
PM_{10}	呼吸系统疾病	0.004823154
	心血管疾病	0.001957569

表 2.8 显示,PM_{10} 的年均浓度每增加 $10\mu g/m^3$,心血管疾病的死亡率上升 0.2% 左右,而呼吸系统疾病的死亡率上升 0.48% 左右。

北京市每个地区的心血管疾病和呼吸系统疾病引起的过早死亡率的计算结果见表 2.9。总体而言,2012 年北京市的空气污染用 PM_{10} 浓度所代表,导致经济损失 40285.35 万元。此外，空气污染对不同年龄段的居民的健康威胁明显不同。一般来说，空气污染导致死亡的概率随年龄的增长而增加。在 5~35 岁的队列中，极少有人死于空气污染。超过 35 岁时，明显更多的人遭受空气污染导致的过早死亡。死亡率在 35 岁开始逐步增长，并且超过 65 岁时增长速度加快。对于 65 岁以上的人，空气污染导致的死亡风险大大增加。据估计，2012 年，不到 10 名 35 岁以下的成年人在北京市死于空气污染，而大约 200 名 75 岁以上的成年人因污染致死。另外，应该注意的是，5 岁以下儿童是死亡风险随年龄增长呈增长趋势的特例，与青少年相比，他们更容易因空气污染导致死亡(图 2.6)。

表 2.9　呼吸和心血管疾病的空气污染物死亡率　　　(单位：%)

地区	PM₁₀		地区	PM₁₀	
	CD	RD		CD	RD
东城区	1.31	3.53	房山区	1.48	3.96
西城区	1.28	3.43	门头沟区	1.24	3.33
亦庄	1.55	4.16	昌平区	1.03	2.75
海淀区	1.33	3.58	顺义区	1.04	2.80
朝阳区	1.33	3.58	平谷区	1.04	2.80
石景山区	1.51	2.02	密云县	0.81	2.17
丰台区	1.31	3.53	怀柔区	0.85	2.27
通州区	1.42	3.82	延庆县	0.76	2.03
大兴区	1.51	4.06	平均值	1.22	3.17

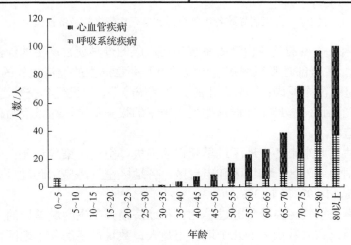

图 2.6　由空气污染导致的疾病引起的过早死亡的数量

图 2.7 进一步显示，尽管老年人群中每个个体死亡所产生的人力资本的减少

数量相对较低，但空气污染对人体健康的影响所导致的经济损失相对较高。显然，规模效应(老年人群过早死亡的数量)超过价格效应(个体死亡的经济成本)。以心血管疾病引起的过早死亡为例，这种类型的疾病导致 0~4 岁人群中因过早死亡产生的经济损失为 690.62 万元，而 70~74 岁人群中因过早死亡产生的经济损失则高达 6021.49 万元。与此相比，由呼吸系统疾病引起的过早死亡通常对老年人的危害较小。如果以货币计算，只会造成 70~74 岁的老年人因呼吸系统疾病过早死亡产生的经济损失为 2277.15 万元。然而，对于 0~4 岁的儿童，呼吸系统疾病更为可怕，因为在这个群体中呼吸系统疾病引起死亡的概率比心血管疾病引起死亡的概率高 5 倍以上。

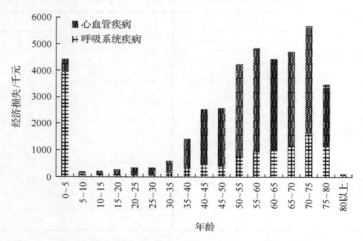

图 2.7　由疾病导致各年龄组群过早死亡带来的经济损失

据估计，0~4 岁的儿童由呼吸系统疾病造成的过早死亡产生的经济损失达到 5550.48 万元，占全部呼吸系统疾病导致的过早死亡产生的经济损失的 32.1%，成本如此之高是有两个原因：①新生儿的免疫系统脆弱，如果受到空气污染的影响，他们更有可能死亡；②最年轻群体的死亡带来的损失最高，这是因为他们最有可能在未来创造收入。

本章评估了北京市各个地区过早死亡的损失。空气污染导致死亡风险最高的三个区域分别为朝阳区、海淀区和丰台区，各地区空气污染引起过早死亡的比例分别为 20.5%、16.9%和 11.3%。

人口规模是空气污染导致的过早死亡和经济损失产生区域差异的主要原因。根据这种原因死亡人数最多的几个地区正是人口数量最多的几个地区，包括朝阳区(人口 364.5 万人)、海淀区(人口 346.4 万人)和丰台区(人口 221.4 万人)。此外，区域排放也是空气污染导致的过早死亡产生区域差异的原因。车辆尾气是城市污染物排放的主要来源之一。因此，空气污染体现出来的成本应集中在交通量高的地区，其或者以较高死亡率的形式出现，或者以相关经济损失的形式出现。在北京市，两个地区最容易发生交通堵塞，一个为二环和三环的东部，位于朝阳区；另一个为二环的西部，尤其是海淀区和西城区交叉口。本书估计朝阳区和海淀区是空气污染导致的经济损失最大的两个地区。

城市污染物排放的另一个主要来源是工业。在朝阳区、海淀区、丰台区、通州区、西城区等工业活动较密集的地区，污染浓度趋于上升。这五个地区共同创造了北京市总工业增加值的38%，因此其承受的空气污染造成的损失也最多（图2.8）。

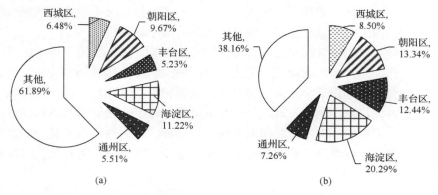

图2.8 北京市各区工业(a)与建筑业(b)产值比例图(2012)

2.5 本章小结

基于2012年北京市三家当地医院的数据，对北京市空气污染如何影响人类健康及由此产生的经济损失进行了最新估计。研究显示，278000名心血管疾病患者和190700名呼吸系统疾病患者是城市空气污染的受害者。其中死于心血管疾病的有346人，死于呼吸系统疾病的有204人，分别占由这两种疾病导致死亡总数的1.27%和1.64%。考虑到疾病治疗的医疗费用和过早死亡导致的人力资本贬值，北京市由空气污染造成的经济损失为58302.18万元，占2012年城市GDP的0.03%。总额由四部分组成：①用于心血管疾病治疗的医疗费用为10686.32万元；②用于呼吸系统疾病治疗的医疗费用为7330.51万元；③心血管疾病导致的过早死亡带来的人力资本损失为28456.20万元；④由呼吸系统疾病导致的过早死亡带来的人力资本损失为11829.15万元。

读者对于本书的估计结果应当采取审慎的态度。一方面，在估算由空气污染引起的北京市过早死亡的死亡率时，用根据香港数据计算的剂量-反应系数进行替代，因为在香港，受污染空气中危险化学成分的含量很高。同时，本书选取的样本医院位于北京市污染比较严重的地区。这两个事实可能使研究中空气污染的损失偏大。另一方面，本书未考虑基础设施的潜在损失、老龄化的加速、城市形象的破坏、投资机会的减少、旅游业下滑（游客，特别是入境游客从2009年开始减少）和空气污染导致人们产生的负面情绪，所有这些因素导致本书研究所得到的结果是保守的。

北京市空气污染对人体健康造成的影响在年龄和地区方面有着显著差异。对于空气污染，老年人和儿童比一般其他群体更容易受到影响。70岁以上的老人和5岁以下的儿童是北京市空气污染的主要受害者。在区域差异方面，北京市朝阳区、海淀区、丰台区、通州区、大兴区等地人们的健康状况更容易受到空气污染的不利影响，前三个区面临空气污染导致死亡的风险最高。

为了减轻北京市空气污染对人体健康的负面影响，以下政策干预措施可能有效：第一，作为北京市最致命的污染物，应严格控制粉尘（包括PM_{10}和$PM_{2.5}$）的排放，可能包括但不限于将北京市的产业结构转向高技术和环保型，抑制私家车数量的增长，促进电动车的发展，减少交通堵塞，改善交通管理系统和促进清洁发电。第二，应对老年人和儿童采取特别保护措施，因为他们最容易受到空气污染的危害。第三，应促进可再生能源的发展，减少工业发展中对传统化石能源的依赖。

第3章 可再生能源发电对电力系统能源强度的影响

3.1 相关理论分析

3.1.1 可再生能源发电增长对燃煤消耗的影响

截至2017年年底，中国可再生能源发电中风电占全部可再生能源发电的70%以上，因此，本章以风电发电量增加对燃煤消耗的影响为例进行分析。

风电发电量增加为电力系统带来的最大的经济性是其节约的燃料成本费用，现阶段建设并投入使用的风电一般都是代替燃煤火电发电，因此风电的增加会降低火电发电，以及电力系统燃煤的使用。

但是为了增加风电发电，火电机组需要进行调峰，而火电机组为风电并网发电降低出力时(调峰)，其煤耗(气耗)率将增加。这是因为机组运行时各项参数越接近或达到设计值，机组的燃煤(燃气)率越高。在调峰阶段，机组在被迫压低出力时其燃煤(燃气)效率就会变差。经过火电厂实验证明，每压低出力10%会导致标准煤耗率增加3~6g/(kW·h)。但是由于压低出力，发电量减少，燃煤(燃气)总量会随着出力下降呈下降趋势。两方面综合考虑，机组的能源成本的下降速度会随着出力的下降而变缓，可以表示为图3.1中的一条开口向上的U形曲线(王鹏等，2010)。

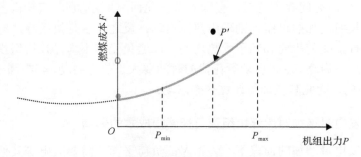

图3.1 火电机组燃煤(燃气)成本曲线

图3.1可以看出出力形式是一个分段函数，当出力为0，即关机时，系统的燃煤成本为0；在机组稳定运行(即出力介于P_{min}~P_{max}时)及在开机爬坡阶段(即介于0~P_{min})时，机组煤耗呈现出U形，是燃煤成本关于机组出力的一个二次函数；在高出力阶段压低出力时，燃煤成本下降略快，P_{max}是火电机组出力最大值，在这一点火电机组的燃煤(燃气)效率最高，P_{min}是火电机组出力最小值，在这一点

火电机组的燃煤效率最低。随着出力下降,由于机组的煤耗率随着出力的压低而增大,而总煤耗减少,燃煤成本下降变缓。当火电机组出力低于 P' 时,需要进行投油才能保证机组稳定出力。

通过调研得知,对于燃气火电来讲,随着出力下降,单位气耗量呈上升趋势,其曲线是三次曲线中的一段,最低出力可以压到其额定功率的30%。

通过燃煤火电机组实验发现,机组在投油情况下可以压低出力到机组负荷的10%~20%,但是现实中出于对能源消耗、机组寿命和安全运行的考虑,实际操作中一般不压低到这种程度,燃煤机组投油出力只压低到机组负荷的40%左右就不再往下压低。本书考虑的是现实情况。

3.1.2 风电发电量增加对燃油消耗的影响

在风电出力较多、电力负荷较低的情况下,火电机组为风电调峰可能需要压低到最小技术出力之下,这样燃煤机组便无法稳定燃烧,为了维持稳定燃烧,机组需要喷油助燃,这时称为投油调峰。在投油调峰阶段,其燃料费用会明显增加(吕学勤等,2007)。

有时火电机组压低出力不能满足对风电调峰的需求,就需要启停调峰。启停调峰是指为了满足电力系统运行中尖峰负荷的需要,有些机组必须随着负荷的变化快速地开启或停运,这时其承担的调峰任务就称为启停调峰。在启停阶段,机组由于需要迅速升温,只依靠燃煤不足以达到效果,于是将加油燃烧助燃,此种情况下的燃油量会显著增加。

机组启动分为热态启动和冷态启动两种,主要取决于机组停机的时间。若停机时间低于 55h(时间并不绝对,会因季节变化而有所浮动),汽轮机已经均匀受热,不需要长时间加热机组,则采用热态启动;反之,若是机组冷却时间长,需要对机组进行加热使机壳和转子受热均匀,以避免受热不均导致机组损坏,此时就应当采用冷态启动。冷态启动所花费的时间要大于热态启动,其中需要利用 1~2h 来进行暖机,因此其耗油量超过热态启动。

3.1.3 风电发电量增加对燃煤机组变负荷磨损成本的影响

在风电发电量增加的前提下,为了保证负荷平衡,需要火电等其他电源对风电出力的变化进行响应。然而,火电机组频繁参与调峰运行,汽轮机转子会受到交变应力的影响,从而造成汽轮机转子的低周疲劳和蠕变损耗(吴勇刚,2013)。随着时间的积累,转子某些部位会出现一些裂纹甚至发生断裂,这无疑会严重影响汽轮机组的安全稳定运行,甚至引发安全性事故。因此,在风电发电量增加的情况下,对火电机组汽轮机转子寿命的分析显得非常必要。汽轮机转子的寿命损耗包括由汽轮机的启停及变负荷运行导致的低周疲劳损耗和材料在高温状态下受持续应力作用的蠕变损伤。在转子的寿命损耗中，低周疲劳损耗占主导地位，由于在汽轮机启停及变负荷过程中主要受到疲劳损伤，本书只考虑汽轮机的疲劳损伤。低周疲劳损伤原理为：汽轮机启动时，转子表面先被加热而膨胀，使转子表面产生热压应力而轴孔内腔部位则承受热拉应力；停机时，转子表面先受冷，使表面层承受拉应力而轴孔部位承受压应力。显然，汽轮机每启停一次，转子内外表层就承受一次压缩和一次拉伸，这种压缩和拉伸反复作用，就会引起金属材料的疲劳损伤，有可能使其出现裂纹。

根据上述分析可知，汽轮机转子的低周疲劳损伤有如下影响因素。

1. 蒸汽温度

随着汽轮机参数和功率的不断增大，在机组启停或变负荷时，蒸汽温度变化剧烈，转子承受的交变应力很大，很容易超过屈服应力而产生形变从而导致断裂。

2. 材料硬度

汽轮机转子长期在高温下工作，材料质量会发生变化，金属材料在疲劳和蠕变作用下会出现软化和脆化，材料的软化和脆化反过来也会降低其抵抗疲劳及断裂的韧性，进而影响其寿命损耗。

目前在进行汽轮机转子低周疲劳损耗的计算中，所用的金属疲劳曲线和计算公式各不相同，但均比较倾向于曼森-柯芬（Manson-Coffin）公式所列的低周疲劳损耗表达式：

$$\frac{\Delta \varepsilon}{2}=\frac{\delta_\mathrm{f}}{E}(2N_\mathrm{f})^a + \varepsilon_\mathrm{f}(2N_\mathrm{f})^b \tag{3.1}$$

式中，$\Delta\varepsilon$ 和 N_f 分别为总应变幅值和相应的应力循环数；δ_f 为材料的疲劳强度系数；a 为材料的疲劳强度指数；ε_f 为材料的疲劳延性系数；b 为材料的疲劳延性指数；E 为材料的弹性模量。

总应变幅值可根据 Manson-Coffin 公式分解为弹性应变幅度和塑性应变幅度两部分，它们与应力的关系可以用下式表示：

$$\Delta\varepsilon = \Delta\varepsilon_\mathrm{e} + \Delta\varepsilon_\mathrm{p} = \frac{\delta}{E} + \left(\frac{\delta}{2K}\right)^{\frac{1}{n}} \tag{3.2}$$

式中，$\Delta\varepsilon$ 为总应变幅值；$\Delta\varepsilon_\mathrm{e}$ 为弹性应变幅值；$\Delta\varepsilon_\mathrm{p}$ 为塑性应变幅值；δ 为应力；K 为循环强度系数；n 为循环应变硬化系数。

在实际计算中，一般采用有限元计算软件 ANSYS 对转子的温度场、应力场进行计算。对于总应力的计算，可以采用如下公式：

$$\sigma=\sqrt{\sigma_{th}^2+\sigma_t^2-\sigma_{th}\sigma_t} \tag{3.3}$$

式中，σ 为合成应力；σ_{th} 为热应力；σ_t 为计算部位的离心切向应力，该值由转子的转速确定。

因此，只要明确了应力值，就可通过材料的低周疲劳曲线计算出应力循环数 N_f，并通过低周疲劳寿命损耗公式 $d=1/(2N_f)$ 计算得出汽轮机转子的低周疲劳损耗。

目前，针对不同容量火电机组启停机和变负荷过程的磨损已经有相关的研究成果。通过对这些研究成果进行统计分析可知，汽轮机在不同工况下的磨损情况见表 3.1。

表 3.1 不同容量机组磨损

机组容量/MW	不同容量机组磨损率/%			
	冷态启动	热态启动	停机	变负荷
200[①]	0.015	0.01	0.01	0.001
300[②]	0.015	0.01	0.01	0.001
600[③]	0.015	0.01	0.01	0.001
1000[④]	0.014	0.016	0.01	0.001

资料来源：①夏云春(1995)、刘华堂和李树人(1997)、常立宏和董志刚(1999)、王如栋和刘华堂(2000)；②张保衡(1987)、魏先英和余耀(1993)、李今朝(2005)、裴若楠(2007)；③安骏(2005)、张锋锋(2007)、白云(2009)、陈鹏(2009)、郭晶晶(2011)；④韩炜(2013)。

3.2 风电发电量增加对能源强度影响的研究方法

3.2.1 模型建立

1. 目标函数

本书将建立两个目标函数：一个是风电发电量增加的目标函数，用来分析在保证风电发电量增加的情况下，电力系统能源强度的变化情况；另一个是电力系统能源强度最低的目标函数，用来分析为了实现系统能源强度最低，是否存在必须弃风的情况，以及若该种情况存在，计算弃风发生时的风电发电比例。

风电发电量增加的目标函数如式(3.4)所示，该目标函数包括两个部分，第一部分是能源强度，第二部分是弃风情况，其中 α 的取值为非零，β 的取值是 α 的数倍，即表明如果产生弃风，系统能源强度将很大，不能实现系统能源强度最低的目标，以此保证弃风最小。

$$\min\left[\alpha\frac{\mathrm{EI}}{\mathrm{EI}_{(P_\mathrm{w}=0)}}+\beta\frac{\sum_{t=1}^{T}(P_{\mathrm{w},t}^{*}-P_{\mathrm{w},t})}{\sum_{t=1}^{T}P_{\mathrm{w},t}^{*}}\right] \tag{3.4}$$

式中，$\mathrm{EI}_{(P_\mathrm{w}=0)}$ 为风电接入量为 0 时的系统能源强度；T 为研究的总时间跨度，本书研究的是典型日的情况，即一天 24h；$P_{\mathrm{w},t}^{*}$ 为时段 t 风电场预测可被调度的风电功率总量；$P_{\mathrm{w},t}$ 为时段 t 风电场实际被调度的风电功率总量；EI 为能源强度，tce[①]/(MW·h)。根据能源强度的定义，本书把能源强度看作是系统消耗所有的能源的值与系统所生产的总电量的比值。本书按照《综合能耗计算通则》(GB/T 2589—2008)，把所有燃料消耗都折算成标准煤，其中 1t 油等于 1.4286tce，10000kW·h 电能等于 1.229tce，10000m³ 天然气等于 12.143tce。能源强度的单位为 tce/(MW·h)。

同时，模型中通过线性比例的方式进行了无量纲化处理，即通过除以该类指标的最大值，能源强度除以风电接入量为 0 时的系统能源强度 $\mathrm{EI}_{(P_\mathrm{w}=0)}$（视为最大能源强度），弃风量除以最大可能弃风量 $\sum_{t=1}^{T}P_{\mathrm{w},t}^{*}$，进行了计算。

能源强度最低的目标函数如式(3.5)所示。该目标函数包括三部分内容：第一部分为系统能源强度，为了体现系统能源强度最低的目标，这里 α 的取值是 β 和 γ 的数倍；第二部分和第三部分分别表示弃风和弃水，为了体现《节能发电调度办法》(国办发[2007]53 号)中"无调节能力的可再生能源要优先有调节能力的可再生能源出力"的规定，将 γ 值取为 0，β 值取为非零。

$$\min\left[\alpha\frac{\mathrm{EI}}{\mathrm{EI}_{(P_\mathrm{w}=0)}}+\beta\frac{\sum_{t=1}^{T}(P_{\mathrm{wa},t}^{*}-P_{\mathrm{wa},t})}{\sum_{t=1}^{T}P_{\mathrm{wa},t}^{*}}+\gamma\frac{\sum_{t=1}^{T}(P_{h,t}^{*}-P_{h,t})}{\sum_{t=1}^{T}P_{h,t}^{*}}\right] \tag{3.5}$$

式中，$P_{h,t}$ 为时段 t 水电机组 h 实际被调用的水电功率总量；$P_{h,t}^{*}$ 为时段 t 水电机组 h 可被调度的水电功率总量；$P_{\mathrm{wa},t}$ 为时段 t 水电最大可接入功率，即最大可能弃水量。

2. 约束条件

1) 功率平衡约束

由于电能不能存储及发电需要满足用电负荷的需求，发电量之和必须等于用电量之和：

---

① 吨标准煤当量。

$$\left(\sum_{i=1}^{N} U_{i,t} P_{i,t} + \sum_{h=1}^{H} P_{h,t} + P_{w,t}\right)(1-r_1)(1-r_2) = P_t + P_c \qquad (3.6)$$

式中，$U_{i,t}$ 为燃煤机组运行状态，$U_{i,t}=0$ 表示机组停机，$U_{i,t}=1$ 表示机组运行；$U_{i,t-1}$ 为火电机组 i 在 $t-1$ 时刻的状态；P_t 为社会的用电负荷；P_c 为联络线功率；r_1、r_2 分别为线损率和厂用电率，分别取 8% 和 6%（据《电力系统技术导则》）[①]；h 为水电机组的数量。

2）机组功率约束

火电机组出力具有上下限：

$$U_{i,t} P_{i\min} \leqslant P_{i,t} \leqslant U_{i,t} P_{i\max} \qquad (3.7)$$

式中，$P_{i\min}$、$P_{i\max}$ 分别为火电机组 i 最小技术出力和最大技术出力。

3）最小启停时间约束

火电机组在启停的时候需要一定的时间，不能过于频繁地启停，即具有最小启停时间约束：

$$[U_{i,t-1} - U_{i,t}][T_{i,t-1}^{\text{on}} - T_{i\text{on}}] \geqslant 0 \qquad (3.8)$$

$$[U_{i,t} - U_{i,t-1}][T_{i,t-1}^{\text{off}} - T_{i\text{off}}] \geqslant 0 \qquad (3.9)$$

式中，$T_{i\text{on}}$ 为火电机组 i 的最小连续运行时间；$T_{i\text{off}}$ 为火电机组 i 的最小连续停机时间；$T_{i,t-1}^{\text{on}}$ 为火电机组 i 在 t 时刻连续运行的时间；$T_{i,t-1}^{\text{off}}$ 为火电机组 i 在 t 时刻连续停机的时间。

4）机组爬坡率约束

火电机组出力变化有速率的限制：

$$U_{i,t} P_{i,t} - U_{i,t-1} P_{i,t-1} \leqslant \alpha_{i\text{up}} \qquad (3.10)$$

$$U_{i,t-1} P_{i,t} - U_{i,t} P_{i,t} \leqslant \alpha_{i\text{down}} \qquad (3.11)$$

5）风电上网电量约束

风电上网电量是一个大于等于零、小于等于风电预测可被调度的上网电量值的数值：

$$0 \leqslant P_{w,t} \leqslant P_{w,t}^{*} \qquad (3.12)$$

[①] 电力系统技术导则. (2019-04-10) [2020-01-10]. https://max.book118.com/html/2019/0410/6115113055002022.shtm.

6) 旋转备用

$$\sum_{i=1}^{N}U_{i,t}(P_{i,t}^{U}-P_{i,t})+\sum_{h=1}^{H}(P_{h,t}^{U}-P_{h,t})+\sum_{p=1}^{P}(P_{p,\max}-P_{p,t}+P_{p,t})\geqslant P_{l,t}+R_{\mathrm{uw},t} \quad (3.13)$$

式(3.10)~式(3.13)中，$P_{i,t}$和$P_{i,t-1}$分别为燃煤机组i在t时刻和$t-1$时刻的发电出力；$P_{i,t}^{U}$为燃煤机组i在t时刻U状态下的最大可出力情况；$P_{h,t}^{U}$为水电机组h在t时刻U状态下的最大可出力情况；$P_{h,t}$为水电机组h在t时刻输出的有功功率；$P_{p,\max}$为抽水蓄能电站最大出力；$P_{p,t}$为抽水蓄能电站在t时刻输出的有功功率；$P_{p,t}$为抽水蓄能电站在t时刻储存的有功功率（可以多输出的有功功率）。α_{iup}为火电机组i的向上爬坡率；α_{idown}为火电机组i的向下爬坡率；$P_{l,t}$为无风电时的上旋转备用，是用电负荷的5%；$R_{\mathrm{uw},t}$为在t时刻，由风电增加而导致的上旋转负荷增加值，一般为风电装机容量的10%~20%（李丰等，2012）。

3. 经济成本的计算

本书还将考虑风电发电量增加对电力系统经济成本的影响。由于计算能源强度时是将油和气均折算为标准煤进行计算，而油和气的价格与煤炭价格差异较大，能源强度最低并不等于经济成本最低。所以，本书建立了经济成本的计算公式[式(3.14)~式(3.20)]。

1) 燃煤机组发电煤耗成本

由于燃料费用和机组的出力情况是一个开口向上的U形曲线，可以将燃煤机组调峰所用费用表示为与功率有关的二元一次方程式（任博强等，2010；张粒子等，2012；刘新东等，2012）

$$f_{i,t}(P_{i,t})=b_{i,t}P_{i,t}^{2}+c_{i}P_{i,t}+d_{i}, \quad i\in[1,N] \quad (3.14)$$

式中，$f_{i,t}(P_{i,t})$为在t时段，燃煤机组i发电所需要的费用；$b_{i,t}$、c_i、d_i均为系数。

2) 燃气机组发电气耗成本

$$f_{i,t}(P_{i,t})=a_{i}P_{i,t}^{3}+b_{i,t}P_{i,t}^{2}+c_{i}P_{i,t}+d_{i}, \quad i\in[N+1,N+M] \quad (3.15)$$

式中，a_i为系数。

3) 投油调峰成本

燃煤机组压低出力到一定程度时需要投油调峰，投油调峰成本函数为

$$D_{i,t}=\begin{cases}0(P_{i,\mathrm{d}}<P_{i,t}\leqslant P_{i\max})\\ \mathrm{Diesel}_{i}(P_{i\min}\leqslant P_{i,t}\leqslant P_{i,\mathrm{d}})\end{cases}, \quad i\in[1,N] \quad (3.16)$$

式中，Diesel_i 为机组 i 在一个小时内的投油成本；$P_{i,d}$ 为燃煤机组需要投油调峰的出力边界。

4) 燃煤机组启停调峰磨损成本

$$W_i^{up} = \text{Cost}_i \text{ew}_i^{up} \tag{3.17}$$

$$W_i^{down} = \text{Cost}_i \text{ew}_i^{down} \tag{3.18}$$

式中，W_i^{up} 为机组 i 的启动磨损成本；由机组购买成本 Cost_i 乘以机组 i 的启动磨损成本系数 ew_i^{up} 得到；W_i^{down} 为机组 i 的停机磨损成本，由机组购买成本 Cost_i 乘以机组 i 的停机磨损成本系数 ew_i^{down} 得到。

5) 燃煤机组启停成本

燃煤机组启停成本分别如式(3.19)和式(3.20)所示：

$$C_{up} = U_{i,t}(1 - U_{i,t-1})S_{iup} \tag{3.19}$$

$$C_{down} = U_{i,t-1}(1 - U_{i,t})S_{idown} \tag{3.20}$$

式中，C_{up} 和 C_{down} 分别为燃煤机组的启、停成本；S_{iup} 为机组 i 的启动费用，包含各项消耗和机组损耗，与停机时间相关，停机时间超过 72h 时为冷态启动，反之为热态启动；S_{idown} 为机组停机费用，包含各项消耗和机组损耗。

3.2.2 数据来源

为了计算风电发电增加对电力系统能源强度的影响，本书需要机组运行的相关数据，如燃料价格数据、用电负荷和风电出力、京津唐地区电源结构及联络线相关的数据。为了使模型结果更加可信，本书大部分数据主要依靠实地调研获得。

1. 燃煤燃气机组的相关数据来源

本书以京津唐区域电网作为分析对象，实际电网中含有的机组类型很多，有一些小容量机组如 75MW 及非常规容量的机组(如 500MW)。大容量火电机组是未来的发展趋势，因此，为了简化模型、便于分析计算，本书忽略了小容量火电机组，并将所有的燃煤火电机组统一为 200MW、300MW、600MW、1000MW 这几种典型机组，采用报告《风电消纳若干关键技术研究及其在京津唐电网中的应用》[①]中常规机组比重的数据和调研获得的京津唐区域电网 2014 年总装机容量情

---

① 国家电网有限公司华北分部. 2014. 风电消纳若干关键技术研究及其在京津唐电网中的应用. 北京.

况,估算出 2014 年京津唐区域各类机组的数据。由于燃气机组的种类复杂,不同容量的机组类型很多,为了简化计算,将燃气机组统一为最常见的 250MW 机组。

各种类型机组基本运行参数见表 3.2。

表 3.2 典型机组基本参数

电源类型	机组容量/MW	机组类型	最大出力/MW	最小出力/MW	投油临界/MW	投油量/(t/h)	爬坡速度/(MW/h)
燃煤火电机组	200	供热	190	170	—	—	180
		常规	200	80	100	2.4	180
	300	供热	285	255	—	—	300
		常规	300	120	150	3	300
	600	供热	570	510	—	—	300
		常规	600	240	300	4.8	300
	1000	常规	1000	430	450	7.6	300
燃气机组	250	供热	237.5	212.5	—	—	—
常规水电	150	—	150	0	—	—	—
抽水蓄能	1270	—	1270	−1270	—	—	—

表 3.3 是主要容量机组启停机情况。本书研究的调度周期是一天,因此这里只考虑燃煤机组热态启动这种短时间启动方式。燃气机组启停机每小时需要消耗 26000m³ 的燃气,一般能在 1h 内实现启停机,但是在冬季供热期间,燃气机组由于供热需求,一般情况不进行启停。

2. 煤、油、气的价格数据来源

本书计算中所采用的价格是 2014 年的价格,煤价选取的是全国 2013 年 1 月~2015 年 5 月的标准煤价格 603 元/t[1];气价选取的是北京市 2014 年发电用燃气价格 2.67 元/m³[2];厂用电选取的是 2015 年 4 月 20 日国家发展和改革委员会上调后的燃煤机组发电标杆上网电价 0.3754 元/(kW·h)[3];油价选取的是北京市 2014 年 8 月~2015 年 8 月油价的平均值 7723.1 元/t[4];水价选取的是《关于调整北京市非居民用水价格的通知》中 2014 年的价格 7.15 元/t[5]。

---

[1] 资料来源:我的煤炭网. http://www.mycoal.cn.
[2] 资料来源:本地宝(北京). http://bj.bendibao.com.
[3] 资料来源:每经网. http://www.nbd.com.cn.
[4] 资料来源:金投网. http://www.cngold.org.
[5] 北京市财政局. 关于调整北京市非居民用水价格通知(京发改[2016]612 号)。

表 3.3　主要容量机组启停机情况

容量/MW	状态	耗时/h	成本来源	用量
200	热态启动	5	油(柴油)/t	2
			标准煤/t	158
			水/t	270
			厂用电/(kW·h)	15000
	停机	3	油(柴油)/t	2
			标准煤/t	105
			水/t	293
			厂用电/(kW·h)	36700
300	热态启动	5	油(柴油)/t	5
			标准煤/t	117.29
			水/t	200
			厂用电/(kW·h)	100000
	停机	3	油(柴油)/t	4
			标准煤/t	87.96
			水/t	100
			厂用电/(kW·h)	50000
600	热态启动	5	油(柴油)/t	6
			标准煤/t	266.97
			水/t	300
			厂用电/(kW·h)	160000
	停机	3	油(柴油)/t	3
			标准煤/t	133.49
			水/t	200
			厂用电/(kW·h)	60000
1000	热态启动	5	油(柴油)/t	30
			标准煤/t	363.43
			水/t	1000
			厂用电/(kW·h)	250000
	停机	3	油(柴油)/t	12
			标准煤/t	218.06
			水/t	100
			厂用电/(kW·h)	100000

3. 电力负荷和风电出力数据来源

冬季是风电资源最为丰富的时期，同时"三北"地区冬季供暖，热电联产机组压低出力范围十分有限，因此，冬季是弃风率最高的时期。因此，本书选用冬季负荷方式下的典型日作为研究目标，如图3.2所示。

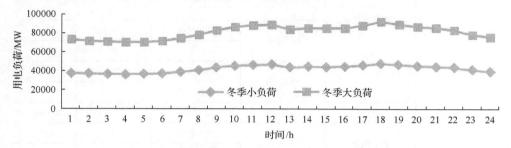

图 3.2 京津唐区域电网 2014 年冬季典型日用电负荷曲线
资料来源：华北能源监管局，2015

而冬季情况又分为冬季大负荷情况和冬季小负荷情况，为了能够模拟调峰最困难的情况，大负荷情况选取风电发电波动性较大的情况，小负荷情况选取风电发电量较大的情况，因此分别对选用的风电的典型日进行研究。冬季典型日风电出力曲线选取如图3.3所示（王新雷等，2014）。

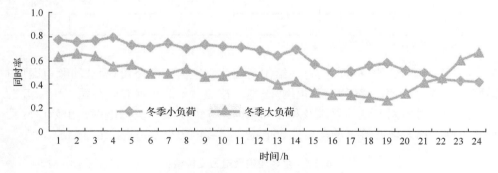

图 3.3 冬季典型日风电出力曲线

4. 电源结构情况及数据来源

2014年京津唐区域电网的机组结构见表3.4。

5. 区域间电力交换情况及数据来源

从区域电力交换来讲，京津唐区域电网接收来自东北电网有限公司（简称东北电网）、内蒙古电力（集团）有限责任公司（简称蒙西电网）和国家电网山西省电力公

表 3.4 京津唐区域电网的机组结构

电源				数量/个	容量/t
火电	燃煤机组	200MW	供热机组	23	4600
			常规机组	8	1600
		300MW	供热机组	43	12900
			常规机组	14	4200
		600MW	供热机组	4	2400
			常规机组	30	18000
		1000MW	供热机组	0	0
			常规机组	2	2000
		合计			45700
	燃气机组	250MW	供热机组	37	9250
			常规机组	0	0
		合计			9250
火电合计					54950
水电	抽水蓄能				1270
	常规水电				150
水电合计					1420
风电					7690
总计					64060

资料来源：国家能源局华北监管局，2015。

司(简称山西电网)的电力，同时还给国网河北省电力有限公司(简称河北电网)和国网山东省电力公司(简称山东电网)输电，按照《华北电网有限公司"十二五"发展规划》对电网容量的要求及和相邻电网，东北电网、蒙西电网、山西电网、河北电网、山东电网签署的购电协议情况，得到电力交换情况，见表3.5。

表 3.5 京津唐电网电力交换情况　　　　　　(单位：MW)

连接电网	电网容量	高峰	低谷	平时
东北电网送电	3000	3000	1500	2250
蒙西电网送电	3900	3900	3900	3900
山西电网送电	1400	1400	700	1050
河北电网受电	150	150	75	112.5
山东电网受电	3500	3500	1750	2625
合计		4650	4275	4462.5

资料来源：国家电网有限公司华北分部. 2014. 风电消纳若干关键技术研究及其在京津唐电网中的应用. 北京.

3.2.3 模型求解方法

1. 混合整数非线性规划的求解方法

本书关于机组经济调度问题是一个混合整数非线性规划(mixed integer non-linear programming)问题,这是规划问题中最复杂的一类问题,很难得到最优解,因此本书采用 Miguel 和 Jose(2006)的方法对其进行线性化处理,转化为混合整数线性规划问题(mixed integer linear programming, MIP)来计算。转化方法主要是通过将非线性函数分解为分段函数的方式来解决。

将混合整数非线性规划问题转化为线性规划问题以后,可以用数学软件进行求解,这类求解的软件比较多,最常见的包括 MATLAB、LINGO、Gurobi、GAMS 等,本书选择 GAMS(General Algebraic Modeling System)来对模型进行计算。GAMS 软件是一款专门针对线性、非线性和混合整数优化模型的数学建模软件,特别适合一些大规模、多变量、复杂的数学模型的计算。此外,和其他数学软件相比,GAMS 的编程语言具有简单清晰、容易读懂的特点。

GAMS 软件有强大的求解功能,为用户提供了很多种求解器,用户在没有办法得到理想结果的时候可以选择不同的求解器进行求解,其中最常用的一种求解器是 CPLEX,其对于解决 MIP 问题有很好的收敛效果。

2. GAMS 软件的求解过程

一个完整的 GAMS 程序主要包含集合(sets)、数据(parameters/tables/scalars)、变量(variables)、方程(equations)、模型和求解方法(model & solve)及显示(display)这六大部分,前四个部分又可分为两个部分,分别是声明和定义。

本书在应用 GAMS 软件进行编程的时候,主要定义了两个集合:机组 i 和时间 t。由于考察的是 161 个机组 24h 的运行情况,i 包含 161 个元素,t 包含 24 个元素(将 1 天分为 24h)。常数(scalars)部分定义了目标函数中不同部分的权重及风电接入量。

在参数(parameters)方面,主要是定义了一些已知的数值,包括机组 i 出力的上下限、爬坡率、启停成本、风电功率预测值等。在变量部分给出了一些模型待求解的定义,如火电出力情况 $P_{i,t}$、风电场实际被调用功率 $P_{w,t}$ 等,此外在这个部分还可以对变量的取值进行约束,包含正数(positive)、负数(negative)、整数(integer)、二元变量(binary),在不对变量进行声明的时候,就默认为是实数(free)。

方程部分主要分为两个模块:一个模块是对方程名称的定义,另一个模块是对方程的定义,在这部分主要是为了描述各个参数、常数和变量之间的关系。值得注意的是,在 GAMS 软件中的约束条件及目标函数都没有明确的分别,也不会单独列出,在编程的时候将这两部分融入方程的部分进行说明,只要将不变函数的值在变量环节定义为 free(即不定义其符号和数值),并在求解(solve)语句中加以说明,就可以起到目标函数的约束作用,从而对模型进行优化。模型和求解方法(model & solve)部分先定义模型所包含的函数,方法则是利用 solve 语句定义求解模型的方法及优化目标,优化目标只有两种:最大(maximizing)和最小(minimizing)。本书选用的就是最小化目标函数。

混合整数规划问题是一个复杂的数学问题,相对于其他的规划问题而言求解难度更大,本书选用的是 CPLEX 求解器。对于含整数的问题,CPLEX 采用分支切割算法,即求解一系列线性规划子问题。

3.3 计算结果及分析

3.3.1 电力系统能源强度随风电增加而降低

在满足风电发电量增加的目标下,随着风电发电量占全部发电量的比例的增加,在冬季大负荷情况下,电力系统能源强度呈现出明显的下降趋势。但是在以风电发电量增加为目标下,冬季大负荷情况电力系统能源强度并不是始终随风电发电量占全部发电量的比例的增加而降低,风电发电量占全部发电量的比例大约为 23%(具体数值难以计算)的时候,风电发电量占全部发电量的比例的增加会导致系统能源强度上升(图 3.4)。这是因为在这种情况下,负荷小,风电发电量占全部发电量的比例高,风电难以实现优先调度,为了保证优先调度,会以牺牲系统能源强度为代价,所以会出现一个短期能源强度上升的现象,但是随着风电发电量占全部发电量的比例的进一步提升,电力系统能源强度还是呈现下降趋势。

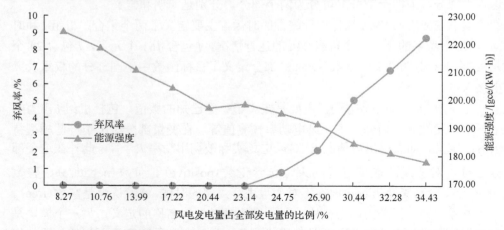

图 3.4 风电发电量增加目标下冬季大负荷情况随着风电接入量增加的弃风率和能源强度变化

与冬季大负荷情况相比,风电发电量占全部发电量的比例相同时(如风电发电量占全部发电量的比例约32%时),冬季小负荷情况的能源强度更小(图3.4,图3.5)。这是由于在冬季小负荷情况下选取的是风电出力高且出力比较平稳的情景,这种情况下可以减少燃煤机组频繁为风电出力进行调峰产生的能源消耗,主要通过启停调峰方式进行调峰。而在冬季大负荷情况下,选取的是风电波动较大的情景,该情境下难以通过启停调峰这种能源强度更低的方式进行调峰,深度调峰频率更高,因此能源强度也更高。

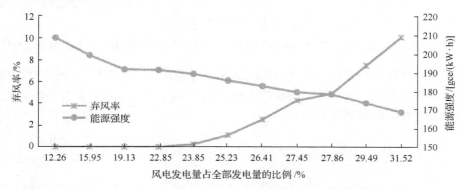

图 3.5　风电发电量增加目标下冬季小负荷情况随着风电接入量增加的弃风率和能源强度变化

同时,图3.6和图3.7显示,以能源强度最低为目标时,在冬季大负荷和冬季小负荷两种情况下,电力系统能源强度均随着风电发电量占全部发电量的比例的增加而呈现出不断下降趋势。

图3.4和图3.6显示,无论是以风电发电量增加为目标,还是以能源强度最低为目标,随着风电发电量占全部发电量的比例的增加,在冬季大负荷情况下,系统能源强度基本相同[二者差距基本在 0.001tce/(MW·h)之内]。在冬季小负荷情况下,在风电发电量占全部发电量的比例超过19.92%时,以风电发电量增加为目标

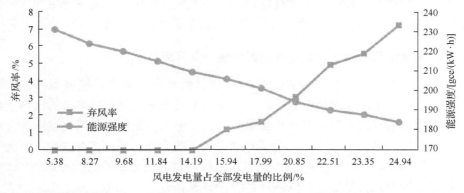

图 3.6　能源强度最低目标下冬季大负荷情况随着风电接入量增加的弃风率和能源强度变化

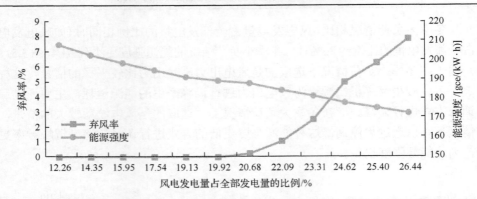

图 3.7　能源强度最低目标下冬季小负荷情况随着风电接入量增加的弃风率和能源强度变化

和以能源强度最低为目标下的电力系统能源强度会存在一定的差异（图3.8）。这是由于在冬季小负荷情况下，电力系统吸纳风电的压力更大，为了实现风电优先调度，系统调峰的能源消耗更多。

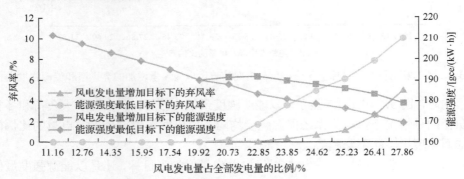

图 3.8　两个目标下冬季小负荷情况的能源强度与弃风率的对比

由图 3.8 也可以看出在两种目标下，能源强度出现差异与弃风出现的时间基本一致，可以推断出在冬季小负荷情况下，当风电发电量占全部发电量的比例超过 19.92%之后，风电发电量增加会影响系统能源强度的进一步下降。

3.3.2　风电发电量增加与电力系统能源强度最低目标的实现

风电发电量占全部发电量的比例的增加虽然有利于电力系统能源强度的降低，但为了实现电力系统能源强度最低，当风电发电量占全部发电量的比例达到一定界限时，需要适当弃风。计算结果显示，冬季大负荷情况下风电发电量占全部发电量的比例高于 14.19%时，适当弃风有利于提高电力系统能源强度；但此时弃风率很低，接近于 0（表 3.6）。当风电发电量占全部发电量的比例为 22.51%时，为实现系统能源强度最低，弃风率只有约 5%（表 3.6）。

表 3.6　冬季大负荷情况下以能源强度最低为目标的结果

	结果1	结果2	结果3	结果4	结果5	结果6	结果7	结果8	结果9	结果10
风电接入量/GW	5	7.7	9	11	13.2	15	17	20	22	25
风电发电量占全部电量的比例/%	5.38	8.27	9.68	11.84	14.19	15.94	17.99	20.85	22.51	24.94
弃风量/(MW·h)	0	0	0	0	0	2106.04	3215.44	7088.40	12430.51	20647.54
弃风率/%	0	0	0	0	0	1.24	1.67	3.12	4.98	7.28
燃煤发电成本/亿元	1.47	1.42	1.38	1.34	1.31	1.28	1.24	1.20	1.17	1.13
燃气发电成本/万元	61.14	61.14	61.14	61.14	61.14	61.14	61.14	61.14	61.14	61.14
燃煤机组变负荷磨损/万元	118.62	60.27	165.49	159.68	143.05	0	0	32.56	0	30.05
燃煤机组投油成本/万元	214.08	107.51	296.10	285.91	256.25	0	0	60.24	0	55.61
调峰成本/亿元	1.50	1.44	1.43	1.39	1.35	1.28	1.25	1.21	1.18	1.15
启停成本/万元	48.33	193.31	422.87	525.58	694.75	845.79	972.66	1003.25	1.08	1087.10
系统总成本/亿元	1.51	1.46	1.47	1.45	1.42	1.37	1.34	1.31	1.28	1.26
能源强度/[gce/(kW·h)]	231.3	224.3	220	215.1	209.8	206.3	201.5	194.6	190.6	184.5

在冬季小负荷情况下，随着风电发电量占全部发电量的比例的增加，弃风率快速上升。该种情景下为实现系统能源强度最低的目标，风电发电量占全部发电量的比例约为 19.92%时，就需要弃风，但此时弃风率依然很低，几乎为 0（表 3.7）。当发电量占全部发电量的比例为 24.62%时，为实现系统能源强度最小化，弃风率也只有 5.00%（表 3.7）。

3.3.3 风电发电量增加与供热需求的满足

以风电发电量增加为目标时，在冬季大负荷和冬季小负荷情况下均会产生弃风，但是该目标情景下的弃风主要是为满足供热需求而产生的。冬季大负荷情况下，风电发电量占全部发电量的比例达 23.14%时开始出现弃风（表 3.8），但此时的弃风率很低，几乎为 0。在风电发电量占全部发电量的比例达到 30.44%时，弃风率为 5.00%。和冬季大负荷情况相比，冬季小负荷情况下，风电发电量占全部发电量的比例为 22.85%时，就开始出现弃风，但此时弃风率同样很低，接近于 0（表 3.9）；弃风率为 5.00%时，风电发电量占全部发电量的比例为 27.86%（表 3.9）。这是由于冬季小负荷情况下，虽然风电的出力波动相对较小，但是可发电量更大（为了考虑极端情况，选取的是风电出力较大的情形）。因此，冬季小负荷情况下弃风出现在风电发电量占全部发电量的比例更低的时候，且同等弃风率下，冬季小负荷情况下的风电发电量占全部发电量的比例也更低。

表 3.7　冬季小负荷情况下以能源强度最低为目标的结果

	结果 1	结果 2	结果 3	结果 4	结果 5	结果 6	结果 7	结果 8	结果 9	结果 10
风电接入量/GW	7.69	9	12	12.49	13	14	15	16.25	17	18
风电发电量占全部发电量的比例/%	12.26	14.35	19.13	19.92	20.68	22.09	23.31	24.62	25.40	26.44
弃风量/(MW·h)	0	0	0	0	431	2268	5805	12434	16411	21714
弃风率/%	0	0	0	0	0.22	1.06	2.53	5.00	6.31	7.88
燃煤发电成本/亿元	1.19	1.15	1.08	1.08	1.07	1.05	1.03	1.01	1.00	0.99
燃气发电成本/万元	61.14	61.14	61.14	61.14	61.14	61.14	61.14	61.14	61.14	61.14
燃煤机组变负荷磨损/万元	0	0	0	0	0	0	0	0	1.25	7.51
燃煤机组投油成本/万元	0	0	0	0	0	0	0	0	2.32	13.90
调峰成本/亿元	1.19	1.16	1.09	0.00	1.07	1.06	1.04	1.02	1.01	0.99
启停成本/万元	507.45	646.78	701.53	0.07	659.24	592.78	574.65	582.35	484.04	459.87
系统总成本/亿元	1.24	1.22	1.16	1.15	1.14	1.11	1.10	1.08	1.06	1.04
能源强度/[gce/(kW·h)]	208.5	203.1	191.7	189.9	188.4	185	181.9	178.4	175.8	173.1

表 3.8　冬季大负荷情况下以风电发电量增加为目标的结果

	结果 1	结果 2	结果 3	结果 4	结果 5	结果 6	结果 7	结果 8
风电接入量/GW	7.69	10	19	21.51	23	25	28.29	32
风电发电量占全部发电量的比例/%	8.27	10.76	20.44	23.14	24.75	26.90	30.44	34.43
弃风量/(MW·h)	0	0	0	0	2109.50	5866.64	16042	31550
弃风率/%	0	0	0	0	0.81	2.07	5.00	8.69
燃煤发电成本/亿元	1.42	1.37	1.20	1.20	1.18	1.15	1.12	1.08
燃气发电成本/万元	61.14	61.14	61.40	63.83	63.84	63.84	63.84	63.84
燃煤机组变负荷磨损/万元	60.27	0	20.87	17.53	16.28	0	0	0
燃煤机组投油成本/万元	107.51	0	39.85	32.44	30.12	0	0	0
调峰成本/亿元	1.44	1.38	1.21	1.22	1.19	1.16	1.12	1.08
启停成本/万元	193.31	422.87	1538.56	1644.65	1697.99	1834.79	1712.31	1609.73
系统总成本/亿元	1.46	1.42	1.37	1.38	1.36	1.34	1.29	1.25
能源强度/[gce/(kW·h)]	224.30	218.50	197.50	198.70	195.50	191.80	184.90	178.40

第 3 章 可再生能源发电对电力系统能源强度的影响

表 3.9 冬季小负荷情况下以风电发电量增加为目标的结果

	结果 1	结果 2	结果 3	结果 4	结果 5	结果 6	结果 7	结果 8
风电接入量/GW	7.69	14.33	15	16	18	18.39	20	22
风电发电量占全部发电量比例/%	12.26	22.85	23.85	25.23	27.45	27.86	29.49	31.52
弃风量/(MW·h)	0	0	660.03	2696.24	12001.5	14069.67	23100.16	34222.78
弃风率/%	0	0	0.29	1.10	4.36	5.00	8.00	10.00
燃煤发电成本/亿元	1.19	1.08	1.07	1.06	1.02	1.02	0.99	0.96
燃气发电成本/万元	61.14	63.83	63.84	63.80	63.84	63.84	63.72	63.84
燃煤机组变负荷磨损/万元	0	0	0	0	0	0	0	0
燃煤机组投油成本/万元	0	0	0	0	0	0	0	0
调峰成本/亿元	1.19	1.09	1.08	1.06	1.03	1.02	1.00	0.97
启停成本/万元	507.45	677.37	659.24	616.95	550.49	532.36	459.87	387.38
系统总成本/亿元	1.24	1.16	1.15	1.12	1.08	1.08	1.04	1.01
能源强度/[gce/(kW·h)]	208.5	191.6	189.5	186.1	180	178.8	173.8	168.8

3.3.4 两种目标函数下的弃风情况对比分析

图 3.9、图 3.10 进一步显示出以风电发电量增加为目标和以能源强度最低为目标时，冬季大、小负荷情况下风电发电量占全部发电量的比例相同时弃风率的变化。可以发现随着风电发电量占全部发电量的比例的增大，在以风电发电量增加为目标时，冬季小负荷情况下弃风率增长较快，而冬季大负荷情况下弃风率增长较慢；而以能源强度最低为目标的结果是冬季大负荷情况下弃风率增长较快，而冬季小负荷情况下弃风率增长较慢。这是因为在以风电发电量增加为目标时，冬季小负荷情况下风电发电量而负荷小，给风电预留的空间小，在风电发电量增加的情况下，弃风率增长快；而冬季大负荷情况下风电波动大，调峰能源消耗更大，因此，在以能源强度最低为目标时为了保证系统能源强度低，冬季大负荷情况下弃风率增长快于冬季小负荷情况。此外，本书还可以得出的结论为：不论在那种情况

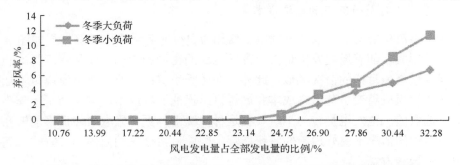

图 3.9 以风电发电量增加为目标时，冬季大、小负荷弃风率情况对比

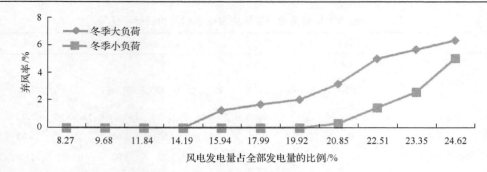

图 3.10　以能源强度最低为目标时，冬季大、小负荷弃风率情况对比

下，以风电发电量增加为目标时，针对京津唐区域电网的情况，在不考虑网络约束的情况下，当风电发电量占全部发电量的比例不超过 27.86%时，弃风率都应该控制在 5%以下（图 3.9）；以能源强度最低为目标时，当风电发电量占全部发电量的比例不超过 22.51%时，弃风率都应该控制在 5%以下（图 3.10）。

3.3.5　风电发电量增加对电力系统经济成本的影响

1. 冬季大负荷情况下的经济成本

冬季大负荷情况下，以风电发电量增加为目标时的经济成本情况具体如图 3.11 所示。从整体看，系统总成本随着风电发电量占全部发电量的比例的增加而减少，这是因为随着风电发电量占全部发电量的比例的增加，燃煤发电成本快速下降，所以总成本呈现出总体上降低的趋势。燃煤机组启停成本随着风电发电量占全部发电量的比例的增加而增大。图 3.11 还显示出燃煤机组变负荷磨损成本和投油调峰成本在风电发电量占全部发电量的比例较低的时候出现了波动。这是由于当风电发电量占全部发电量的比例增加到一定程度之后，燃煤机组不再采用深度压低出力的方式进行调峰，而是采用启停方式调峰，燃煤机组投油调峰成本和变负荷磨损成本逐渐减少直至为 0。

2. 冬季小负荷情况下的经济成本

冬季小负荷情况下，以风电发电量增加为目标时各类成本计算结果如图 3.12 所示。各项成本随着风电发电量占全部发电量的比例的增加的变化情况基本和以能源强度最低为目标的情况类似。此外，在冬季小负荷情况下风电发电量增加并没有产生燃煤机组变负荷磨损成本和燃煤机组投油调峰成本，这是由于冬季小负荷情况选取的风电发电量较为平缓，在这种情况下，更多采取启停调峰能够在保证风电接纳的情况下更好地节约系统能耗，因此机组会采纳启停调峰方式，而不采用投油调峰方式。

第 3 章 可再生能源发电对电力系统能源强度的影响

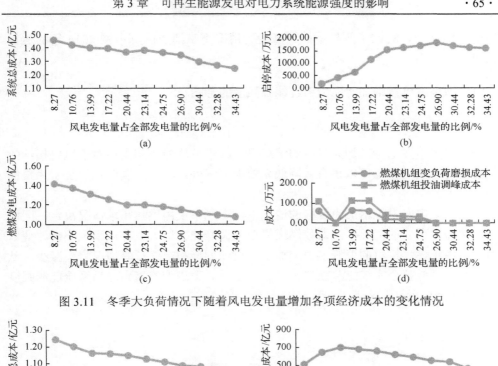

图 3.11 冬季大负荷情况下随着风电发电量增加各项经济成本的变化情况

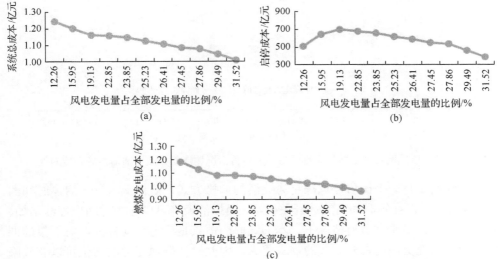

图 3.12 冬季小负荷情况下随着风电发电量增加各项经济成本的变化情况

3.4 改进燃煤机组调峰能力后的计算结果及分析

前面的计算结果是按照大多数燃煤机组目前的运行方式进行的计算,即按照常规燃煤火电机组的最低技术出力为 40%进行的计算。但是经过调研,有些专家反映常规燃煤机组的最小技术出力可以达到 20%。因此本书改进了模型中燃煤机组的调峰能力,对比了两种不同调峰能力情况下京津唐区域电网 2014 年的运行结果。

3.4.1 风电发电量增加对电力系统能源强度的影响

1. 冬季大负荷情况

在以风电发电量增加为目标的情况下,改进调峰能力结果后对于风电接纳的程度没有影响,但是可以很有效降低系统能源强度。不过,同时也增加了系统的经济成本。

在以风电发电量增加为目标的情况下,弃风率仅由供热需求情况决定,因此在供热需求不变的情况下,即使燃煤机组的调峰能力增大,弃风率也不会改变。但是,由于燃煤机组的调峰能力增加了,投油调峰和启停调峰情况将会减少,从而有利于降低整个系统能源强度。图 3.13 显示,改进调峰能力之后系统能源强度可以降低约 3gce/(kW·h)。

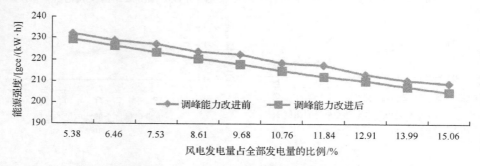

图 3.13 以风电发电量增加为目标冬季大负荷情况调峰能力改进前后能源强度对比

投油调峰是一个比启停调峰更为灵活的调峰方式,启停调峰存在启停时间约束的限制,难以在短时间内连续开关机组,而投油调峰可以在短时间内连续增加、减少出力。在冬季大负荷情况下,本书选取的情景是风电波动性大,对于投油调峰这种灵活性更高的调峰方式的需求更大。因此投油调峰能力的增强可以有效降低系统能源强度。

但是从经济成本来看,由于投油调峰的经济性不如启停调峰,在这种情况下,为了多接纳风电,采用增加投油调峰方式会导致系统的经济成本增加(图 3.14),增加的额度在 70 万~500 万元。

图 3.14 显示,在投油导致调峰能力增加的情况下,风电发电量占全部发电量的比例低于 8.61%左右时,调峰能力改进前后的经济成本差距不大,这是因为在风电发电量占全部发电量的比例较低的时候,调峰的压力较小;随着风电发电量占全部发电量的比例的增大,系统调峰成本逐渐增大。而当风电发电量占全部发

电量的比例进一步增加，投油调峰也难以满足风电发电量增加的要求时，同样也需要进行启停调峰，此时，调峰能力改进前后的经济成本逐渐趋同。

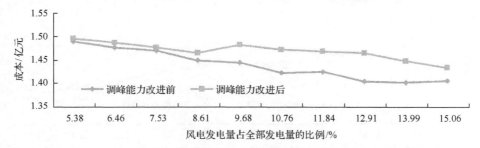

图 3.14 以风电发电量增加为目标冬季大负荷情况调峰能力改进前后经济成本对比

2. 冬季小负荷情况

在以风电发电量增加为目标时，改进调峰能力的结果同样对于风电接纳的程度没有影响。但系统能源强度能够在一定程度上降低，其降低程度不及冬季大负荷情况，相应也会增加系统的经济成本。

在冬季小负荷情况下，和冬季大负荷类似，在风电发电量增加这一目标函数下，改进调峰能力对弃风情况没有影响。图 3.15 显示，在系统能源强度方面，随着风电发电量占全部发电量的比例的增大，改进后的能源强度降低程度在逐渐变小，风电发电量占全部发电量的比例为 14.35%时，调峰能力改进后的能源强度比改进前要低 1.4gce/(kW·h)，而当风电发电量占全部发电量的比例为 17.54%时，该差值降为 0.3gce/(kW·h)，当风电发电量占全部发电量的比例为 20.73%时，改进前后的能源强度不存在差异。总之，冬季小负荷情况下，燃煤机组调峰能力改进后的能源强度下降程度不及冬季大负荷情况，这是由于冬季小负荷情况选取的风电出力水平较高，而风电出力波动性较低，燃煤机组深度调峰能力的增加对系统能源强度的影响变化相对不大。

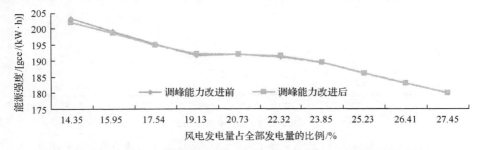

图 3.15 以风电发电量增加为目标冬季小负荷情况调峰能力改进前后能源强度对比

经济成本方面，如图 3.16 所示，在投油导致燃煤机组调峰能力增大的情况下，由于投油调峰的经济性较差,因此,调峰能力改进后电力系统的经济成本略有提高,但是整体变化不大。

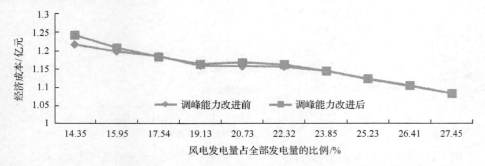

图3.16 以风电发电量增加为目标冬季小负荷情况调峰能力改进前后经济成本对比

3.4.2 满足能源强度最低时的弃风情况

1. 冬季大负荷情况

调峰能力提高虽然对风电的接纳能力无显著影响,但是可以有效降低系统能源强度。

图 3.17 显示:冬季大负荷情况下,最小技术出力改进到其额定容量的 20%时,在满足能源强度最低情景下,弃风开始出现时的风电发电量占全部发电量的比例将由原来的 14.19%增加到 15.94%,但是当风电发电量占全部发电量的比例为 22.51%时,改善前后的弃风水平均维持在 5%左右。这说明调峰能力的提高并不是降低京津唐地区弃风率的最关键因素,冬季供热约束是限制风电被优先调度的主要原因。

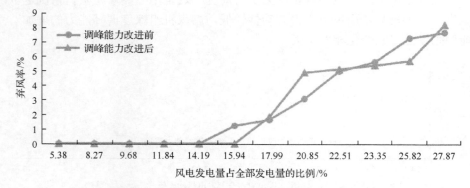

图 3.17 以能源强度最低为目标冬季大负荷情况调峰能力改进前后弃风率对比

此外,冬季大负荷情况下,燃煤机组调峰能力改进前后,在以能源强度最低为目标的调度模式下，系统能源强度也比改进前降低了约 3gce/(kW·h)（图 3.18）。其主要原因是风电发电量占全部发电量的比例的增加减少了电力用煤。

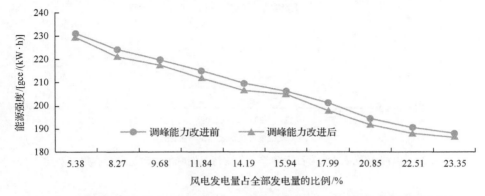

图 3.18　以能源强度最低为目标冬季大负荷情况调峰能力改进前后能源强度对比

经济成本方面，投油导致的调峰能力的改进并没有对系统的经济成本有所改善（图 3.19）。这是由于调峰能力改善后更多采用投油调峰而不是启停调峰，而投油调峰较启停调峰并不具备绝对的经济成本优势。

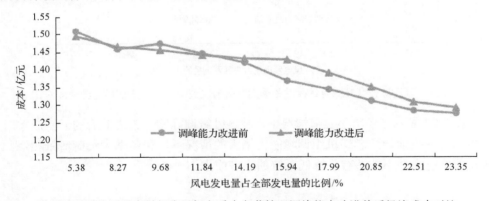

图 3.19　以能源强度最低为目标冬季大负荷情况调峰能力改进前后经济成本对比

2. 冬季小负荷情况

燃煤机组调峰能力提高对促进风电的接纳能力效果比较有限，对能源强度降低的影响也不明显。

在冬季小负荷情况下，风电出力高且波动较小，用电需求小，因此提高燃煤机组调峰能力对于风电的消纳起到的作用远不及冬季大负荷情况（图 3.20）。同时，在冬季小负荷情况下，燃煤机组调峰能力提高对系统能源强度降低的影响也比较有限（图 3.21）。计算结果显示，燃煤机组调峰能力提高后每发电 1kW·h 可以降低约 0.1g 的标准煤消耗，能源强度减小的力度远不如冬季大负荷情况。

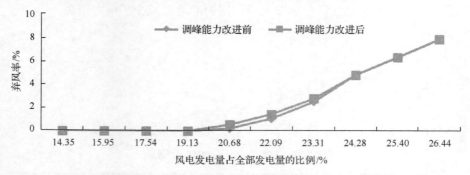

图 3.20 以能源强度最低为目标冬季小负荷情况调峰能力改进前后弃风率对比

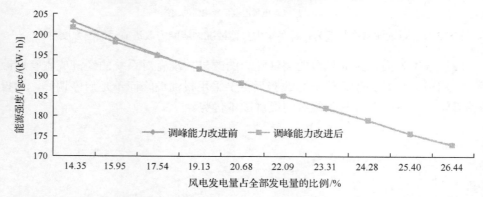

图 3.21 以能源强度最低为目标时冬季大负荷情况调峰能力改进前后能源强度对比

图 3.22 显示在冬季小负荷情况下，燃煤机组调峰能力改进前后的经济成本对比情况。在投油导致燃煤机组调峰能力增大的情况下，和冬季大负荷情景相似，改善调峰能力并不能够有效降低系统的经济成本。

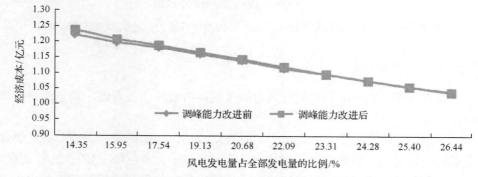

图 3.22 以能源强度最低为目标冬季小负荷情况调峰能力改进前后经济成本对比

3.5 本章小结

本章主要通过建立机组组合模型,模拟了京津唐区域 2014 年冬季大负荷和小负荷两种情况,分别从风电发电量增加和能源强度最低两个目标角度分析了风电发电量增加对系统能源强度的影响,以及为实现系统能源强度最低,是否需要弃风和弃风发生时风电发电量占全部发电量的比例等情况。

(1)在以风电发电量增加为目标,以及在以能源强度最低为目标情况下,无论冬季大负荷还是冬季小负荷,随着风电发电量占全部发电量的比例的增加,系统能源强度均呈现出不断下降的趋势。即风电发电量增加有利于电力系统能源强度的降低。

(2)在风电发电量占全部发电量的比例较低的情况下,本书的研究结果显示,针对京津唐区域电网的情况,在冬季小负荷情况下,风电接入不超过 19.92%时,应全力保障风电的优先调度,这有利于降低电力系统能源强度,提高经济性。在冬季大负荷情况下,风电接入不超过 14.19%时,应全力保障风电的优先调度,这同样有利于降低电力系统能源强度,提高经济性。

(3)随着风电发电量占全部发电量的比例的增加,为实现电力系统能源强度最低,适当弃风是允许的,但是,弃风率应控制在很低的水平。例如,针对京津唐区域电网的情况,在冬季小负荷情况下风电发电量占全部发电量的比例为 27.86%以下时,弃风率应不高于 5%;冬季大负荷情况下风电发电量占全部发电量的比例为 22.51%以下时,弃风率应不高于 5%。

(4)系统经济成本的变化趋势与能源强度的变化趋势基本一致,即随着风电发电量的增加,有利于降低整个系统的经济成本。

(5)当燃煤机组调峰能力可以达到 20%时,研究发现在以风电发电量增加为目标情况下的结果中对于风电消纳程度并没有很大改善,冬季供热约束是限制风电被优先调度的主要原因;在能源强度最低作为调度目标的情况下,发现在冬季大负荷情况下的系统能源效率得到了很大改善。

第4章 可再生能源发电与燃煤发电环境外部性比较

4.1 基于生命周期法的风电环境外部性评价

4.1.1 中国风电资源分布及发电现状

中国幅员辽阔,陆疆总长达 2 万多千米,海岸线长达 18000 多千米,边缘海中有岛屿 5000 多个,拥有丰富的风能资源,具有巨大的开发潜力。为调查中国陆地风能资源潜力,中国组织了全国风能资源普查,普查结果见表 4.1、表 4.2。从实际技术可利用的资源评价的角度看,中国陆地风能资源远大于近海风能资源。

表 4.1 全国陆地风能资源储量

地面高度/m	潜在开发量/10^8kW	技术开发量/10^8kW	技术开发面积/10^4km^2
50	25.6	20.5	56.6
70	30.5	25.7	70.5
100	39.2	33.7	94.8

资料来源:中国气象局. http://data.cma.cn/。

表 4.2 全国近海风能资源风功率密度

风能资源区划等级	4级及以上风功率密度≥400W/(m^3·10^8kW)	3级及以上风功率密度≥400W/(m^3·10^8kW)	3级及以上风能资源中3级所占比例/%
离岸 50km 以内	2.3	3.8	0.4
离岸 20km 以内	0.7	1.4	0.5
近海水深 5~25m	0.9	1.9	0.5

资料来源:北极星风力发电网. 中国风能资源储量与分布. (2016-09-26) [2018-12-12]. http://news.bjx.com.cn/html/20160926/775962.shtml。

中国风能资源一般在春季、秋季和冬季丰富,夏季贫乏,季节性很强,不过恰好与水能资源互补。风能资源分布广泛,主要分布在两大风带:一是"三北地区",包括东北三省、河北省、内蒙古自治区、甘肃省、宁夏回族自治区和新疆维吾尔自治区近 200km 宽的地带;二是东部沿海陆地、岛屿及近岸海域,包括山东省、江苏省、上海市、浙江省、福建省、广东省、广西壮族自治区和海南省等沿海近 10km 宽的地带。

从 2005 年起中国风电装机容量开始大幅度增加。如图 4.1 所示,风电投资占电源工程投资的比例自 2008 年以来基本保持在 20%左右。但是,中国目前风电发电比例依然很低。截至 2016 年,中国总发电量中仍以火电为主,占比 71.85%,其次为水电,占比 19.51%;风电仅占 4%(图 4.2)。而德国风电占比 14%,西班牙风电占比已达到 19.3%[①]。

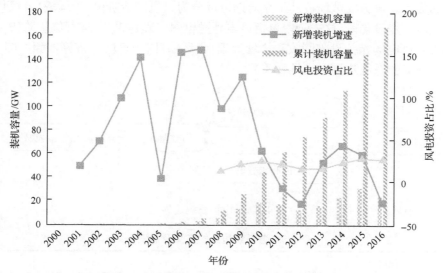

图 4.1　中国风电装机容量与新增装机增速
资料来源:中国电力企业联合会、中国可再生能源学会风能专业委员会网站相关数据

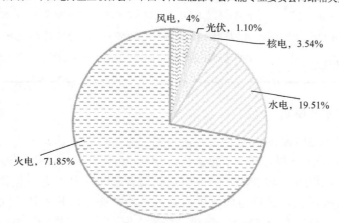

图 4.2　2016 年中国发电比例
资料来源:中国电力企业联合会网站

---

① 北极星风力发电网. 2016: 德国风电装机占 25%发电量占 14%.(2017-01-06) [2020-05-12].http://news.bjx.com.cn/html/20170106/801924.shtml.
北极星风力发电网. 西班牙2016年发电40.8%来自可再生能源,风电占比高达19.3%.(2017-01-23) [2020-05-12].http://news.bjx.com.cn/html/20170123/805397.shtml.

4.1.2 风电场系统边界

根据 1.2.1 节中所阐述的生命周期法的计算方法,分析风电整个生命周期的环境外部成本。风力发电场按其生命周期可以分为风机制造阶段(含运输)、风机安装和风电场建设阶段(这一阶段包括风电外送电网工程建设)、运行维护阶段、风机拆除和风电场相关设施回收和掩埋处理(含运输)四个阶段,核算步骤如图 4.3 所示。详细的系统边界定义见表 4.3。

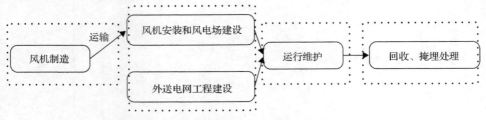

图 4.3 风电场系统边界

表 4.3 各系统边界的定义及假设

系统边界	定义与假设
风机制造及运输	此阶段包括风机制造阶段所需耗材的碳排放,以及将风机运往风电场的运输过程中产生的碳排放
风机安装和风电场建设	包括风机安装和风电场建设、外送电网工程建设两个部分
运行维护	风电场正常运行阶段所需要的维护,包括零部件的替换等
回收、掩埋处理	风机达到服役年限后拆卸,假设钢铁等可回收物质就近拍卖,其余废弃物就地掩埋

4.1.3 数据来源及说明

本书选取 49.5MW 的风电装机容量为代表进行分析。这是因为根据《二〇一五年电力工业统计资料汇编》[①]的结果,中国 80%以上的风电场装机容量都在 47.5~50MW,其中以 49.5MW 的风电场更为普遍。本书以大唐扎鲁特旗风电场一期工程为研究对象,该风电场位于内蒙古自治区通辽市扎鲁特旗阿日昆都楞镇境内,设计装机容量为 49.5MW,风机及塔架选取东方电气集团东方气轮机有限公司 FD77-1500 型风力发电机组,风电场设计使用年限为 20 年,预计年上网电量为 1.1757 亿 kW·h。

风机主要由塔架、风轮、机舱组成。参考赵晓丽和王顺昊(2014)的研究可知各部件的质量见表 4.4。

---

① 中国电力企业联合会统计信息部. 2016. 二〇一五年电力工业统计资料汇编. 北京。

第4章 可再生能源发电与燃煤发电环境外部性比较

通过对风力发电机各部件的材料组成分析,参考 Martnez 等(2009)的研究可知各主要部件的材料组成见表4.5。

表4.4 单个风力发电机组主要部件及质量 （单位：t）

叶片	塔架	风轮	机舱	齿轮箱	发电机	轮毂	主轴
6×3	90.4	15.9	5.6	16	6.8	16	7.15

表4.5 单个机组各主要部件的材料组成 （单位：t）

钢材	铜	玻璃纤维	硅	树脂	合计
150.95	3.5	20	0.3	1.1	175.85

为了计算风力发电机各部件在生产过程中的环境外部性,需要先得出各种材料单位产量的环境外部性,参考王腊芳和张莉沙(2012)、阮仁满等(2010)、李蔓等(2009)、叶宏亮等(2007)的研究,各种材料单位产量的环境外部性结果见表4.6。

表4.6 各材料单位生产量的排放清单 （单位：kg/t）

材料	SO_2	NO_x	CO_2	PM
钢材	2.01	5.77	2061.88	0.39
铜	31.9	27.7	10909.3	
玻璃纤维	5.48	12.3	673	4.99
硅	139	42	20510	66
树脂	0.63	1.03	91.07	

风机安装和风电场建设阶段主要包括风电基础工程施工、风机安装、电气设备安装、变电所施工等。风机安装和风电场建设阶段各种原料的消耗量主要来自赵晓丽和王顺昊(2014)的计算结果。各种原料的环境外部性数据主要参考王腊芳和张莉沙(2012)、阮仁满等(2010)、陈伟强等(2009)、徐小宁等(2013)、胡志远等(2007)的研究。风电场建设过程主要材料的消耗量及污染物的排放量见表4.7。

表4.7 风机安装和风电场建设阶段主要材料的消耗量及污染物的排放量 （单位：t）

材料		污染物的排放量			
耗材	质量	SO_2	NO_x	CO_2	烟尘
钢	1415	2.84	8.16	2917.56	0.55
铜	8.9	0.28	0.25	97.09	
铝	13.36	0.46	0.19	114.44	0.01
水泥	2749.2	1.02	5.28	1660.52	29.47
柴油	26.27	0.14	0.41	100.71	0.06
合计		4.74	14.29	4890.32	30.09

为了将风机发出的电及时送出,还需要建立输送线路。从调研统计数据来看,风电场送出工程线路长度一般集中在20km。因此,本书假设大唐扎鲁特旗风电场一期工程送出线路长度为20km。根据相关核算,该过程原料消耗和环境外部性排放量见表4.8。

表 4.8　风电送出线路建设原料消耗和环境外部性排放量　（单位:t）

原料		排放量			
耗材	质量	SO_2	NO_x	CO_2	PM
钢	496.8	1.00	2.87	1024.34	0.19
铝	64.8	2.22	0.91	555.08	0.06
混凝土	192.0	0.06	0.28	117	6.74
柴油	0.6	0.003	0.009	2.3	0.001
合计		3.28	4.07	1698.72	6.99

4.1.4　计算结果及分析

1. 风机制造及运输阶段环境外部性分析

根据表4.4~表4.6的信息,可计算得到风力发电机组在制造阶段各污染物的排放量,具体结果见表4.9。

表 4.9　单个风机机组制造阶段总的排放量　（单位:t）

SO_2	NO_x	CO_2	PM
0.57	1.23	369.14	0.26

对于风机设备的运输,赵晓丽和王顺昊(2014)指出一般情况下风机设备的运输距离为2500km铁路和400km公路。根据上述核算,单个风机原料一共有175.85t(表4.5),假设这些原料30%采取铁路运输,70%采取公路运输(祝伟光等,2010;高成康等,2012)。结合郜晔昕(2012)关于运输过程中排放的研究成果,我们得出单个风机原料运输过程中的排放量见表4.10。

表 4.10　单个风机制造及运输阶段排放量　（单位:t）

SO_2	NO_x	CO_2	PM
0.02	0.01	3.29	0.01

根据表4.9和表4.10的计算结果,可知在风机制造及运输阶段总的排放量,具体核算结果见表4.11。

第 4 章 可再生能源发电与燃煤发电环境外部性比较

表 4.11 风机制造及运输阶段总的排放量 （单位：t）

SO_2	NO_x	CO_2	PM
19.31	40.98	12290.09	9.04

2. 风机安装和风电场建设及外送电网工程建设阶段环境外部性分析

根据表 4.7 和表 4.8 的相关统计结果，可得出风机安装和风电场建设及外送电网工程建设阶段环境外部性的排放量，具体结果见表 4.12。

表 4.12 风机安装和风电场建设及外送电网工程建设阶段污染物排放量 （单位：t）

SO_2	NO_x	CO_2	PM
8.02	18.36	6589.04	37.08

3. 风电场运行维护阶段环境外部性分析

在运行与维护阶段，主要的环境外部性来源于损坏零部件的更换和维修。同时也包括出于运营与维护目的往返于风电场的材料和人员的运输。假设风力发电厂有效使用寿命为 20 年，根据郭敏晓(2012)的研究可知在整个寿命运行期间风力发电厂要更换 1 个叶片和 15%的机组，赵晓丽和王顺昊(2014)计算得出大唐扎鲁特旗风电场一期工程在该阶段需要耗费柴油 1495.44L。根据上述关于风机制造及运输阶段的排放和胡志远等(2007)关于柴油生命周期排放的研究成果，该阶段的相关排放见表 4.13。

表 4.13 风电场运行与维护阶段排放量 （单位：t）

SO_2	NO_x	CO_2	PM
4.13	4.8	1272.12	2.16

4. 风电场废弃物回收、掩埋处理阶段环境外部性分析

在风电场废弃物回收、掩埋处理阶段，主要包括风电机组组件的拆解和回收，相关废弃物的运输和循环处理、掩埋等。在该阶段，一般认为 98%的叶片、90%的机舱和 90%的塔架将被回收利用。因此，根据估计可知整个风电场废弃物回收、掩埋处理阶段环境外部性排放为生产阶段的 10%(高成康等，2012)。该阶段的相关排放见表 4.14。

表 4.14 废弃物回收、掩埋处理阶段相关排放量 （单位：t）

SO_2	NO_x	CO_2	PM
1.87	4.05	1218.15	0.87

5. 风电场生命周期各阶段排放量合计

根据上述各阶段的统计结果,结合该风电场的运行年限(20年),电场每年的发电量为 $1.1757\times10^8 kW\cdot h$,可以计算出风电场整个生命周期的排放量,见表4.15。

表 4.15　风电场整个生命周期的单位排放量　　［单位:$g/(kW\cdot h)$］

排放物	风机制造	风机运输	生产阶段		风电场废弃处置	合计
			风电场建设	风电场运营		
SO_2	8×10^{-3}	3×10^{-4}	2×10^{-3}	1.8×10^{-3}	8×10^{-4}	1.29×10^{-2}
NO_x	1.72×10^{-2}	2×10^{-4}	6.1×10^{-3}	2×10^{-3}	1.7×10^{-3}	2.72×10^{-2}
CO_2	5.18	4.62×10^{-2}	2.08	0.54	0.52	8.37
PM	3.7×10^{-3}	1×10^{-4}	1.28×10^{-2}	9×10^{-4}	4×10^{-4}	1.79×10^{-2}

对于风电场生命周期的环境外部性计算结果的可信度,本书仅以 CO_2 排放结果的计算为例进行说明。表4.16列出了现有文献对于风电场碳足迹的核算结果。从表4.16中可以看出风力发电碳足迹的计算结果为 $4.97\sim69.98g/(kW\cdot h)$,其中计算结果在 $4.97\sim20g/(kW\cdot h)$ 的结果数为12个,突出的结果包括 $69.9g/(kW\cdot h)$ (Li et al.,2012)和 $46.8g/(kW\cdot h)$ (Tremeac and Meunier,2009)。Li等(2012)在核算过程中使用的是投入产出分析方法,投入产出分析法计算过程中考虑了装机容量较小的机组,因而碳足迹偏高。而Tremeac和Meunier(2009)计算的风力发电机组的额定装机容量仅为250W,因此计算结果偏高,为 $46.8g/(kW\cdot h)$。

表 4.16　现有文献研究结果

文献	地区	风电场装机	碳足迹/$[g/(kW\cdot h)]$
邹治平和马晓茜(2003)	中国	10MW	6.5
Li 等(2012)	中国	800kW	69.98
Yang 等(2011)	中国广西榆林	30MW	7.2
Yang 和 Chen(2013)	中国内蒙古	49.5MW	7.16
Crawford(2008)	澳大利亚	—	10.8
Tremeac 和 Meunier(2009)	法国	250W	46.8
		49.5MW	14.4
Pehnt 等(2008)	德国	5MW	21.6
Crawford(2009)	澳大利亚	850kW	11.84
		3.0MW	10.52
Wang 和 Sun(2012)	中国	3MW	4.97
		1.65 MW	8.21
郭晓敏等(2012)	中国	50MW	9.47
Ardente 等(2008)	意大利	7MW	7.2

除了上述两个差异较大的结果，其他结果为 4.97~21.6g/(kW·h)，依旧存在着碳足迹差异。这些差异产生的原因主要包括风电场装机容量的不同和风能质量的不同。

风能质量的不同，一方面可以影响风机选型从而影响风电碳足迹，因为额定风速是决定风电场可用风力发电机组的一个重要因素，额定风速越大，越需要选用额定功率较大的风力发电机，而不同的风力发电机组在制造和后期安装时所带来的二氧化碳排放量不同；另一方面风能质量影响风机塔架，因为在设计时，风机塔架高度是以风机叶片长度作为基础数据的，而风能质量影响风机选型，从而影响风机塔架设计时的高度和使用塔架壁的厚度，从而影响风电碳足迹。

风电场规模对于风电碳足迹的影响源于规模效应，风电场建立时的一些基础设施，如外送电网、工人宿舍、办公楼等基础性建筑，并不会随着风电场规模的增加而增加，因而对于规模较大的风电场而言，单位千瓦时的电能产量所带来的二氧化碳排放量会相应减小，如 Wang 和 Sun(2012) 的核算结果中单机容量为 3MW 的风电场的碳足迹远远小于单机容量为 1.65MW 的风电场的碳足迹。而对于风机制造商来说，当风力发电机单机装机规模较大时，所消耗的材料与同类型小型发电机组相比呈现逐渐变缓的增长趋势。从表 4.16 中可以看出当地区同时选择法国时，额定装机容量为 250W 和 49.5MW 的风电机组的碳足迹相差 32.4g/(kW·h)，结果差异明显，而 Crawford(2009) 对于澳大利亚 850kW 和 3MW 的风力发电机组的研究及 Wang 和 Sun(2012) 对中国 1.65MW 和 3MW 风电场的研究结果都证明了这一点。综合以上分析，本书所计算的风电的碳足迹为 8.37g/(kW·h) 具有合理性，因此可以进一步推断出本书所计算的风电整个生命周期的污染排放结果也应该具有合理性。

进一步分析可知：对于 SO_2、NO_x、CO_2，其排放量主要集中于风机制造(含运输)阶段，约占总排放量的 62.4%左右；其次，集中于风电场运行维护阶段，约占总排放量的 31%左右。对于 PM 的排放主要集中于风电厂建设阶段，约占总排放的 71.5%；其次，主要集中于风机制造阶段，约占总排放的 20.67%。

根据表 1.17 单位排放的外部成本结果，可计算得到风电生命周期的环境外部性成本为 0.003 元/(kW·h)。

4.2 基于选择模型方法的生物质发电环境外部性评价

4.2.1 中国生物质资源分布及发电现状

中国生物质资源丰富，按照生物质种类可以分为农作物秸秆及农产品加工剩余物、林木采伐及森林抚育剩余物、木材加工剩余物、畜禽养殖剩余物、城市生活垃圾和生活污水、工业有机物废物和高浓度有机废水等。根据 2012 年颁布的《生物质能发展"十二五"规划》,我国可作为能源利用的生物质资源总量每年约 4.6 亿 tce。农作物秸秆主要包括玉米、水稻、小麦、棉花、油料作物秸秆等。根据《中国可再生能源产业发展报告 2015》(国家可再生能源发展中心,2015),农作物秸秆理论资源量约 8.7 亿 t,约折合 4.4 亿 tce,主要分布在华北平原、长江中下游平原、东北平原等 13 个粮食主产省(自治区、直辖市),其中玉米秸秆、稻谷秸秆、小麦秸秆和油料秸秆分别占全国农作物秸秆总量的 32%、28%、19%和 6%(图 4.4)。农作物秸秆的主要用途有薪柴(43%)、露地焚烧(15%)、造肥还田(15%)、饲料(24%)、工业原料(3%),其中作为肥料、饲料、造纸等用途的农作物秸秆共计每年约 3.7 亿 t,可供能源化利用的秸秆资源每年约 4 亿 t。

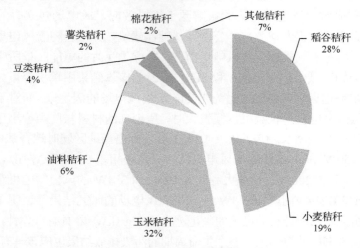

图 4.4　全国农作物主要来源构成
资料来源:国家可再生能源中心(2015).

生物质发电主要可以分为农林生物质发电、垃圾发电、沼气发电,其中根据不同的技术类型,农林生物质发电可以分为直燃发电和气化发电,垃圾发电可以分为焚烧发电和填埋气发电。

《可再生能源数据手册 2015》[①]显示,截至 2014 年底,除青海省、西藏自治区及港澳台以外,全国已经有 30 个省(自治区、直辖市)开发了生物质发电项目。2014 年底全国累计生物质发电核准容量为 1422.85 万 kW,其中全国生物质发电累计并网容量为 948 万 kW,生物质发电上网电量为 416.62 亿 kW·h,平均满负荷运行小时数为 5328h。生物质累计并网装机容量和发电量如图 4.5 所示,可以看出历年生物质累计并网装机容量和发电量呈递增的趋势。

---

① 国家能源局新能源和可再生能源司,国家可再生能源中心,国家可再生能源学会风能专委会,等. 2015. 可再生能源数据手册 2015. 北京.

各类型生物质发电累计核准容量和累计并网容量占比如图 4.6 所示,农林生物质发电占比最高,其次是垃圾发电,沼气发电和气化发电占比都比较小。

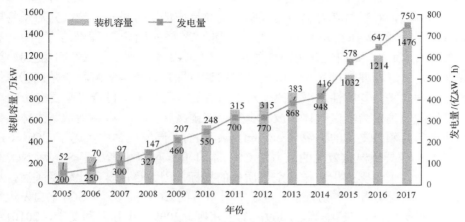

图 4.5　生物质累计并网装机容量和发电量

资料来源:国家可再生能源中心. 2015. 可再生能源手册 2015. 北京;中国电力企业联合会. 2016. 电力统计基本数据一览表. 北京;国家能源局. 2017. 全国可再生能源电力发展监测评价报告. 北京

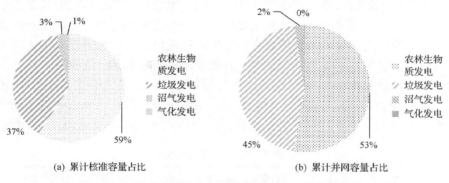

(a) 累计核准容量占比　　　　　　(b) 累计并网容量占比

图 4.6　各类型生物质发电累计核准容量和累计并网容量占比

资料来源:国家可再生能源中心. 2015. 可再生能源手册 2015. 北京

4.2.2　选择试验设计

1. 问卷属性和属性水平

问卷设计中采用标签实验设计(labeled experiment design),对不同类型的生物质发电的环境外部性进行评估,分别是农林生物质发电、垃圾发电和沼气发电。本书对于属性和属性水平的初步选择是基于大量文献的研究,根据不同发电类型,主要可以分为生物质发电(Faaij et al., 1998；Hite et al., 2008)、农林生物质发电(Soliño et al., 2009a, 2019b; Soliño et al., 2012; Kosenius and Ollikainen, 2013)、垃圾发电(Vollebergh, 1997; Lim et al., 2014)、沼气发电(Solomon and Johnson, 2009)及可再生能源(Cosmi et al., 2003; Longo et al., 2008; Ku and Yoo, 2010; Huh et al., 2014)五个方面的文献。初步选定属性和属性水平后,进一步采用专家讨论和课题组讨论的方式,对受访者对属性的理解程度和反应情况等进行讨论,并对最终属性和属性水平的选择给出建议。属性和属性水平的确定过程结合了 Lee 和 Yoo(2009)的研究,该研究认为属性的选择有五项基本原则:①属性间相互独立;②属性数量最好不要超过 6 个;③属性能够通过图片、表格等解释清楚;④属性需要有科学意义;⑤属性水平的改变对受访者的效用和可支付意愿都要有影响。

最终属性确定为温室气体排放减少量、酸雨减轻程度、雾霾指数、人体毒性的影响和每月额外支付的电费(premium)(表 4.17)。温室气体中考虑了 CO_2、CH_4 等,其中 CH_4 导致温室效益的能力是 CO_2 的 21 倍;酸雨中考虑了 SO_2 和 NO_x 等气体。此外,采用雾霾指数作为空气质量的指标,因为目前雾霾比较受关注,更加贴近生活,受访者更容易理解。考虑中国 40%的 CO_2 和 60%的 SO_2 来自发电行业,结合相关文献(陈建华等,2009;刘俊伟等,2009;崔和瑞和艾宁,2010)和报告[①],对不同类型生物质发电相对于火电减排的实际值进行计算,最终将温室气体减排比例设置为 1%~20%、21%~30%和 31%~40%,酸雨减轻程度的减排比例设置为 1%~20%、21%~40%和 41%~60%,雾霾指数的指标设置为空气质量良、轻度雾霾和中度雾霾。垃圾发电过程中,由于燃烧不完全可能产生一级致癌物质,对周围居民的身体健康造成直接危害,在垃圾发电中单独添加了人体毒性的影响属性,属性水平设置为无影响、轻微影响和低度影响。根据《二〇一三年电力工业统计资料汇编》,居民生活用电为每年 6789 亿 $kW·h$,根据 2010 年第六次全国人口普查,全国家庭数约为 4.02 亿,从而计算得出单位家庭每月平均用电量约为 141 $kW·h$。由于目前各地区居民用电价格在 0.43~0.62 元/($kW·h$)波动[②],

表 4.17 属性和属性水平

属性	生物质发电(垃圾发电、农林生物质发电、沼气发电)属性水平
温室气体排放减少量	不减排;排放减少少(减少 1%~20%);排放减少适中(减少 21%~30%);排放减少多(减少 31%~40%)
酸雨减轻程度	不减轻;减轻程度低(减少 1%~20%);减轻程度适中(减少 21%~40%);减轻程度高(减少 41%~60%)
雾霾指数	空气质量良;轻度雾霾;中度雾霾
人体毒性的影响	无影响;轻微影响;低度影响
每月额外支付的电费	0 元/月;7 元/月;14 元/月;21 元/月;35 元/月

---

① 宁国百川畅银新能源有限公司. 2017. 宁国市生活垃圾填埋气发电项目(一期工程)建设项目竣工环境保护验收监测表.(2017-02)[2018-03-10]. http://jz.docin.com/p-1865283293.html.

② 各地居民用电价格.(2014-09-10)[2018-03-10]. https://wenku.baidu.com/view/c6d3c888360cba1aa911da05.html.

取平均值约 0.5 元/(kW·h)，因此每户居民平均每月的电费约为 70.5 元。通过专家咨询(每户每月额外支付的电费不应超过现在电费的 50%)及预调查，最终将议价属性设置在合理范围，即每月额外支付的电费的属性水平设定为 0 元、7 元、14 元、21 元和 35 元。

2. 选择集

本书采用专业问卷设计软件 NGENE 来设计问卷的选择集，选择集中的选择方案通过表 4.17 中的五种属性和属性水平组合而成，最多有 $4^3 \times 4^3 \times 3^3 \times 3 \times 4^3$ 种可能的方案组合。由于让受访者从所有的方案组合中进行选择很困难，为了解决选择试验信息量过大的问题，本书采用 D-高效因子设计(D-efficient fractional factorial design)的方法，最终将选择集缩减到十八组。然后随机分成三个版本问卷，每个版本包含六组选择集。每个选择集包含四种方案，第四种方案为保持现状。一个选择集示例见表 4.18。为了进行问卷的稳定性检验，在每版问卷的最后设置重复选项，重复第一个或者第二个选择集，问卷最终分为六个版本。每个受访者都会面对七个选择集，并从每个选择集的四个选择方案中做出选择。

表 4.18 选择集示例

属性	垃圾发电	农林生物质发电	沼气发电	现状
温室气体排放减少量	高	低	高	不减少
酸雨减轻程度	低	高	低	不减轻
雾霾指数	空气质量良	中度雾霾	轻度雾霾	中度雾霾
人体毒性的影响	低度	无	无	无
每月额外支付的电费(元/月)	21	7	7	0
您的选择:	√			

3. 问卷设计

最终问卷设计分成三部分：第一部分是问卷介绍部分，主要是向受访者介绍此次问卷调查的目的、目前真实的环境状况及问卷的属性和属性水平，这部分为了让受访者更好地理解，采用了图表的方式来介绍说明；第二部分是选择试验部分，每份问卷的选择试验部分都包含七个选择集；第三部分是个人特征和开放性问题部分，个人特征包含受访者年龄、性别、收入、学历、家庭人口数等因素，开放性问题主要是了解受访者对问卷的意见或者建议。

为了有效降低选择试验的假设偏差(hypothetical bias)，问卷设计中将采用 Carlsson 等(2005)提出的廉价磋商法(cheap talk script)方法避免问卷设计相关假设提出的偏差。选择试验建立在假想的市场环境下，不存在真实的支付，因此通过选择试验分析得出的支付意愿普遍高于真实的支付意愿，人们总是高估自己的支付意愿。廉价磋商法的主要思想是通过全面描述和分析被调查者可能存在的扩大 WTP 价值的因素,降低问卷调查结果中潜在的向上偏差。廉价磋商法已被许多学者证明在减少运用选择试验方法分析环境外部成本的偏差方面是有效的(Bulte et al., 2005)。廉价磋商法分为长脚本(long script)和短脚本(short script)两种类型,两者的主要区别是设计内容和长度不同。短脚本的廉价磋商法一般是提醒受访者存在"肯定性回答倾向",要求受访者按照自己的实际情况作答;长脚本是在短脚本的基础上增加家庭收入等限制。本书在研究中运用的是短脚本廉价磋商法,在问卷的第一部分加入了短脚本廉价磋商法,即提醒受访者"我们将根据您的选择,在某一地区开展试点,增加生物质发电的比例,并进行相应的电价调整,而且有可能今后按此调整后的电价向您收费。因此,请在全面衡量您的家庭支出结构和支付能力的实际情况以后填写。特别值得注意的是,填写问卷时请您考虑额外支付的费用对家庭其他支出的影响"。

4. 问卷发放与回收

问卷发放与回收分为两个阶段,问卷试调查阶段和最终问卷调查阶段。为了保障问卷设计的合理性,在问卷初步设计完成之后,在全国重点城市,进行了一次为期四周左右的试调研,试调研阶段采用面对面问卷的方式,回收问卷 71 份。通过试调研期间受访者对问卷内容的理解程度、问卷填写状况的反馈,对问卷进行最终的调整。

2015 年 3 月在全国各个省份,针对不同年龄、性别和地域等,随机选取了约 800 户居民进行最终的问卷调查。六个版本的问卷随机均匀发放。最终问卷的调查也采用面对面的问卷填写方式,由调查员对问卷进行讲解,受访者自己填写。为了保证问卷数据的有效性,问卷填写采取有偿的方式。最终收回的样本数为 600 份左右,去除不完整的问卷,最终可用问卷是 560 份,可以对产生 10080 行(18 个选择集×560 份问卷)数据进行分析。

样本所包含的男女比例分布均匀;受访者平均年龄约 38 岁;受教育程度集中在本科;占总样本的 58%;家庭主要经济来源中带薪员工占比最高,家庭年收入主要分布在 5 万~10 万元,占总样本的 34%,有 46%的受访者的家庭平均每月的电费支出在 50~100 元。受访者中 72%是家庭支出的主要决策者。样本平均家庭人口数为 3.4 人,78%的受访者居住在城镇,77%的受访者已婚,大部分受访者都有小孩,40%的受访者的小孩在 18 岁以下。

4.2.3 实证模型构建

本书选择的模型构建方法与 1.3.2 节的内容相同。以下将重点分析实证模型的构建。

1. 模型变量定义及编码

进行数据分析之前,对模型中所采用的变量进行编码。每个选择集中有三个生物质发电的方案加上一个维持现状的方案,总共四个备选方案,选择其中任何一个方案定义为因变量 Choice,Choice 为 0、1 变量,选择其中一个方案时,该方案编码为 1,其余未被选中的备选方案编码为 0。解释变量分为属性变量、受访者社会经济特征变量、环保意识和对生物质发电厂的认知,以及替特定代常数项。属性变量包含温室气体排放减少量、酸雨减轻程度、雾霾指数、人体毒性的影响和每月额外支付的电费。ASC 表示所有不可观测变量的均值,当受访者选择"垃圾发电""农林生物质发电""沼气发电"时,ASC 编码为 1;若选择"保持现状",则 ASC 编码为 0。模型中用到的变量及其编码见表 4.19。

表 4.19 模型变量及编码

变量属性	变量命名	定义	编码
被解释量	Choice	选择变量	0=未选中该项;1=选中该项
解释变量	Gender	性别	1=男;2=女
	Age	年龄	
	Education	受教育程度	1=硕士及以上;2=本科/大专;3=其他
	Income	家庭年收入	1=15 万以上;2=10 万~15 万;3=10 万以下
	Decision maker	家庭支出的主要决策者	1=是;2=否
	Location	家庭居住地	1=城镇;2=农村
	Kid	是否有小孩	1=没有小孩;2=最小的孩子在 18 周岁以下;3=最小的孩子在 18 周岁以上
	Greenhouse	是否觉得温室效应正在发生	1=是;2=否
	Haze	是否经历过雾霾天气	1=是;2=否
	Biomass power generation	之前是否听过生物质发电	1=是;2=否
	Construction	附近新建生物质电厂的态度	1=同意;2=反对;3=无所谓
	ASC	替代常数项	1=选中该项;0=未选中该项
	Greenhouse	温室气体排放减少量	1=排放减少高(31%~40%);2=排放减少适中(21%~30%);3=排放减少低(1%~20%);4=不减排
	Acidrain	酸雨减轻程度	1=酸雨减轻程度高(41%~60%);2=酸雨减轻程度适中(21%~40%);3=酸雨减轻程度低(1%~20%);4=不减轻
	Hazein	雾霾指数	1=空气质量良;2=轻度雾霾;3=中度雾霾
	Human	人体毒性的影响	1=低度影响;2=轻微影响;3=无影响
	Premium	每月额外支付的电费	0 元、7 元、14 元、21 元、35 元

2. 模型构建

本书拟采用 MNL、MNL 带协变量模型和 RPL 模型来评估生物质发电的环境外部性。结合选择模型的理论和本书拟选用的模型变量,具体实证模型构建如式(4.1)~式(4.3)(分别为 MNL 模型、MNL 带协变量模型和 RPL 模型)所示:

$$V_i = ASC_i + \beta_1 Greenhouse + \beta_2 Acidrain + \beta_3 Hazein + \beta_4 Human + \beta_5 Premium \tag{4.1}$$

$$V_i' = ASC_i + \beta_1 Greenhouse + \beta_2 Acidrain + \beta_3 Hazein + \beta_4 Human + \beta_5 Premium + \sum \gamma_i Else_i \tag{4.2}$$

$$V_i'' = ASC_i + \beta_1' Greenhouse + \beta_2' Acidrain + \beta_3' Hazein + \beta_4' Human + \beta_5' Premiun + \sum \gamma_i Else_i \tag{4.3}$$

式中,V_i、V_i'、V_i'' 分别为 MNL 模型、MNL 带协变量模型、RPL 模型下的效用;Greenhouse 为温室气体排放减少量;Acidrain 为酸雨减轻程度;Hazein 为雾霾指数;Human 为人体毒性的影响;Premium 为每月额外支付电费;$Else_i$ 为社会经济变量,包括受访者个人特征、环保意识和对生物质发电的认知,如受访者性别(Gender)、年龄(Age)、受教育程度(Education)、是否经历过雾霾天气等;ASC_i 为替代常数项,受访者选择维持现状时为 0,选择垃圾发电、农林生物质发电、沼气发电时为 1;i 为方案,分别代表垃圾发电、农林生物质发电、沼气发电;$\beta_1 \sim \beta_5$ 及 γ_i 为系数。

4.2.4 计算结果及分析

1. 稳定性检验结果

为了提高本书研究的稳定性,在调查问卷中增加了重复选项,也就是说,在同一份调查问卷中,有两个相同的选项。如果受访者在选择集重复出现时选择了同一方案,说明受访者的偏好具有稳定性。采用重复试验进行的稳定性检验结果见表 4.20,其中 54%的受访者通过了稳定性检验,这说明 560 份问卷中,302 份问卷的偏好是稳定的。这个结果与 Schaafsma 等(2014)的研究结果接近,但是低于 Soliño 等(2012)的研究结果,在 Soliño 等(2012)的研究结果中 75%的受访者通过了稳定性检。本次问卷调查稳定性不高的原因可能是,受访者对生物质发电的认知度相对较低。生物质发电在中国近几年才得到重视,仅有 48%的受访者在接受问卷调查前听说过生物质发电。因此经验的匮乏可能导致受访者在填写问卷时偏好不稳定。

表 4.20 样本结果的稳定性检验 （单位：%）

问卷版本	方案选择一致性均值
1	51
2	53
3	58
4	75
5	43
6	45
平均	54

采用似然比检验(likelihood ratio test, LL)进一步分析受访者偏好的一致性，如式(4.4)所示：

$$LRE = -2[LL_F - (LL_{YES} + LL_{NO})] \tag{4.4}$$

式中，LRE 为似然比估计量；LL_F 为所有样本的似然估计值；LL_{YES} 为通过稳定性检验的样本的似然估计值；LL_{NO} 为没有通过稳定性检验的似然估计值。系数一致性检验结果见表 4.21，可以得到 LRE 值高于 95%水平下的临界值（根据表 4.21 中 LRE 的 LL 值可得到这一结果），所以拒绝原假设。说明通过稳定性检验的受访者的偏好与没有通过稳定性检验的受访者的偏好不同。既然"不一致"的受访者是随机分布，且他们的个人特征没有与其余样本不同，"不一致"的调查问卷不应该被视作是无效的。因此，接下来的分析中将分析全部样本和通过稳定性检验的样本。

表 4.21 系数一致性检验

估计值类型	选择集数量	LL 值
LL_F	3360	−4407
LL_{YES}	1812	−2426
LL_{NO}	1548	−1937
LRE		90

2. 选择模型的计算结果

除去重复选项，在所有的 3360 情境中（560 份问卷×6 个情境），有 1401 个选择了农林生物质发电，728 个选择了垃圾发电，843 个选择了沼气发电，388 个选择了保持现状，各自分别占比 41.7%、21.7%、25.1%、11.5%。通过比较 MNL 模型和 MNL 带协变量模型（表 4.22）的 AIC/N、FIC/N、BIC/N 和 HIC/N 的值可知，不论是对于全样本还是稳定性样本，MNL 带协变量模型的拟合度总体上均优于 MNL 模型（通常，用 AIC 和 BIC 的值来判定一个模型的拟合效果的。其值越低，模型的拟合效果越好，如果 AIC 和 BIC 的比较结果相互冲突，那么 AIC、FIC、BIC 和 HIC 数量的值都需要考虑在内。上述四个因素中有三个 IC（信息准则）的值MNL 带协变量的模型更低，而拥有低 IC 值多的模型被认为拟合度最好。因此，本书仅给出了 MNL 带协变量模型的选择试验结果(表 4.23)。

表 4.22　MNL 模型和 MNL 带协变量模型估计结果

变量	全样本 MNL 系数(标准误)	全样本: MNL 带协变量 系数(标准误)	稳定性样本: MNL 系数(标准误)	稳定性样本: MNL 带协变量 系数(标准误)
AIC/N	2.507	2.472	2.525	2.489
FIC/N	2.507	2.472	2.525	2.490
BIC/N	2.531	2.52	2.565	2.569
HIC/N	2.515	2.489	2.540	2.519
样本数量	560	560	302	302

表 4.23　MNL 带协变量模型估计结果

	变量	全样本系数	稳定性样本系数
生物质发电类型	ASC 垃圾发电	−0.441	−1.038**
	ASC 森林生物质发电	0.163	−0.598
	ASC 沼气发电	−0.201	−0.847*
温室气体排放减少量	GHG 排放减少低	0.073*	0.101*
	GHG 排放减少中	−0.008	0.076
	GHG 排放减少高	−0.015	0.142*
酸雨减轻程度	酸雨减轻程度低	−0.055	−0.042
	酸雨减轻程度中	0.046	0.048
	酸雨减轻程度高	−0.022	0.021
雾霾指数	空气质量由中度雾霾变为轻度雾霾	−0.261***	−0.193***
	空气质量由中度雾霾变为良	−0.298***	−0.298***
人体毒性的影响	低度毒性(基础变量为无毒)	−0.123	−0.056
	轻微毒性(基础变量为无毒)	−0.005	−0.158*
	电费溢价/月	−0.027***	−0.031***
	性别[女]	0.009	−0.043
	年龄	−0.002	0.004
受教育程度	[硕士及以上]	1.566***	2.444**
	[本科]	0.293	0.013
家庭年收入	[10 万~15 万元]	0.160	−0.217
	[15 万元以上]	0.384**	0.215
	经历过雾霾天气	0.610***	0.531***
	之前有听过生物质发电	0.274**	0.399**
模型统计结果	似然估计	−3905.88	−2306.42
	样本数据	12740	7448

* 表示在 10%的水平下显著。
** 表示在 5%的水平下显著。
*** 表示在 1%的水平下显著。

根据表 4.23 可以得出以下结论。

(1) 稳定性样本中受访者的支付意愿比全样本中受访者的支付意愿更强。与此同时，稳定性样本中的受访者对环境的关注程度更高（表 4.23 表明他们对于生物质发电具有更多的了解）。这些结果意味着对环境的关注程度越高，支付额外价格的可能性越大、支付的额外价格也越高。

(2) 在环境属性变量"GHG 排放减少低""空气质量由良变为轻度雾霾和中度雾霾"这两种样本中，系数值都是显著的。然而，"GHG 排放减少高""轻微毒性"只在稳定性样本中显著。这些结果意味着大多数受访者更愿意为良好的环境改善支付额外的费用，而不一定是为最佳的环境改善支付额外的费用。至于成本属性，每月额外支付的电费在 1% 的水平上显著且为负，这意味着本书的计算结果具有合理性。

(3) 酸雨减轻程度系数不显著，这意味着，相比雾霾和温室气体排放等，受访者对酸雨的减轻程度相对不是很关注。这是因为与雾霾和温室气体相比，中国所面临的酸雨问题相对不是很严重。

(4) 在所有的环境属性系数中，"空气质量由良变为中度雾霾和轻度雾霾和良"的系数的绝对值大于其他环境属性的系数的绝对值，这意味着与酸雨减轻程度和 GHG 排放减少等环境属性相比，空气质量改变对受访者的效用影响结果更显著。

(5) 个人社会经济特征、受教育程度、收入及对环境的认知程度都对受访者的选择产生了显著的影响。"受教育水平在硕士及以上"这一变量显著且为正，表明接受过硕士及以上水平教育的受访者更愿意为环境的改善支付额外的电费。家庭年收入在 15 万元以上的受访者额外支付电价的意愿更强烈。然而在稳定性样本中，这一结果却在统计上不显著。因此，家庭收入对受访者的影响还需要进一步研究。

环保意识对于支付意愿影响显著。经历过雾霾天气或者听说过生物质发电的受访者更愿意为环境的改善支付额外的费用。

3. 支付意愿的计算结果

本书给出的是稳定性样本中的边际支付意愿和总支付意愿的计算结果（表 4.24）。由表 4.24 可知，受访者为空气质量由中度雾霾改善到良的水平，愿意支付的额外费用最高，为 0.104 元/(kW·h)；其次，是空气质量由中度雾霾改变为轻度雾霾的支付意愿，为 0.079 元/(kW·h)。受访者对轻度毒性的问题也很关注，愿意由轻度毒性变为无毒性的边际支付意愿为 0.011 元/(kW·h)。此外，受访者对温室气体排放减少高和低的边际支付意愿分别为 0.017 元/(kW·h) 和 0.014 元/(kW·h)。

表 4.24 生物质发电的边际支付意愿和总支付意愿

支付意愿			支付意愿/(元/月)	95%的置信区间		支付意愿/[元/(kW·h)]	95%的置信区间	
				低限/(元/月)	高限/(元/月)		低限/[元/(kW·h)]	高限/[元/(kW·h)]
边际支付意愿*	温室气体排放减少量	低	−1.864	−5.366	1.141	−0.014	−0.039	0.008
		中	−2.193	−7.847	2.392	−0.016	−0.057	0.017
		高	−2.383	−8.040	1.960	−0.017	−0.059	0.014
	酸雨减轻程度	低	0.431	−3.057	3.587	0.003	−0.022	0.026
		中	1.219	−1.882	4.091	0.009	−0.014	0.030
		高	−0.501	−4.944	2.843	−0.004	−0.036	0.021
	雾霾指数	由中度雾霾变为轻度雾霾	−10.806	−16.464	−7.047	−0.079	−0.120	−0.051
		由中度雾霾变为良	−14.304	−21.030	−9.673	−0.104	−0.154	−0.071
	人体毒性的影响	由轻度毒性变为无毒性	−8.373	−19.022	−0.317	−0.061	−0.139	−0.002
		由轻度毒性变为低毒性	−1.522	−6.795	3.753	−0.011	−0.050	0.027
总支付意愿	垃圾发电		5.434	1.379	9.488	0.040	0.010	0.069
	沼气发电		7.583	3.539	11.626	0.055	0.026	0.085
	农林生物质发电		12.745	6.463	19.028	0.093	0.047	0.139
	生物质发电		26.661	7.043	46.280	0.195	0.051	0.338

* 借鉴 Krinsky 和 Robb(1986)及 Fieller(1954) 的研究方法；** 根据《中国家庭发展报告 2014》(国家卫生和计划生育委员会，2014)中的数据推算平均每户每月消费电量为 134kW·h。

表 4.24 进一步显示，受访者对于农林生物质发电的支付意愿是 0.204 元/(kW·h)，其中，对于农林生物质发电的总支付意愿最高，为 0.093 元/(kW·h)；其次为沼气发电，支付意愿为 0.055 元/(kW·h)；最后为垃圾发电，支付意愿为 0.040 元/(kW·h)。

4. 计算结果的有效性检验

为了检验结果的可靠性，本书首先进行了理论有效性检验。根据每户居民平均每月的电费约 70 元可知，通过采用生物质发电来替代燃煤发电将环境改善到最佳，每户居民每月愿意额外支付电费 27.98 元，占现存电费的 36.82%，这一结果符合理论预期(额外支付电费应当不超过每月电费的 50%)。

其次，本书又进行了标准有效性检验。表 4.25 表明，本书的结果与 Soliño 等(2009a)、Soliño 等(2012)的结论相近；虽然 Susaeta 等(2011)对于可支付意愿的计算结果看似比本书的结果略高一些，但是他们做的研究只基于农林生物质发电；

本书农林生物质发电的可支付意愿比沼气发电和垃圾发电要高。

表 4.25　国内外生物质发电偏好计算结果的比较

国家	资料来源	研究项目	方法	平均支付意愿
美国	Susaeta 等(2011)	农林生物质发电	选择模型	0.31 元 (USD 0.050)/(kW·h)
	Borchers 等(2007)	生物质发电	选择模型	65.96 元 (USD10.59)/(月·户)①
	Hite 等(2008)	生物质发电	条件价值评估	35.69 元 (USD5.73)/(月·户)
韩国	Lim 等(2014)	垃圾发电	选择模型	9.96 元 (USD1.6)/(月·户)②
	Ku 和 Yoo(2010)	可再生能源发电	选择模型	11 元 (USD1.6)/(月·户)
西班牙	Soliño 等(2009a)	农林生物质发电	选择模型	0.21~0.28 元/(kW·h)[3.95~3.98EU 分/(kW·h)]
	Soliño 等(2012)	农林生物质发电	选择模型	RMB 30.07 (EURO 4.24)/(月·户)

注：美元与人民币的换算比例是 2015 年的平均汇率水平，1USD=6.2284 元人民币；欧元兑人民币的换算比例是 2015 年 12 月 1 日的汇率水平，1EURO=7.0922 元人民币。

本书研究结果比 Lim 等(2014)及 Ku 和 Yoo(2010)的要高(其分析的是韩国生物质发电的可支付意愿)，原因有以下几点：首先，研究范围不同。例如，Lim 等(2014)评估了韩国温室气体仅减排 1%情况下的可支付意愿，这样的减排水平比本书所研究的温室气体减排水平低很多。其次，韩国居民对于电力的货币购买力比中国的低若干倍。表面上，韩国的人均国民收入更高，但是韩国的实际人均收入比中国低。因此，与中国居民相比，韩国居民承受额外电价的能力相对较弱。综上，本书的研究结果具有可信性。

类似的原因可以用来解释 Borchers 等(2007)的研究结果与本书的研究结果的差异。Borchers 等(2007)的研究结果表明，美国居民似乎比中国居民每户每月愿意多支付 65.96 元。这种差距有以下两方面原因：首先，他们的研究基于一种供电方式，在这种供电方式中，仅 25%的电力来源于生物质发电，但是，我们的研究是基于将环境改善到一个特定的水平，也就是说，两种研究的基础是有差异的。其次，美国是发达国家，GDP 和人均国民收入都居世界第一。美国居民承受额外电价的能力应当比中国更高。

总之，以上讨论表明本书研究结果具有可信性。

4.3　光伏发电的环境外部性评价

4.3.1　中国太阳能资源分布及发电现状

中国拥有丰富的太阳能资源，约 2/3 以上的国土面积年日照时间数在 2000h

---

① 25%的电力来自生物质发电项目。
② 温室气体排放减少 1%的情况。

以上，年辐射量在 5000MJ/m² 以上[①]。据统计，中国陆地每年接收的太阳能辐射总量相当于 2.4×10^4 亿 tce 的储量[①]，太阳能作为煤炭的替代能源在中国具有很大的发展潜力。

尽管中国的太阳能资源总量丰富，但是资源分布的地区差异性较大，各地发展光伏产业的资源禀赋相异，分布情况整体表现为"地势高且干燥少雨地区太阳能丰富""地势低平且湿润多雨地区太阳能贫乏"。太阳能资源分布情况见表 4.26。总体来说，西北部地区的光照辐射强度强于中东部，具有良好的光伏电厂建厂资源，为大规模发展光伏电厂奠定了基础。在太阳能资源最丰富的地区中，青海省的光照资源相比其他几个省份来说最为丰富。2009 年以来，青海省丰富的光照资源优势吸引了大量企业的投资，其光伏产业迅猛发展起来。根据《二〇一五年电力工业统计资料汇编》，截至 2015 年，青海省已经成为全国光伏发电量最多的省份，年发电量为 75.5 亿 kW·h，占到全国太阳能发电总量的 19.11%。截至 2015 年底，青海省已建设 10MW 以上光伏发电项目 150 多个，其中装机容量为 20MW 的并网光伏发电项目数目最多，一共有 73 个[②]，占到一半左右。

表 4.26　中国太阳能资源区域分布情况　　［单位：(kW·h)/m²］

年辐射量	类型	区域分布
≥1750	最丰富	新疆维吾尔自治区东部、西藏自治区中西部、青海省大部、甘肃省西部、蒙西
1400～1750	很丰富	新疆维吾尔自治区大部、内蒙古自治区大部、甘肃省中东部、陕北、晋北、冀北、青海省东部、藏东、川西、滇大部及宁夏回族自治区、海南省
1050～1400	丰富	东北大部、华北南部、黄淮、江淮、江汉、江南及华南大部
≤1050	一般	川东、渝中东部、黔中东部、湘中西部、鄂西

资料来源：中国气象局. 2017. 中国风能太阳能资源年景公报。

从光伏发电规模的角度进行分析，可以发现，从 2009 年开始，光伏发电产业进入了快速发展时期，发电规模不断扩大。"十二五"时期，光伏发电装机容量实现了飞速增长，新增装机容量和累计装机容量在"十三五"时期的第一年均已名列世界首位。光伏发电在全国发电总量中的占比快速提高，成为实现 2020 年非化石能源消费占比超过 15%目标的重要力量，同时也说明实现光伏发电对燃煤发电的替代进程在不断推进，使研究光伏发电相当于燃煤发电的环境外部价值更具有意义。

在国家促进太阳能发展多种措施共同作用的政策环境下，光伏发电新增装机

---

① 资料来源：马月. 中国太阳能资源分布概述. (2014-07-24)[2017-12-20]. http://guangfu.bjx.com.cn/news/20140724/530875.shtml.

② 资料来源：中国储能网新闻中心. 青海省光伏电站项目汇总一览. (2016-01-19) [2017-12-20]. http://www.escn.com.cn/news/show-296475.html.

容量和累计装机容量快速增长,在"十三五"的开局之年就彰显了迅猛发展的势头。如图 4.7 所示,2016 年,中国光伏发电新增装机容量为 3459 万 kW,同比增长率为 150.65%;累计装机容量为 7742 万 kW,同比增长率为 81.61%。中国光伏发电产业在"十一五"时期还基本处在雏形阶段,而在"十二五"开始进入快速发展阶段。特别是光伏发电累计装机容量经过 2011~2015 年这五年的发展,与 2010 年相比实现了巨大的增量突破。截至 2016 年底,光伏发电累计装机容量约为 2009 年的 1106 倍。

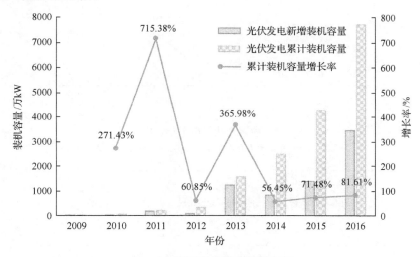

图 4.7 中国光伏发电装机容量

资料来源:中国电力企业联合会. 电力工业统计基本数据一览表. (2018-01-22) [2018-09-30]. http://www.nea.gov.cn/2018-01/22/c_136914154.htm

光伏发电对全国发电量的贡献也在不断增加,如图 4.8 所示,从 2009 年以来,光伏发电量快速增长,到 2016 年中国光伏发电全年发电量达到 662 亿 kW·h(66.2TW·h),占全国发电总量的 1%以上,同比增长率达到 71.95%,比上年高 8.12 个百分点。

4.3.2 基于全生命周期方法的光伏发电环境外部性分析

传统的火力发电的污染物排放生命周期主要分为以下四个阶段:煤炭开采与运输阶段、火电厂建设阶段、火电厂运行阶段、火电厂废弃处置阶段。光伏发电相较于传统火力发电的特殊性在于在火电厂运行阶段(即进行光伏发电过程中)几乎不产生 CO_2、SO_2、NO_x、粉尘等主要污染物,因此其涉及的主要污染物排放的生命周期主要分为三个阶段:光伏电池板生产阶段、光伏电厂建设阶段、光伏电厂废弃处置阶段,如图 4.9 所示。其中,光伏电池板生产阶段又包括光伏电池板的生产和运输，光伏组件耗材的生产和运输，建材、水泥、铁、铝、钢等建筑原料的生产和运输。光伏电厂建设阶段又包括电厂及辅助设施建造、厂房的建设及相关设备的安装。

图 4.8　中国光伏发电全年发电量

资料来源：中国电力企业联合会.https://www.cec.org.cn/

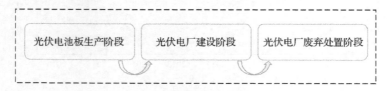

图 4.9　光伏电厂系统边界

通过查阅《二〇一五年电力工业统计资料汇编》，发现目前全国各光伏电厂的装机容量为 1~60MW，而且装机容量为 20MW 的光伏电厂占大多数，所以本书选取装机容量为 20MW 的光伏电厂进行研究。根据《二〇一五年电力工业统计资料汇编》的数据可知，青海省是全国光伏发电最多的省份，所以本书选取较为典型的青海省格尔木三期 20MW 并网光伏发电项目作为研究对象。光伏电厂的预计使用年限一般为 25 年，该电厂全年日照时间在 3000h 以上，该项目采用 80800 块单块容量为 250Wp(Wp 指的是标准条件下，即光照强度为 1000W/m^2 时，光伏电池板的功率) 的多晶硅电池组件，装机容量为 20.02MWp，年平均发电量和上网电量为 33395.1MW·h。污染物研究对象与燃煤发电生命周期污染物排放研究的对象一致，选取 CO_2、SO_2、NO_x 及粉尘的排放量进行研究。

1. 光伏电池板生产阶段的污染物排放

光伏电池板生产阶段涵盖四个部分：工业硅的生产、太阳能级多晶硅的生产、多晶硅片的生产及光伏电池组件的生产。接下来将对各个部分分别进行核算。

1) 工业硅生产中的污染排放

生产多晶硅光伏电池板首先应生产多晶硅片,其首要环节是工业硅的生产。对工业硅生产阶段污染物的排放情况已有成熟研究,所以本书该阶段的数据直接沿用已有研究结果。傅银银(2013)的研究表明,每生产1t工业硅需要排放21.868t的CO_2、0.133t的SO_2、0.046t的NO_x和0.278t的粉尘(表4.27)。

2) 太阳能级多晶硅生产中的污染排放

运用于光伏发电的太阳能级多晶硅的生产所采用的工艺大部分是改良的西门子工艺,该工艺的特点在于大部分物料可以循环利用。在生产多晶硅的化学反应中所产生的废气、废物主要是少量硅粉尘和少量氮氧化物。生产1t多晶硅产生1.5kg硅粉和0.57kg NO_2,不产生CO_2和SO_2(傅银银,2013)。同时,这个过程消耗大量的电能,这些电能主要由燃煤发电提供,所以这一阶段的污染物排放主要来源于高耗能过程。根据傅银银(2013)的研究,生产1t太阳能级多晶硅需要耗电115MW·h;根据本书计算的结果,燃煤发电中产生的排放物分别为CO_2 747.48g/(kW·h)、SO_2 0.82g/(kW·h)、NO_x 3.81g/(kW·h)、粉尘0.30g/(kW·h)。据此,可知生产1t太阳能级多晶硅将排放85.96t的CO_2、0.09t的SO_2、0.44t的NO_x和0.03t的粉尘。

3) 多晶硅片生产的污染排放

对于多晶硅片的生产来说主要是经过多晶铸锭和硅片切割两道工艺,多晶铸锭过程中的硅损耗可忽略不计,而切片过程中多晶铸锭向硅片的转化率据傅银银(2013)研究可知约为61.0%。由于生产1t多晶硅片的化学反应过程共生成硅粉10.74g、NO_2 24.57g,共消耗电能10MW·h(傅银银,2013),计算可知生产1t多晶硅片将排放7.47t的CO_2、0.008t的SO_2、0.038t的NO_x和0.003t的粉尘(表4.27)。

综上所述,生产1t多晶硅片所排放的污染物合计见表4.27。

表4.27 生产1t多晶硅片的主要污染物排放量 (单位:t)

污染物工序	CO_2	SO_2	NO_x	粉尘
工业硅生产	21.868	0.133	0.046	0.278
太阳能级多晶硅生产	140.92	0.148	0.721	0.049
多晶硅片生产	7.470	0.008	0.038	0.003
合计	170.258	0.289	0.805	0.330

4) 光伏电池组件生产中的污染排放

光伏电池组件生产的过程分为两个阶段:一个是电池生产过程;另一个是电

池组装过程。据傅银银(2013)的研究,在电池生产和电池组装过程中,1MW 多晶硅光伏电池需要消耗 3.06t 多晶硅片,耗电 155.46MW·h(包括生产光伏电池的耗电和生产光伏组件的耗电),可以生产 5400 块多晶硅电池组件,所以每块多晶硅电池组件含有多晶硅片的质量为 0.57kg,生产每块电池组件平均耗电 28.79kW·h。本书所选取的研究对象青海省格尔木三期 20MW 并网光伏发电项目采用 80800 块多晶硅电池组件,需要多晶硅片 46.06t,耗电 2326.14MW·h。

电池组件生产过程所产生的废气可以通过净化措施进行处理,固体废弃物也基本可以被回收利用,所以电池组件生产过程中所产生的大气污染也主要来源于其大量消耗电能的过程。结合本书对燃煤发电单位发电量污染物排放情况的核算可以得到电池组件生产过程的污染物排放量。

综合以上四个环节的计算结果可以得到 20MW 并网光伏发电项目的光伏电池板生产阶段的污染物排放量,这一阶段的污染物主要来源于多晶硅的生产过程和电能消耗的过程,核算结果见表 4.28。

表 4.28 光伏电池板生产阶段污染物排放量　　　　　(单位:t)

CO_2	SO_2	NO_x	PM
10390.19	20.33	47.55	26.03

2. 光伏电厂建设阶段污染物排放

光伏电厂建设阶段包括光伏电厂设备运输和厂房建设两个部分,核算过程如下。

1)光伏电厂设备运输中的污染排放

由于青海省格尔木三期 20MW 并网光伏发电项目采购全部物资的运输距离较难获得,其铁路运输阶段的距离采用全国平均铁路货运距离 707km,公路运输阶段的距离为格尔木市到光伏电厂的距离①,具体数值为 25km。根据郭晓敏(2012)的研究,光伏组件的单个质量为 20kg,由于该项目所使用的光伏组件为 80800 块,总质量为 1616t。根据《20MW 并网光伏发电项目概算书》可知,该项目使用直流防雷汇线箱 280 台、直流配电柜 40 台、逆变器 SG630KTL40 台、箱式变压器 20 台,按照郭晓敏(2012)的研究,以上设备的质量约为 12t。根据鄂晔昕(2012)的研究可以分别获得铁路和公路的单位运输距离污染物排放量(表 1.4),可以得出光伏电厂设备运输阶段污染物排放量,计算结果见表 4.29。

---

① 资料来源:世纪新能源网. 京仪绿能格尔木三期 20MW 光伏发电项目顺利并网.(2014-04-14)[2018-03-06]. http://www.ne21.com/news/show-53500.html。

表 4.29　光伏电厂设备运输阶段污染物排放量（20MW 光伏发电项目）（单位：t）

CO_2	SO_2	NO_x	PM
17.06	0.10	0.08	0.06

2) 光伏电厂厂房建设

在光伏电厂厂房建设阶段土建工程量很小，污染物排放主要考虑来自混凝土和钢材料的生产过程。根据《20MW 并网光伏发电项目概算书》[①]可知，该电厂的建设需要混凝土 8500m³、钢筋 380t。根据王腊芳和张莉莎(2012)的研究，生产 1t 钢筋排放 CO_2 2061.88kg、SO_2 2.01kg、NO_x 5.77kg 和粉尘 0.76kg。根据李小冬等(2011)对混凝土材料生产过程污染物排放情况的研究可知，生产 1m³ 混凝土(混凝土等级按 C30 计算)排放 CO_2 361.6kg、SO_2 1.3kg、NO_x 1.6kg 及粉尘 3.2kg。据以上数据可以得到光伏电厂厂房建设阶段污染物的排放量，计算结果见表 4.30。

表 4.30　光伏电厂厂房建设阶段污染物排放量（20MW 光伏发电项目）（单位：t）

CO_2	SO_2	NO_x	PM
3857.11	11.81	15.79	27.49

3. 光伏电厂废弃处置阶段污染排放

在光伏电厂废弃处置阶段的主要活动是对光伏电池板的回收利用过程，污染物主要来源于电池板运输过程中的排放。运输的目的地一般为距离较近的综合性城市，根据前面的研究可知，距青海省格尔木三期 20MW 并网光伏发电项目最近的城市即为格尔木市，废旧电池板采用的运输方式为公路运输，运输距离为 25km。根据郭丹等(2016)的研究可知，目前，光伏电池的回收比例在 90%左右，根据前面分析可知，光伏电厂建设阶段购置的光伏电池组件的质量是 1616t，而在光伏电厂废弃处置阶段需要回收的光伏电池的质量约为 1454.4t。结合邰晔昕(2012)对公路运输单位距离污染物排放量的研究，可以计算出光伏电厂废弃处置阶段运输废旧光伏电池过程所排放的污染物，计算结果见表 4.31。

表 4.31　光伏电厂废弃处置阶段污染物排放量（20MW 光伏发电项目）（单位：t）

CO_2	SO_2	NO_x	PM
1.09	0.01	0.004	0.002

4. 光伏电厂生命周期污染物排放量核算

通过计算光伏电池板生产阶段、光伏电厂建设阶段及光伏电厂废弃处置阶段

---

① 北控绿产(青海)新能源有限公司. 2014. 20MW 并网光伏发电项目概算书. 格尔木市.

的污染物排放量可以核算得到20MW并网光伏电厂在整个生命周期的污染物排放总量(表4.32)。

表4.32 20MW并网光伏电厂全生命周期污染物排放量

	CO_2/t	SO_2/t	NO_x/t	PM/t	CO_2排放量占比/%
光伏电池板生产阶段	10390.19	20.33	47.55	26.03	72.92
光伏电厂建设阶段	3857.11	11.81	15.79	27.49	27.07
光伏电厂废弃处置阶段	1.09	0.01	0.004	0.002	0.01
合计	14248.39	32.15	63.34	53.52	100

青海省格尔木三期20MW并网光伏发电项目预计使用年限按照25年计算,年平均发电量和上网电量均为33395.1MW·h,结合光伏电厂全生命周期的污染物排放总量,可以计算得到该20MW并网光伏电厂在全生命周期内单位发电量的污染物排放情况,计算结果见表4.33。

表4.33 20MW并网光伏电厂全生命周期单位发电量的污染物排放量

[单位:g/(kW·h)]

CO_2	SO_2	NO_x	PM
17.07	0.04	0.08	0.06

根据表1.17单位排放的外部成本结果,可计算得到光伏发电全生命周期的环境外部性成本为0.006元/(kW·h)(表4.34)。

表4.34 基于生命周期法的光伏发电环境外部成本

	SO_2	NO_x	CO_2	PM
环境成本/(元/kg)	13.26	8.60	0.16	9.46
光伏发电的排放量/[(g/(kW·h)]	0.04	0.08	17.07	0.06
光伏发电的环境外部性成本/[(元/(kW·h)]	0.001	0.001	0.003	0.001

4.3.3 基于选择模型的光伏发电的环境外部价值评估

1. 方法及数据收集

本节采用与4.2节相类似的方法,评估为减少污染物排放,与燃煤发电相比公众为光伏发电所愿意支付的电价溢价。其中,环境属性和属性水平的确定与表4.17中的大部分内容相同,仅不包括"人体毒性的影响"这一属性。选择集示例见表4.35。

表 4.35　光伏发电外部环境价值评估的选择集示例

属性	方案一	方案二	方案三	保持现状
雾霾指数	中度	轻度	优	中度
温室气体排放减少量	减少低	减少高	不减少	不减少
酸雨减轻程度	减轻程度适中	减轻程度高	减轻程度低	不减轻
每月额外支付电费/(元/月)	7	35	14	0
您的选择：			√	

本节构建的 MNL 模型和带协变量的 MNL 模型分别如式(4.5)和式(4.6)所示：

$$V = ASC + \beta_1 \text{Greenhouse} + \beta_2 \text{Acidrain} + \beta_3 \text{Hazein} + \beta_4 \text{Premium} \tag{4.5}$$

式中，V 为效用；ASC 为替代常数项，被调查者选择保持现状时为 0，选择其他替代方案时为 1；Greenhouse 为温室气体排放减少量；Acidrain 为酸雨减轻程度；Hazein 为雾霾指数；Premium 为每月额外支付电费；β_1、β_2、β_3、β_4 均为系数。

$$V = ASC + \beta_1 \text{Greenhouse} + \beta_2 \text{Acidrain} + \beta_3 \text{Hazein} + \beta_4 \text{Premium} + \sum \delta_i \text{Else}_i \tag{4.6}$$

式中，Else_i 为社会经济变量，包括受污者个人特征等。

2017 年 1 月和 2 月，对全国除台湾、香港、澳门和西藏以外的 30 个省(自治区、直辖市)的不同地区、不同性别及不同年龄的居民，采取面对面的方式进行了调查问卷的发放和回收。由于本书所设计的问卷专业术语较多，被调查者的文化程度和对环保的认识参差不齐，在问卷填写之前调查者要向被调查者进行解释说明，确保被调查者理解调查问卷的内容。问卷调查采用有偿的方式以保证被调查者参与的积极性。本次调查共发放 300 份问卷，收回有效问卷 255 份。

通过对回收的问卷进行统计可以获得被调查者基本特征的分布情况，见表 4.36。并将样本的统计数据与全国人口统计数据进行对比分析，可知样本统计数据情况与全国人口统计数据情况基本接近，说明选取的调查对象比较全面，样本基本具有代表性。但是，本研究的缺陷在于被调查者主要集中在城镇居民而且是受过高等教育的群体，这些因素可能会对最终的结果造成影响。例如，城镇的大气污染一般比农村严重，并且受教育程度越高的群体一般对环境污染的认识越深入，可能导致最终支付意愿结果偏高。

表 4.36 被调查者基本特征统计结果

变量	变量水平	频数	样本统计数据/%	全国人口统计数据/%
性别	1=男	123	48	51
	2=女	132	52	49
受教育程度	1=硕士及以上	54	21	2
	2=本科/大专	141	55	20
	3=高中/中专	60	24	41
家庭年收入	1=1 万元以下	6	2	10
	2=1 万~5 万元	80	31	16
	3=5 万~10 万元	78	31	33
	4=10 万~15 万元	55	22	35
	5=15 万元以上	36	14	6
现居地	1=城镇	214	84	56
	2=农村	41	16	44

2. 偏好稳定性检验

为了检验被调查者的偏好稳定性，在调查问卷设计过程中，在问卷结尾对第一个或者第二个问题进行重复性检验。如果被调查者在相同的选择集重复出现的情况下，进行了同样的选择，说明被调查者的偏好具有稳定性，反之则不具有稳定性。对问卷稳定性的检验结果统计见表 4.37。

表 4.37 被调查者偏好稳定性检验

	选择一致	选择不一致
频数	253	2
频率	0.99	0.01

由统计结果可知，参与此次调研的被调查者具有较高的偏好稳定性，说明问卷调研者向被调查者有效传递了问卷的背景知识，而且问卷设计的选择集具有差异性。统计结果也说明被调查者理解了相关背景知识并积极参与了问卷的填写，说明本次调查的结果具有有效性。

3. 计算结果及分析

基于 Nlogit 软件对问卷回收到的数据进行计算，得到 MNL 模型和 MNL 带协变量模型的回归结果，见表 4.38。

表 4.38 模型回归结果

变量	MNL 系数(标准误)	MNL 带协变量系数(标准误)
ASC	0.86***(0.13)	−1.55***(0.32)
温室气体排放减少 45%~55%	0.63***(0.10)	0.63***(0.10)
温室气体排放减少 25%~35%	0.10(0.11)	0.11(0.11)
温室气体排放减少 5%~15%	0.31***(0.09)	0.32***(0.09)
酸雨减少 45%~55%	0.32***(0.11)	0.31***(0.11)
酸雨减少 25%~35%	0.11(0.11)	0.10(0.11)
酸雨减少 5%~15%	−0.08(0.11)	−0.09(0.11)
空气质量优	1.01***(0.12)	1.00***(0.12)
空气质量良	0.55***(0.10)	0.56***(0.11)
额外支付电费	−0.04***(0.01)	−0.04***(0.01)
性别(男)		0.39**(0.18)
受教育程度(硕士及以上)		1.33***(0.28)
主要从事经济活动(带薪员工)		1.36***(0.27)
平均每月电费支出 50~100 元		1.57***(0.23)
平均每月电费支出 100~200 元		1.29***(0.33)
平均每月电费支出 200 元以上		2.85***(0.60)
现居地(城镇)		0.23(0.23)
婚姻状况(未婚)		1.21***(0.45)

* 表示在 10%的水平下显著。
** 表示在 5%的水平下显著。
*** 表示在 1%的水平下显著。

表 4.38 显示,额外支付电费属性的系数值为负(−0.04),且显著,表明居民愿意为环境的改善多支付钱。表 4.38 中值得关注的一点是对于温室气体排放减少 25%~35%这一情景,以及酸雨减少 25%~35%的情景下的支付意愿结果不显著,这可能是由于在减排水平不够高、而费用较高的情况下,消费者不愿为这样的减排情况支付额外的电费。

根据 MNL 带协变量模型的计算结果及边际可支付意愿的计算公式可以求出居民对于各种环境属性的边际可支付意愿,计算结果见表 4.39。

由表 4.39 可知,被调查者愿意为空气质量改善到优支付的金额最高;其次是温室气体排放减少 45%~55%。相对而言,被调查者对酸雨减少的支付意愿最低,主要原因可能是本部分研究的样本大部分(84%)来自城镇居民,城镇居民与农村居民相比受到酸雨的不利影响相对较小。此外,中国电力工业 SO_2 排放水平近年来一直呈快速下降趋势(Zhao et al., 2017),因此,对其所导致的酸雨及不利影响的关注度低于对粉尘(主要是 $PM_{2.5}$)污染和温室气体排放的关注度。

表 4.39　边际可支付意愿的计算

环境属性	边际可支付意愿/(元/月)	标准误
温室气体排放减少 45%~55%	17.30***	2.95
温室气体排放减少 5%~15%	8.68***	3.13
酸雨减少 45%~55%	8.54***	2.72
空气质量优	27.35***	3.33
空气质量良	15.18***	2.78

*** 表示在 1%的水平下显著。

为了计算光伏发电与燃煤发电相比的环境外部价值,需要计算居民为环境改善所额外支付的总电费(总支付意愿,又称补偿剩余)。根据第 1 章中总支付意愿的计算公式[式(1.9)],可以计算得到总支付意愿(表 4.40)。

表 4.40　环境改善的居民支付意愿　　　　　　　　(单位:元/月)

环境属性	边际支付意愿	总支付意愿
温室气体排放减少 45%~55%	17.30	10.42
温室气体排放减少 5%~15%	8.68	7.57
酸雨减少 45%~55%	8.54	6.66
空气质量优	27.35	11.09
空气质量良	15.18	8.22
合计		28.17

由表 4.40 的结果可知,在环境改善到最佳情况时(温室气体排放减少 45%~55%、酸雨减少 45%~55%,并且空气质量优),居民的总支付意愿为 28.17 元/月,即居民愿意为最佳的环境改善方式每月额外支付的电费为 28.17 元。由于 2016 年全国共有居民户 4.35 亿户,居民全年生活用电约为 7565.2 亿 $kW \cdot h$,每户居民月均用电 144.93$kW \cdot h$。如果采用光伏发电替代燃煤发电,则居民愿意为环境改善每月额外支付的电费为 0.19 元/$(kW \cdot h)$①。

根据闫风光和赵晓丽(2016)对风电环境价值的研究可知,风电的环境外部价值为 0.197 元/$(kW \cdot h)$,比本书的研究结果更高一些,可能的原因是:与风力发电相比光伏发电对环境的污染更为严重一些,所以光伏发电的环境外部价值比风电的环境外部价值更低具有合理性。

---

① $\dfrac{28.17 \times 12 \times 4.35 \times 10^8}{7565.2 \times 10^8} \approx 0.19$ 元 $/(kW \cdot h)$。

4.4 与燃煤发电相对比的可再生能源发电环境外部价值

4.4.1 可再生能源发电与燃煤发电污染物排放数量的对比

可再生能源发电与燃煤发电污染物排放数量的对比情况见表 4.41（基于生命周期法的计算结果）。表 4.41 显示，风电和光伏发电四种污染物的排放都远远低于燃煤发电，尤其是 CO_2 排放，燃煤发电的 CO_2 排放分别是风电和光伏发电的 89.30 倍和 43.79 倍。

表 4.41 可再生能源发电与燃煤发电污染物排放数量的对比

[单位：g/(kW·h)]

污染物	燃煤发电	风电	光伏发电
PM	0.30	0.02	0.06
CO_2	747.41	8.37	17.07
SO_2	0.82	0.01	0.04
NO_x	3.81	0.03	0.08

4.4.2 可再生能源发电与燃煤发电污染物排放的环境外部成本比较

1. 基于生命周期方法的分析

根据第 1 章表 1.17 中单位污染物排放的经济成本，并结合表 4.41 的数据，可得到基于生命周期方法的燃煤发电、风电和光伏发电的环境外部成本比较结果（表 4.42）。表 4.42 显示，燃煤发电的环境外部成本远高于风电和光伏发电；而光伏发电的环境外部成本又略高于风电。但总体上看，风电和光伏发电的环境外部成本非常低，基本可以忽略不计。

表 4.42 基于生命周期方法的燃煤发电与可再生能源发电环境外部成本比较

	SO_2	NO_x	CO_2	PM	合计
环境成本/(元/kg)	13.26	8.60	0.16	9.46	
燃煤发电环境外部成本/[元/(kW·h)]	0.016	0.047	0.172	0.004	0.24
风电环境外部成本/[元/(kW·h)]	0.0002	0.0002	0.0013	0.0002	0.0019
光伏发电环境外部成本/[元/(kW·h)]	0.0005	0.0007	0.0027	0.0006	0.0045

2. 基于选择模型方法的分析

本章还基于选择模型方法进一步计算了燃煤发电的环境外部成本，以及相对于燃煤发电的生物质发电和光伏发电的环境价值(公众为以生物质发电和光伏发电替代燃煤发电的支付意愿)，计算结果见表 4.43。

表 4.43 基于选择模型方法的燃煤发电与可再生能源发电环境外部性比较

	燃煤发电	生物质发电	光伏发电
环境外部成本/[元/(kW·h)]	0.30		
环境价值/[元/(kW·h)]		0.204	0.19

4.5 本章小结

本章分别基于全生命周期方法与选择模型方法计算了燃煤发电和可再生能源发电(风电、光伏发电和生物质发电)的环境外部成本。基于全生命周期方法的研究结果显示：燃煤发电的粉尘(PM)、CO_2、SO_2 和 NO_x 排放分别是风电的 15 倍、89 倍、82 倍和 127 倍；是光伏发电的 5 倍、44 倍、21 倍和 48 倍。即燃煤发电的污染排放远远高于风电和光伏发电，尤其是 CO_2 和 SO_2 的排放。根据单位污染物排放的环境成本，进一步计算了燃煤发电和可再生能源发电的环境经济成本。研究认为，燃煤发电的环境外部性所产生的经济成本是 0.24 元/(kW·h)，而风电和光伏发电的环境外部成本均接近于 0；光伏发电的环境外部成本比风电略高些，但也只有 0.0045 元/(kW·h)；风电的环境外部成本仅为 0.0019 元/(kW·h)。

基于选择模型的计算结果显示，燃煤发电的环境外部成本为 0.30 元/(kW·h)，这一结果远高于基于生命周期法的计算结果。主要原因有两点：第一，基于选择模型方法所获取的数据主要依赖于被访者的陈述，是基于假想的情景进行的回答，容易存在环境成本被高估的可能。第二，基于生命周期法所进行的环境外部成本计算时，单位污染物排放强度的经济成本计算所依据的基础数据是 Kypreos 和 Krakowski(2005)的研究，这一研究时间较早，随着经济发展和人们生活水平的改善，环境污染的损失成本有增加趋势。因此，本书依据生命周期法所得到的环境外部成本结果存在被低估的可能。

基于选择模型的计算结果还显示：生物质发电和光伏发电的环境价值(即消费者愿意为生物质发电和光伏发电的支付意愿)分别为 0.204 元/(kW·h)和 0.19 元/(kW·h)。此外，研究还发现，受访者对农林生物质发电的偏好最强，其次是沼气发电，最后是垃圾发电。

第5章 可再生能源发电的经济性评价

5.1 风电与燃煤发电的经济成本比较

5.1.1 风力发电的经济成本

1. 计算方法及数据来源

鉴于数据的可获得性,本书采用年限平均法进行计算。计算公式如下:

$$C_W = C_{W1} + C_{W2} + C_{W3} \tag{5.1}$$

式中,C_W 为风力单位发电量经济成本;C_{W1} 为单位发电量静态投资成本;C_{W2} 为单位发电量管理费用及其他费用附加;C_{W3} 为单位发电量人力成本。

$$C_{W1} = \frac{OI(1-r)(1+i)^{T_1} \dfrac{(1+i)^{T_2} i}{(1+i)^{T_2} - i} T_2 + OIr}{TIh_w T_3} \tag{5.2}$$

式中,OI 为初始总投资;TI 为总装机容量;r 为自有资金比率,一般为20%;h_w 为风电场运营期内年平均利用小时数,根据近年来风电机组发电情况,本书取 2000 h;T_1 为风电场建设期,一般为 1 年,建设期利息取值 6.55%;T_2 为折旧期限,即还款时间,一般为 15 年;T_3 为风电场有效使用年限,一般为 20 年;i 为年利率。

为了计算风力发电的经济成本,选取国内某新能源公司 2012 年核准并完成建设的 26 个风电场项目进行计算。

2. 计算结果及分析

(1) 风力单位发电量静态投资成本。某公司 26 个风电场项目总投资额为 1206623.56 万元,总装机容量为 127.26 万 kW,利用式(5.1)和式(5.2),可以得出 2012 年风力单位发电量静态投资成本为 0.37 元/(kW·h)。

(2) 风力发电量管理费用及其他费用附加。某公司 1 座 200MW 风电场,管理费用和人工成本按照年 1500 万元计算,则单位发电量管理费用和人工费用为 0.038 元/(kW·h)。

(3) 风力发电单位经济成本。根据计算得到的风力单位发电量静态投资成本和管理费用及其他费用附加,可以得出 2012 年中国风力单位发电量经济成本为 0.408 元/(kW·h)(0.37+0.038),根据现行会计准则,企业所得税不计入成本项,而增值税要计入成本项。风力发电享受 50%的优惠退税,2015 年的增值税税率为 17%,因而风力发电度电税费大约为 0.035 元/(kW·h),风力发电总经济成本大约为 0.44 元/(kW·h)。从计算结果来看,风力发电成本中静态投资成本占到总成本的 78%,管理费用大约占到 8%,其余部分由人力成本和税费分摊。

5.1.2 燃煤发电的经济成本

1. 计算方法及数据来源

计算燃煤发电的经济成本,需要用到燃煤电厂建设的静态投资成本、煤炭价格、发电煤耗率、燃煤电厂管理费用、年发电量等数据,见表 5.1。表中选取了 2012 年投产的 12 座 1200MW 和 1320MW 的燃煤发电厂数据。2012 年国内新投产的燃煤发电厂总数为 111 座,其中装机容量在 1200MW 及以上的大约有 16 座,本书只获得了其中 12 座燃煤电厂的数据。1200MW 燃煤发电厂属于国内较先进的燃煤发电厂配置,其生产成本及生产中的碳排放也相对较低,代表了未来燃煤电厂的发展趋势,因而与风电更具有可比性。

表 5.1 2012 年国内 12 座新投产燃煤发电厂数据

年份	发电设备平均利用小时数/h	发电标准煤耗/[gce/(kW·h)]	新增装机容量/GW	新增电源投资额/亿元	自有资金比率/%	折旧期限/a	有效使用期限/a	建设期/a
2012	4 982	305	15.88	593.3899	20	15	20	2

表 5.1 中,新增装机容量和新增电源投资额数据根据国内 12 座 2012 年投产的 1200MW 及以上燃煤电厂数据整理所得。使用期限按照《火力发电工程经济评价导则》(DL/T 5435—2019)要求,燃煤电厂项目运行期按 20 年计算。

计算燃煤发电经济成本的公式与计算风力发电经济成本的公式类似,具体如式(5.3)所示:

$$C_C = C_{C1} + C_{C2} + C_{C3} + C_{C4} \tag{5.3}$$

式中,C_{C1} 为单位发电量静态投资成本;C_{C2} 为单位发电量管理费用及其他费用附加;C_{C3} 为单位发电量人力成本;C_{C4} 为燃煤发电单位发电量燃煤成本。燃煤发电单位发电量静态投资成本计算如式(5.4)所示:

$$C_{C1} = \frac{OI(1-r) \times (1+i)^{T_1'} \dfrac{(1+i)^{T_2} i}{(1+i)^{T_2} - i} T_2 + OIr}{TIh_t T_3'} \tag{5.4}$$

式中，r 为自有资金比率，为了保持与风力发电场数据的可比性，也取 20%；h_t 为燃煤电厂运营期内年平均利用小时数，按照 2012 年燃煤发电利用小时数的统计结果，取 4982h；T_1' 为燃煤电厂建设期，取平均水平 2 年，建设期利息取值 6.55%；T_2 为折旧期限，即本书中的还款时间，一般为 15 年；T_3' 为燃煤电厂有效使用年限，按照《火力发电工程经济评价导则》(DL/T 5435—2009) 要求，燃煤电厂项目运行期按 20 年计算。

利用式 (5.4)，结合表 5.1 的数据可以计算得出燃煤电厂单位发电量静态投资成本为 0.057 元。燃煤发电单位发电量燃煤成本计算如式 (5.5) 所示：

$$C_{C4} = \frac{P_C \dfrac{7000}{H} C_C'}{1000000} \tag{5.5}$$

式中，P_C 为煤炭价格；H 为煤炭热值；C_C' 为发电标准煤耗；7000cal/kg 为标准煤热值。

在计算燃煤发电单位发电量燃煤成本时，本书采用发电标准煤耗及标准煤的价格作为计算根据。图 5.1 显示 2013 年 1 月 1 日～2015 年 5 月 14 日环渤海 5500kcal 动力煤市场价格。2013 年 1 月以后煤炭价格出现明显下降，直到 2013 年 10 月下降到最低点 530 元/t 后开始回升；至 2013 年 12 月煤炭价格达到最高点 630 元/t，从 2014 年 1 月开始煤炭一直处于下降趋势，直至 2014 年 8 月下降至 475 元/t；随后煤炭价格开始反弹，至 2014 年底煤炭价格达到最高，为 525 元/t；2015 年以来煤炭价格一直处于下降趋势。本书煤炭价格取 2014 年 8 月 1 日～2015 年 5 月 14 日的 5500kcal 动力煤价格的平均值 475 元/t，折合标准煤价格为 603 元/t（标准煤热值为 7000kcal，折合系数为 1.27），则相应的单位发电量的煤炭消耗成本为 0.182 元/(kW·h)。

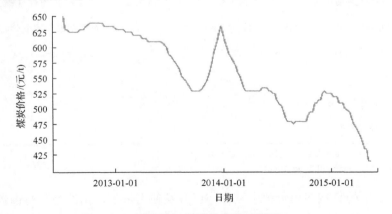

图 5.1　煤炭价格波动情况

资料来源：2013～2017 年国际动力煤价格走势.(2020-05-09)[2020-05-21].http://www.mycoal.cn/news/194432.html.

根据燃煤电厂定员标准的规定,由 4 台机组组成的 200MW 燃煤发电厂员工数大约为 290 人,现行燃煤电厂员工福利大约为 11.9 万元/a,则平均度电人工成本为 0.034 元/(kW·h)。

2. 计算结果及分析

综上,按照式(5.3)~式(5.5)可以计算得出燃煤发电度电总成本为 0.310 元/(kW·h),其中,燃煤发电厂单位发电量静态投资成本为 0.057 元,约占到总成本的 18.39%;管理费用附加和人工成本为 0.071 元/(kW·h),约占到总成本的 22.90%;单位发电量的煤炭消耗成本为 0.182 元,约占到总成本的 58.71%。

风电的经济成本为 0.408 元/(kW·h),因此在不考虑环境外部成本的情况下,风电的发电成本在 2012 年的时候比燃煤发电高 0.10 元/(kW·h)左右。

5.1.3 考虑环境外部性的风电与燃煤发电综合成本比较

正如第 1 章所阐述的,火电行业污染排放物的环境外部性有很多种表现,包括 SO_2、NO_x 导致的酸雨对农作物、森林、生态系统和材料的影响,NO_x、烟尘和 SO_2 对人体健康的影响,以及 CO_2 导致的全球变暖等。在相关文献研究的基础上(Markandya,2000),对四种评估对象(SO_2、烟尘、NO_x、CO_2)的环境外部影响进行总结,得到火电行业排放的污染气体和 CO_2 对环境造成的损害情况,见表 5.2。

表 5.2 火电行业大气污染排放物外部性负经济价值分类

使用价值(use values)		非使用价值(non-use-values)	
直接使用价值	间接使用价值	选择性价值	存在价值
造成人体呼吸系统疾病 a,b,c	对森林的损伤 a,c	土壤的酸化 a,c	对生物多样性的损伤 a,b,c
农作物的损伤 a,c	对河流湖泊的污染 a,c		对有关地区人为评价的降低 a,b,c
材料的加速腐蚀 a,c	对大气的污染 a,b,c		全球气候变暖 a,c,d
饮用水的污染 a,c			
自然景观的损伤 a,b,c			
对设施的外观污染 b			

注:a 表示 SO_2;b 表示烟尘;c 表示 NO_x;d 表示 CO_2。
资料来源:Markandya 和 Boyd(2000)。

表 5.2 中的直接使用价值也被称作已开发使用价值,指的是那些由评估对象直接生产的,并且能够用货币进行计量的产品或者提供的服务。例如,池塘里饲

养的鱼类、土地里种植的农作物、风景区所收取的门票等。间接使用价值也被称作未开发使用价值,指的是评估对象所提供的服务,这种服务不能直接表现为货币形式,也不能被货币直接衡量。例如,湿地的地表水净化作用、植被的水土保持作用等。选择性价值指的是评估对象所具有的在未来的某种使用价值(即当下没有造成直接及间接的价值流失,只有在未来用于农作物生产时价值才会流失,如果闲置,则没有价值流失),这种使用价值可以在未来进行选择性使用(前提是评估对象一直存在)。非使用价值定义为任何独立于直接或间接环境使用的环境变化引起的个人收益或福利的增加或损失(Zhang et al., 2007b)。

第 1 章的计算结果显示,采取 ExternE 模型的估计方法,并基于对燃煤发电生命周期的分析,可以计算得到燃煤发电的环境外部性成本为 0.24 元/(kW·h);基于选择模型方法计算得到的燃煤发电的环境外部性成本为 0.30 元/(kW·h)。

第 4 章的计算结果显示,采取 ExternE 模型的估计方法,并基于对风电生命周期的分析,可以计算得到风电的环境外部性成本为 0.003 元/(kW·h)。

进一步结合风电和燃煤发电的经济成本[分别为 0.408 元/(kW·h)和 0.310 元/(kW·h)],可知在考虑环境外部性成本时,风电和燃煤发电的经济成本将变为 0.411 元/(kW·h)和 0.550 元/(kW·h),或者为 0.411 元/(kW·h)和 0.610 元/(kW·h)。即考虑环境外部性的情况下,风电的发电成本低于燃煤发电成本。

5.2 可再生能源发电对利害关系者经济利益的影响

5.2.1 对火电企业经济利益的影响

本节仍然以风电为例进行分析。中国风电虽然发展速度较快,但目前与火电发电量相比,风电发电比例仍然非常低。该种情况下,风电优先调度对火电机组利用小时及发电量影响相对不大。表 5.3 显示,在全国范围内,2011 年风电发电量占火电比例仅为 1.88%[①],东北电网这一比例稍高些,但也仅为 7.10%。若 2011 年全国风电弃风率降低 10%,火电发电量也只是下降了 0.23%。东北电网风电弃风电量减少 10%的情况下,对火电发电量的影响也仅为 0.90%。吉林省减少弃风量对火电发电量影响相对最大,但是,风电弃风电量减少 10%的情况下,对火电企业电量的影响也只有 0.97%(蒙东地区的风电由东北电网直调,其实际弃风率低于吉林省)。因此,在风电并网发电比例较低的情况下,风电增长对火电企业的发电量产生的不利影响相对较小。但是,随着可再生能源发电比例的不断增加,可

---

① 《二〇一五年电力工业统计资料汇编》显示,2015 年风电发电量占火电发电量的比例虽然已增至 4.39%,但不影响本章的总体结论。

再生能源发电对火电企业发电量及其收益的影响将越来越明显。

表 5.3　风电优先调度对火电企业的影响(数据截至 2011 年底)

	全国	东北电网	辽宁省	吉林省	黑龙江省	蒙东地区
发电量/(kW·h)	47217	3718.74	1423.33	705.37	834.41	703.84
风电发电量/(kW·h)	732	237.37	66.06	39.87	43.94	87.50
火电发电量/(kW·h)	38975	3341.63	1315.79	591.49	774.77	607.79
风电发电量占火电比例/%	1.88	7.10	5.02	6.74	5.67	14.40
风电并网装机容量/MW	45050	15100.6	4023.3	2853.8	2552.8	5670.7
风电可发电量*/(TW·h)	901.02	302.01	80.47	57.08	51.06	113.41
弃风电量**/(TW·h)	169.02	64.64	14.41	17.21	7.12	25.91
弃风电量比例/%	18.76	21.40	17.90	30.15	13.94	22.85
风电可发电量占火电比例/%	2.31	9.04	6.12	9.65	6.59	18.66
风电弃风电量减少10%所增发的电量占火电发电比例/%	0.23	0.90	0.61	0.97	0.66	1.87

* 风电可发电量(按照年利用 2000h 计)；** 弃风电量=风电可发电量−风电发电量。

资料来源：中国电监会. 电力监管年度报告. 2011；东北电网公司的数据是实际调研得到的；经过计算得到。

5.2.2　对电网公司利益的影响

1. 增加了电网公司的工作量和责任风险

风电并网发电规模的不断增大，对电网公司的传统管理模式提出了挑战。传统的电网公司最主要的核心任务是保障电力供应和电力系统安全稳定运行。但是，风电出力的间歇性和难以预测性等，使电网公司接纳越多的风电，其为保证电力系统安全稳定运行而增加的工作量和风险责任越大，主要体现为：第一，需要对火电机组频繁下达调度指令，改变其他火电机组的出力状况，这不仅增加了工作量，而且增大了电力系统的运行风险。第二，在电力负荷增长缓慢地区，如东北电网，为实现风电优先调度，需要对火电机组进行深度调峰。同一类型的火电机组由于煤质、使用年限等，深度调峰能力存在差异，而电网公司对机组性能掌握信息不全面，难以判断各机组深度调峰的安全警戒线。因此，电网公司面临着其调度指令不当引起的机组运行事故，以及由此可能给电网运行造成的事故隐患的责任风险。第三，为了实现风电优先调度，电网公司需要对风电出力进行预测，需要重新安排火电机组的开机方式，需要对火电机组的深度调峰进行补偿统计，这些都加重了电网公司的工作负担，而且电网公司还将由此承担风电出力预测不准、火电机组开机方式不当、火电机组深度补偿执行不好等方面的工作责任和风险。

2. 增加了电网公司的投资成本,降低了盈利能力

电网公司传统上的盈利模式是从火电厂等出力稳定的电源企业中购电,然后再以更高的价格售电,获得差价利润。风电并网发电后,电网公司购电电价和销售电价均不变,但是电网公司的其他投资和电网运行成本却将相应增加(电网建设投资将增大,对中枢点电压合格率、责任频率合格率、架空线路非计划停运时间等指标的要求更高等)。例如,2007~2009年,辽沈地区500kV电网新建扩建投资为23.8亿元,可以将黑龙江省、吉林省、蒙东地区大量的风电电源输送至辽宁省及华北地区[①]。内蒙古蒙东能源有限公司(简称蒙东公司)对兴安电网的建设投资逐年加大,截至2012年,累计投资额已达25.7亿元[②]。上述电网建设投资促进了风电的外送能力,促进了风电的消纳;但是单纯是为了满足风电送出的电网建设的投资项目,一般投资回报率相对较低,因为风电场一般均位于距负荷中心较远的地方,风电的年利用小时也比较低,这样的输电线路的经济效益不是很好,电网公司对这样的投资热情相对不高。因此,与风电的发展速度相比,电网建设速度仍然相对滞后。

综上,风电并网发电规模增大对电网公司产生了较大的不利影响,因此"电网公司不欢迎风电"(Cyranoski, 2009)。想要改变这种状况,需要对电网公司实施新的考核激励制度。例如,在对电网公司业绩进行考核的指标中,除了强调电网的安全稳定运行等指标以外,还应增加其促进可再生能源发电的相关指标的考核;即要从监管制度的完善高度研究如何激励电网公司在促进可再生能源发电方面更积极地作为。

5.2.3 对地方政府利益的影响

1. 对政府税收的影响

1) 风电项目对税收的影响

风电的增值税计算公式为

$$T_Z = Q_E \times P_E \times 17\% \times \frac{1}{2} - T_J \tag{5.6}$$

式中,T_Z 为增值税额;Q_E 为发电量;P_E 为上网电价;T_J 为未抵扣的固定资产投资进项增值税额。

风电场一般都处于农村地区,因此,城市维护建设税税率为1%,教育费附加

---

① 资料来源:中国电力新闻网.http://www.cpnn.com.cn/。
② 资料来源:中商情报网.http://www.askci.com/。

的费率为 3%。城市维护建设税和教育费附加的计算公式为

$$T_C = T_Z \times 4\% \tag{5.7}$$

式中，T_C 为城市维护建设税额和教育费附加。

企业所得税税率按国家规定为 25%，因此所得税额计算公式为

$$T_S = \pi \times 25\% \tag{5.8}$$

$$\pi = TY - TC \tag{5.9}$$

$$TY = Q_E \times P_E \tag{5.10}$$

$$TC = C_Z + C_W + C_R + C_L + C_G \tag{5.11}$$

式中，T_S 为所得税额；π 为利润额；TY 为销售收入；TC 为总运行成本；C_Z 为折旧费用；C_W 为维修费用；C_R 为人工费用；C_L 为利息费用；C_G 为管理费用。

风电企业售电给电网公司需签订售电合同，售电合同属于购销合同，而购销合同的印花税率为 0.3‰，因此印花税额 T_Y 的计算公式为

$$T_Y = Q_E \times P_E \times 0.3‰ \tag{5.12}$$

由上可以计算出风电场的总纳税额 T 为

$$T = T_Z + T_C + T_S + T_Y \tag{5.13}$$

根据《二〇一一年电力工业统计资料汇编》[①]，2011 年吉林省 37 个风力发电场年平均利用小时数为 1611h，风能利用率较低，这是由于该年各风电场弃风现象严重。为使所研究风电场具有一定的代表性，设定比较正常的年利用小时数，即为 2000h。假定风力发电机组的经济寿命为 20 年，其初始投资为 9100 元/kW，其中 20%是自有资金，80%是国内商业贷款，利率为 7.05%，偿还期为 15 年；风力发电机的折旧为 20 年，残值按设备投资额的 5%计。以 200MW 风电场为例，投资额为 18.2 亿元，其中设备投资约占 70%，为 12.74 亿元；运行期间，维修费用在前两年按照不含增值税的投资额的 0.5%计；3~8 年，按照不含增值税的投资额的 1%计；9~14 年按照 1.5%计；15~20 年按照 2%计。200MW 风电场的人工定额为 48 人，人均年工资为 7 万元，福利费为人均年工资的 70%。管理费用按每年 90 元/kW 计。按照 2009 年颁布的《国家发展改革委关于完善风力发电上网电价政策的通知》，东北地区风电的上网电价按照Ⅲ类资源区和Ⅳ类资源区计价，东北

---

① 中国电力企业联合会电力统计信息部. 2012. 二〇一一年电力工业统计资料汇编. 北京.

地区风电资源集中地区,如吉林省白城市、松原市、黑龙江省鸡西市、双鸭山市等地均属于Ⅲ类资源区。因此,本书按照Ⅲ类资源区定价标准计算,即风电上网电价为 0.58 元/(kW·h)。

要计算该风电场在运行期内所缴纳的税额,需做出如下基本假设。

(1) 每年的上网电量基本一致,且上网电价不发生变化。

(2) 年运行费用保持不变。

(3) 在风电场生命期内,有关风电的税收税率不变。

在以上三个假设的基础上,便可得出风电企业在其寿命期内的年度纳税额,如图 5.2 所示。

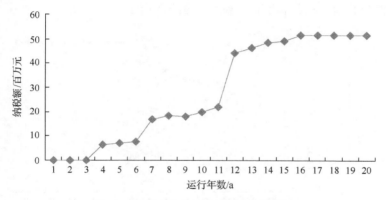

图 5.2　200MW 风电机组纳税额曲线图

2) 火电项目对税收的影响

按照规定,火电企业在缴纳增值税时可以抵扣购入煤炭的进项税额,所以火力发电的增值税计算公式为

$$T_Z = Q_E P_E \times 17\% - Q_C \times P_C \times 13\% - T_J \tag{5.14}$$

式中,Q_C 为用煤量;P_C 为煤炭价格。

火电厂一般远离市区,多位于县区,因此城市维护建设税税率为 5%。城市维护建设税和教育费附加的计算公式为

$$T_C = T_Z(5\% + 3\%) \tag{5.15}$$

火电企业与煤炭公司签订的购煤合同,以及与电网公司签订的售电合同均属于购销合同,其印花税率为 0.3‰,因此印花税额的计算公式为

$$T_Y = (Q_E P_E + Q_C P_C) \times 0.3\% \tag{5.16}$$

国产 200MW 火电机组的静态总投资额为 8.424 亿元,单位投资 4212 元/(kW·h),其中设备费占总投资额的 50.67%(段利东,2009)。总投资中自有资金 20%,商业

银行贷款 80%，贷款利率为 7.05%，还款期限为 18 年。火电机组的使用寿命为 30 年，折旧期限为 20 年。运行期费用主要包括燃料费、水费、人工费、检修费等，其中燃料费占总费用约 80%[①]。根据《二〇一一年电力工业统计资料汇编》数据，2011 年吉林省 200MW 燃煤机组的供电煤耗率平均为 343g/(kW·h)，东北地区燃烧值为 5800kJ/kg 的煤价格约为 780 元/t[②]。东北地区的火电上网电价约为 0.4057 元/(kW·h)。

计算该火电厂在运行期内所缴纳的税额，需做出如下基本假设：①每年的上网电量基本一致，且上网电价不发生变化；②年运行费用保持不变（煤炭价格不发生较大的变化）。根据以上数据可计算出东北地区 200MW 火电机组在其整个运行期内所要缴纳的增值税额和所得税额，如图 5.3 所示。

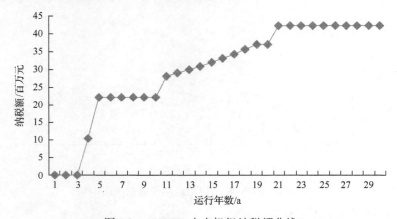

图 5.3 200MW 火电机组纳税额曲线

由图 5.2 和图 5.3 可以发现，火电项目从第 5 年开始便可以向地方政府缴纳大量税额，而风电项目要等到第 7 年才能够向地方政府缴纳较多的税额。此外，200MW 火电机组在整个运营期的纳税额要比同样规模的风电机组整个运营期的纳税额高出约 3.3 亿元人民币，且每一年火电机组的纳税额也高于风电机组（表 5.4）。

表 5.4 200MW 的火电机组与风电机组纳税额对比

	机组容量/MW	纳税总额/百万元	平均每年纳税额/百万元
风电机组（20 年生命周期）	200	564.87	28.24
火电机组（30 年生命周期）	200	895.51	29.85

---

① 资料来源：中国电力新闻网. http://www.cpnn.com.cn/.
② 资料来源：黄骅在线. http://www.huanghua.gov.cn/.

2. 对经济增长的影响

采用投入产出分析法，分析吉林省火电行业和风电行业对该省的经济增长贡献的影响。研究中主要依据以下四个公式。

直接消耗系数计算公式：

$$a_{ij} = \frac{x_{ij}}{x_j} \quad (i,j = 1,2,\cdots,n) \tag{5.17}$$

式中，a_{ij} 为直接消耗系数，也称为投入系数，是指某一产品部门(如 j 部门)在生产经营过程中单位总产出 x_j 直接消耗的各产品部门(如 i 部门)的产品或服务的数量 x_{ij}。

完全消耗系数计算公式：

$$b_{ij} = a_{ij} + \sum_{k=1}^{n} b_{ik} a_{kj} \quad (i,j = 1,2,\cdots,n) \tag{5.18}$$

式中，b_{ij} 为完全消耗系数，反映的是 j 部门对 i 部门的完全消耗关系。a_{ij} 为 j 部门对 i 部门的直接消耗系数；b_{ik} 为 k 部门对 i 部门的直接消耗系数；a_{kj} 为 j 部门对 k 部门的直接消耗系数；$\sum_{k=1}^{n} b_{ik} a_{kj}$ 为 j 部门对 i 部门的全部间接消耗系数之和。

完全消耗系数用矩阵形式表示为

$$\boldsymbol{B} = (\boldsymbol{I} - \boldsymbol{A})^{-1} - \boldsymbol{I} \tag{5.19}$$

式中，$\boldsymbol{A}$ 为直接消耗系数矩阵；$\boldsymbol{B}$ 为完全消耗系数矩阵；$\boldsymbol{I}$ 为单位矩阵。

里昂惕夫逆矩阵计算公式为

$$\boldsymbol{C} = (C_{ij})_{m \times n} = (\boldsymbol{I} - \boldsymbol{A})^{-1} \tag{5.20}$$

式中，里昂惕夫逆矩阵的元素 $C_{ij}(i,j=1,2,3,\cdots,n)$ 称为里昂惕夫逆系数，表明第 j 个部门的生产发生了一个单位变化时，导致 i 部门由此引发的直接的和间接地使产出水平发生变化的总和。

某一部门的产出增加时，通过产业间的关联关系对其他部门产出增加产生的影响的计算公式为

$$\Delta Y = (\boldsymbol{I} - \boldsymbol{A})^{-1} \Delta X \tag{5.21}$$

式中，ΔY 为各部门总产出增加总量；ΔX 为某一部门的产出增加量；$(\boldsymbol{I} - \boldsymbol{A})^{-1}$ 为里昂惕夫逆矩阵。

基于上述公式，本节研究分别计算了 200MW 的风电项目和火电项目投资对

吉林省 GDP 的带动作用。

1）风电项目对经济增长的影响

基于投入产出法计算风电项目对经济增长的影响，需要构建吉林省 2011 年含风电部门的投入产出表。投入产出表一般五年编制一次，本书计算时吉林省最近的投入产出表为 2007 年。假设短期内投入产出关系保持稳定，即基于 2007 年得到的各部门间的投入产出系数关系也适用于 2011 年。为了计算简单，本章利用吉林省 2007 年 42 个部门的投入产出流量表，以及根据 2011 年吉林省风电产出及相关数据构建吉林省 4 部门的投入产出表。

吉林省的风力发电量为 40 亿 kW·h[①]，吉林省风电上网电价按照Ⅲ类资源区的上网电价 0.58 元/(kW·h) 计算，因此风电部门总产出为 23.2 亿元。增加值部分包括劳动者报酬、生产净税额、固定资产折旧和营业盈余，这四部分占总产出的 68.2%（Zhao et al., 2013），因此增加值合计为 15.8 亿元，中间投入部分为 7.4 亿元。风电产业的投入包括设备投入、塔架、日常维护和修理等，其中设备投入占 80%，即为 5.92 亿元，归入第二产业投入部分；建设费和日常维修等费用占 20%，为 1.48 亿元，归入第三产业投入部分，第一产业对风电产业的投入为 0。产出部分主要指电量，而各个部门对电量的消耗比例与电源种类无关，因此风电产出在各个部门之间的分配比例与火电相同，据此就可以构建出如下包含风电部门的四部门投入产出表（表 5.5）。

表 5.5 含风电行业的吉林省四部门投入产出表 （单位：百万元）

项目	第一产业	第二产业	风电产业	第三产业	中间使用合计	最终使用合计	流入	总产出
第一产业	53802	77102	0	14641	145445	148157	47815	231246
第二产业	46189	835685	589	175080	105743	1743489	1247038	1554542
风电产业	55	959	0	602	1616	704	0	2320
第三产业	3459	81373	147	92495	177474	534219	63801	647929
中间投入合计	103506	995118	736	282718	1382078			
增加值合计	127740	559424	1584	365211	1053959			
总投入	231246	1554542	2320	647929	2436037			

根据吉林省 2011 年风电产业总产出值（23.2 亿元人民币），以及表 5.5 中的数据，可以计算得到 2011 年吉林省由于风电产出带动的全省经济增加值为 18.4 亿元人民币，即每万元风电产出对经济的拉动作用为 7929 元。

2）火电项目对经济增长的影响

利用吉林省 2007 年 42 个部门的投入产出流量表构建吉林省四部门的投入产

---

① 资料来源：《二〇一一年电力工业统计资料汇编》。

出表(同样假设短期内投入产出关系保持稳定,即基于 2007 年得到的各部门间的投入产出系数关系也适用于 2011 年)。根据行业分类标准将 42 个部门分为第一产业、第二产业和第三产业。为研究火电部门与其他部门之间的经济关系,遂将其从第二产业中分离出来,成为独立的产业部门。由于 42 个部门中并没有火电部门,但是有电力部门,吉林省火电部门占电力部门产出比例约为 90%,可以用电力部门近似替代火电部门,得出如下包含四部门的投入产出表(表 5.6)。

表 5.6 含火电行业的吉林省四部门投入产出表 (单位:百万元)

	第一产业	第二产业	火电产业	第三产业	中间使用合计	最终使用合计	流入	总产出
第一产业	53802	71233	0	8065	133100	145961	47815	231246
第二产业	43502	772077	10614	153030	979223	1767844	1226559	1520507
火电产业	2743	52763	12443	24720	92669	2639	58953	36354
第三产业	3459	75179	2433	96904	177975	530483	60529	647929
中间投入合计	103506	971252	25490	282719	1382967			
增加值合计	127740	549256	10864	365211	1053071			
总投入	231246	1520508	36354	647929	2436036			

根据吉林省 2011 年统计局数据,火电总产出为 592 亿元。基于表 5.6 中的数据,可以计算得到 2011 年吉林省由于火电产出所带动全省的经济增加值为 777.5 亿元人民币,即每万元火电产出对经济的拉动作用为 13134 元。

综上,单位(万元)燃煤发电产出对地方经济的拉动作用比单位风电产出对地方经济的拉动作用高出 5205 元,即火电对地方经济的带动作用明显高于风电。因此,从促进经济增长的角度看,地方政府更喜欢火电。

此外,虽然风电的跨省(自治区、直辖市)交易有利于促进风电消纳,但是从对地方经济影响的角度看,接受其他省(自治区、直辖市)的风电不利于本省的 GDP 增长,这主要是以下两个方面的因素:第一,购买其他省(自治区、直辖市)的风电,会降低本省的发电量,不利于本省 GDP 的增长;第二,购买其他省(自治区、直辖市)的风电,相当于鼓励其他省(自治区、直辖市)的电力投资增长,不利于本省吸引电力投资。因此,需要改变现有的对地方政府的考核机制,适当减轻对地方政府 GDP 增长的考核,增加对环境指标的考核。

5.3 本章小结

与可再生能源发展的环境价值相比,可再生能源发展的经济性一直受到质疑。本章以风电为例,从两个方面分析了可再生能源发电的经济价值。

第一，从可再生能源发电成本的角度进行分析。基于年限平均值法和2012年某公司26个风电场项目投资数据，在不考虑环境外部成本的情况下，可以计算得到风电的发电成本为0.408元/(kW·h)。同时，基于年限平均值法和2012年投产的12座120万kW和132万kW的燃煤发电厂数据(国内较先进的燃煤发电厂配置，基本可以代表最高效率的燃煤电厂)，可以计算得到燃煤发电的成本为0.310元/(kW·h)。燃煤发电的环境外部成本处于0.24～0.30元/(kW·h)，而风电的环境外部成本(基于全生命周期角度)只有0.003元/(kW·h)。因此在考虑环境外部成本的情况下，风电和燃煤发电的经济成本分别为0.411元/(kW·h)和0.550元/(kW·h)[或者为0.411元/(kW·h)和0.610元/(kW·h)]。这表明，在考虑环境外部性的情况下，风电的经济性已经好于燃煤发电。当然，这一结论会受到煤炭价格变化的影响，2012年的煤炭价格仍然处于相对较高的水平。但是，随着风电等可再生能源技术水平的进一步提高，可再生能源的投资成本会继续降低，其边际成本低的竞争优势会进一步显现。

第二，从可再生能源发电增长对其他利益相关者影响的角度进行分析。首先，基于统计数据以风电为例分析了可再生能源发电增长对燃煤发电企业利益的影响。研究发现可再生能源在目前发电比例比较低的情况下，其发电增长对燃煤发电企业利益的影响非常有限。以2011年数据为例，若2011年全国风电弃风率降低10%，火电发电量也只是下降了0.23%。这表明中国传统以燃煤发电为主导的能源结构使电力系统在可再生能源发电缓慢增长的过程中，具备比较充裕的条件和时间去逐渐适应这种新的变化，即可再生能源发电对传统化石能源发电者利益的影响将是一个缓慢的、渐进过程。其次，分析了可再生能源发电增长对电网企业利益的影响。研究认为可再生能源发电增长增大了电网公司的工作量和责任风险，并增大了电网公司的投资成本，降低了其盈利能力。最后，基于投入产出法等分析了可再生能源发电增长对地方政府经济发展的影响。研究认为，风电项目的纳税额要远远小于燃煤发电项目，而且从产业关联的角度看，单位(万元)燃煤发电产出对地方经济的拉动作用比单位风电产出对地方经济的拉动作用高出5205元。由此可以看出，若从重视地方经济增长的角度看，地方政府更欢迎的是燃煤发电。这一点表明了促进可再生能源发展所面临的挑战是比较大的。

第6章 制约可再生能源消纳的关键

6.1 有效监管是促进可再生能源发展的关键

6.1.1 完善的监管制度

1. 美国经验

1) 举报投诉制度

无论是美国联邦能源监管委员会(FERC)，还是各州公用事业监管委员会(CPUC)，其对可再生能源发电并网的监管都是通过建立一系列的规章制度、颁布法案实现的。这些规则既是被监管对象行为规范的基本准则，也是监管机构行使监管职能的主要依据。任何团体和个人均可以依据这些规则举报、投诉电力市场的违法违规行为，维护自身的合法权益。

对于电力市场的违法违规行为，如电网企业收取过高的可再生能源过网费，受到损害的电力企业通常要向FERC进行举报，FERC接到举报后，将展开核实和调查。在美国，绝大多数市场的违规行为都是通过利益相关方的举报而被发现的。

在处理举报投诉的业务中，要求监管机构对纠纷进行裁决，或者消费者要求相关的电力公司进行赔偿等事项，都需要向监管机构提交文字申请材料。监管机构接到申请材料后，档案室负责对其进行编号和登记。登记后的申请材料变成一个个的提案，由各监管机构的秘书处按提案的性质进行初步分类，一般分成三类：第一类是有关申诉、纠纷等需要执行的裁决类提案；第二类是有关要求核定和调整价格的价格核定和调整类提案；第三类是有关要求修改或制定新的规则的准立法类提案。分类后的申请提案由委员会主席和首席律师分派给特定的委员和部门进行处理。对这些提案办理的责任、时限、程序、处理结果等，监管条例中都有详细规定。

2) 无歧视输电服务制度

FERC的规则及各州公用事业监管委员会的规则详细规定了可再生能源电力市场的准入、电网开放等各个方面。例如，1978年，美国国会颁布了《公共事业监管政策法案》，要求公共电力公司必须收购独立发电商和合格电力生产者所生产的电力，必须为在其专营区域以外的用户及供电公司提供无歧视输电服务。1992年，美国通过了《能源政策法案》，规定公用电力公司必须给所有的电力公司提供输电服务。1996年，美国电力工业开始进行大规模市场重组，为适应这一新形势，

FERC 先后颁布了 888、889、592、2000 号监管命令，规定了电网开放的详细程序，要求调度交易机构必须与电网进行分离，积极推动成立区域输电组织（regional transmission organization, RTO），进一步明确和细化了 FERC 对电力行业的监管职能，如增加了强制性开放输电网和审批电力批发市场设置的职能，从而扩展了 FERC 的实际监管权。

3) 监管部门具有执法权力

2005 年，美国国会颁布了《能源政策法案》，赋予 FERC 对全美电力可靠性标准及企业的市场行为进行更为广泛的监管职能，同时赋予 FERC 一系列重要的执法权力。根据 2005 年颁布的《能源政策法案》，FERC 可以对每件市场违规案件处以 100 万美元/d 的罚款，对恶意操纵市场的企业负责人处以 5 年的监禁。

4) 分布式电源快速技术审查制度

美国 2006 年发布的《小型电源并网管理办法》明确规定，分布式电源渗透率低于 15% 时，可对接入系统进行快速技术审查，审查内容仅包括电能质量、短路电流等几个方面，审查过程不超过 30 个工作日，无需再对电源、电网和负荷等多方面因素进行详细分析。随着分布式电源规模不断扩大和管理经验日趋丰富，美国已修订《小型电源并网管理办法》，针对不同技术类型分布式电源，实行"更加精细的差异化管理"。其中，考虑到光伏发电与负荷特性匹配度较好，对电网影响较小，将分布式光伏发电并网实行快速技术审查的条件进一步放宽为总的分布式能源渗透率在 50% 以下。

2. 欧盟经验

1) 绿色准入制度

在欧盟，根据 2001 年颁布的有关促进可再生能源发电的 2001/77/EC 指令，成员国必须采取适当的步骤，鼓励扩大对可再生能源的利用。该指令规定成员国有义务在 2003 年 10 月 27 日之前建立起相应的制度（又称"绿色准入制度"），以确保利用可再生能源发电的工作能够顺利起步。

2) 绿色电力优先输送制度

各成员国的输电运营商（TSOs）和配电运营商（DSOs）必须保证输送绿色电力，并有义务为此优先提供输电通道。

3) 公共采购中优先使用新能源制度

欧盟有关气候与能源方面的法规规定，推动公共采购中优先使用新能源。

4) 可再生能源优先调度制度

一些国家纷纷在最新的可再生能源法令中确立了优先准入原则。例如，2008

年罗马尼亚《可再生能源法》规定,"可再生能源发电优先准入";2011年保加利亚《可再生能源法》则规定了"可再生能源优先调度"。德国也制定了可再生能源电力优先并网、优先调度的规则。德国1991年《强制输电法》(StrEG)规定了电网经营者优先购买风电经营者生产的全部风电的强制义务;1998年《能源产业法》第13条和第14条亦有类似规定;《可再生能源优先法》(EEG)(2004年、2009年修订)规定,凡属联邦领域包括专属经济区内利用可再生能源和矿井废气从事生产的发电厂,优先并入公共电网。

此外,根据欧盟《可再生能源发展指导》(RES-Directive)(2009/28/EC)指令,成员国须规定可再生能源发电要优先准入或保证准入电网系统。

3．各国之间的比较

从表6.1可以看出,不同国家可再生能源发展没有一致的模式,而是建立在各自的文化基础与能源法规所确定的可再生能源发电发展政策模式之上,而且无论采用哪种模式,模式规定的本身不是决定可再生能源发电发展的根本因素,而根本因素是各国法律法规所确定的政策能够得到不折不扣的执行。例如,电网无歧视开放、强制上网电价(FIT)、绿色证书机制等,专业有力的监管在其中起的作用很大。

表6.1 不同国家可再生能源发展的因素对比

因素	丹麦	德国	英国	美国
电网结构	一家TSO,集中北欧电力市场	四大TSOs较为集中	一家TSOs,集中的国家电网	分散,各州相对独立的输电企业
能源政策	强制上网电价到可交易的绿色证书制度	强制上网电价	可再生能源配额制;小型装机采用FIT制	配额制、生产税收信贷(PTC)
监管	独立监管	综合监管	独立统一监管	独立分级监管
公众参与	合作社(电力生产)	智能测量系统,消费信息披露	电力消费者委员会	听证会
文化背景	斯堪的纳维亚半岛的积极公共政策	基于民生福利的经济稳定发展	新自由主义	盎格鲁-撒克逊自由市场经济

6.1.2 明确的监管职能

1．美国经验

美国可再生能源发电实行联邦和州两级监管体制。在联邦一级,负责可再生能源行业经济性监管的机构主要是FERC。美国FERC对可再生能源电力监管的职能主要有：监督跨州(可再生能源)输电价格和服务；监督电力市场,包括价格、服务和输电网的开放；监管(可再生能源)电力企业的兼并、重组、转让和证券发行；监管(可再生能源)电力企业会计标准和电网可靠性标准；发放非联邦政府拥有的水电项目许可证,监管水电站大坝的安全;负责组织实施联邦电力法、联邦天然气法和相关(可再生能源)的能源政策法案;管理1700多个水力发电设施的许可证管理及由约1000个电力销售商组成的电力销售市场和约200家电力公司的高压输电线路。

随着能源市场的变化,FERC已经开始广泛地延伸其监管权。2000年以前,FERC监管的名单主要是杜克能源公司、南方电力公司、美国电力公司之类的发电商。如今很多这样的公司已经重返电力零售老本行。FERC的监管范围甚至扩大到电力市场的投资银行和对冲基金等做市商。

在州一级,以加利福尼亚州为例,负责电力监管的机构主要是加利福尼亚州公用事业监管委员会(CPUC)。CPUC的电力监管职能主要有:监管配电业务及(可再生能源)电力零售市场的价格及服务;颁发输电设施建设许可证;监管(可再生能源)购售电合同;监管(可再生能源)电力普遍服务;监管可再生能源电力的收购;监管加利福尼亚州能源(可再生能源)法案及能源政策的实施;组织实施能源(可再生能源)效率和需求侧管理项目。

尽管美国联邦和州两级监管机构的监管职能有明确划分,但在实际操作过程中,也存在一些交叉重复现象。通常联邦监管机构只有在州监管机构不作为时才具体介入(如输电许可证的颁发)。当联邦和州监管机构对某个问题产生意见分歧时,联邦政府具有管理优先权。实际上,FERC与CPUC常就一些电力政策问题产生矛盾,如对电力批发市场建设就有不同看法。但最后,基本上是联邦政府的意见占据主导地位。

协调FERC和CPUC意见的具体办法通常包括两个:第一个是划清联邦和州的管理界限,明确各自的分工;第二个是请求法院就某个具体有分歧的事务进行听证和判决。

美国监管机构的监管职能具体见表6.2。其中,六项主要监管内容中有五项和电网公司相关,分别是所有供电商无歧视入网、输电系统的信息透明化、建立区域输电组织、遏制市场权力的滥用、输配电成本监管。由此可以看出,电网公司是电力监管机构的主要监管对象。

2. 德国经验

德国于2005年成立联邦网络管理局(FNA)。FNA是一个独立的高级管理机构,旨在确保电信和邮政(1998年)、电力(2005年)、煤气(2005年)和铁路(2006年)等行业传输网的充分竞争,总部位于波恩。在电力监管方面,FNA的主要任务是确保电力的安全、低成本、高效、便民和可持续发展,保证电力长期高效稳定供给及欧盟法律的顺利执行。FNA的主要监管职责是确保无歧视的第三方接入和过网费的管理。德国监管机构通过职责的清晰划分、工作的透明性来保持其独立性，保证监管机构的市场参与者地位和政府影响，保持监管者中立。

表 6.2 美国监管机构的监管职能

监管内容	具体规定
所有供电商 无歧视入网	①FERC 有权命令拥有输电设施的公用电力公司为其他供电商输电； ②输电公司向自己和其他输电用户提供的服务必须一致； ③要求拥有输电设施的公司将其发电和输电功能分离，发电、输电和辅助服务收费分离，收费标准一致
输电系统的 信息透明化	要求所有独立公用(可再生能源)电力公司加入实时信息系统(OSIS)，向所有市场成员公布市场信息，如实时节点边际电价、负荷预测、可用输电容量等
建立区域输 电组织	①消除入网歧视； ②提高可用输电容量的测算水平； ③提高并行传输管理水平和系统可靠性； ④改善输电拥塞管理； ⑤提高电网可靠性
建立集中的电力市 场和电力交易中心	(可再生能源)供电商向区域电力市场报价，市场操作员对报价进行分析后选择最低的报价购买电力，以满足本地的电力需求
遏制市场权 力的滥用	要求独立的集中电力市场和区域输电组织严密监视电力市场以防止市场权力的滥用，并及时发现市场设计缺陷，向监管委员会和其他监管机构报告
输配电成本 监管	$TR=E+D+T+rI$。其中 TR 为输配电收入，E 为运行维护费用，D 为年度折旧，T 为税收成本，r 为合理利润率，I 为固定资产净投资

资料来源：课题组整理。

德国可再生能源发电并网的发展需要多个部门协调负责，如环境部负责相关数据及时有效的统计和发布，以确保信息的透明性。此外，需要负责报告的公布，并估算相应的成本。而为了解决并网中的分歧，在环境部下面，设置了一个独立的调节中心负责协调，当出现分歧时，通过所设立的调节中心解决分歧。

3. 法国经验

法国能源监管委员会是法国电力市场的主要监管者，其他政府部门也不同程度地参与部分监管活动。能源监管委员会是独立监管机构，同时负责电力和燃气的监管。能源监管委员会的主要使命包括：①网络方面监管，包括公共网络的公平接入、网络设施的安全运行、系统运行的独立性三个方面；②市场方面的监管，包括公共服务、发电市场准入、消费者利益三个方面。主要监管活动包括价格监管、服务质量监管、市场行为监管、一体化公司的监管等内容。

为了增加电力公司公共服务的职责，法国电力采取了由企业与国家签订公共服务合同的形式予以保障。法国电力公司在 2005 年改革上市前，与法国政府签订了相应的公共服务合同，明确规定了法国电力公司应履行的各项公共服务义务和服务资金的来源。为了对法国电力公司合约执行情况进行跟踪，由法国经济和财政部与工业部牵头，多个国家机构代表组成了跟踪委员会，对法国电力公司的合同执行情况进行跟踪。跟踪委员会与法国电力公司每三年编制的合同执行总结报告要呈交法国国民议会。国民议会根据合同执行情况对法国电力公司的努力程度进行判断，其结果会直接影响法国电力公司的股票价格。

此外，输电公司在管理上独立于法国电力公司。输电公司的负责人由能源部与监管机构协商后任命，任期 6 年。法国电力公司充分授权于输电公司负责人，保证输电公司负责人有足够的能力完成自己的职责。输电公司负责人只向监管机构汇报工作。输电公司负责人不能是来自法国电力公司的董事会成员。

4. 英国经验

电力市场改革形成的天然气和电力市场办公室(the office of gas and electricity markets, OFGEM)负责英国电力市场的监管。英国电力市场的管制主要是通过许可证制度来实施的，各公司按许可证的规定经营，每个公司都有自己的许可证，详细列明了各自的权利和义务。英国电力市场管制的另一个有力措施是管制机构对垄断的输电和配电价格的管制。

2010 年 10 月，OFGEM 发布了针对价格管制模型(OFGEMRIIO 模型)的指导手册。该手册中规定了对电网公司的监管程序。例如，OFGEM 根据实际情况对各电网公司进行分类，分类时主要考虑的指标包括商业计划的质量、电网公司过去的表现及标准的商业计划三个方面，在同时考虑商业计划情况和利益相关者的意见之后，将电网公司分为 A、B、C 三个类别，在制定价格管制策略时会对不同类别的电网公司分别设定监管强度和监管方法。

为了有效衡量电网公司在完成相关目标上的努力程度，考核中设计了一系列的一级指标和二级指标，一级指标即 OFGEM 希望电网公司在提供电网服务上需要满足的指标，包括客户满意度、安全性、可靠性和可获得性、并网的条件、环境的影响、社会责任。二级指标主要用来反映一级指标的完成程度，会根据不同公司的情况分别进行设定，模型中给出了两个例子：①客户断连数及客户分钟内的损失数；②安全责任的完成程度。通过一级指标和二级指标的设定及考核，OFGEM 可以对电网公司在绩效目标完成上的努力程度进行评估。

6.1.3 对电网公司监管是电力监管的核心

输电环节及属于自然垄断的电网公司都是电力监管的核心部分。因为该环节无法通过竞争的方式实现资源的优化配置、提高效率与改进技术，只能用监管来替代市场竞争。

1. 监管理念

1) 高度市场化的电力体制与独立监管

英国的电力体制市场化改革进行的最早，市场化程度也很高，电力产业的各个环节实现了拆分独立运行,除了自然垄断环节的输电网络外,其他环节均引入了竞争。英国坚持独立监管理念,以"促竞争、提效率"为目标,维护电力市场竞争,促进市场的公平准入,对处于自然垄断的输电环节的电网公司实施严格的监管。

2) 弱市场化的电力体制与综合强监管

践行这种监管理念的主要是德国,在欧盟的电力市场改革初期,立法要求全面拆分电力产业的各个环节,以"各环节独立"实现市场化。这一做法遭到了以法、德两国为首的"反全面拆分联盟"的反对,2008年6月欧盟能源部长会议同意引入"独立输送运营商"(independent transmission operator,ITO)方案,即允许垂直一体化电力企业保留输电、输气系统所有权,但是输电、输气系统交由独立输送运营商进行管理,该运营商可以从属于同一个母公司。

但是,德国并没有回避电力行业的自然垄断属性,走的是一条强监管与弱市场相结合的理念。德国只有四家按照地域平行划分的高压输电网公司:50Hertz、TenneT、Amprion、TransnetBW,都是2010年后依法从四大传统能源集团瀑布能源公司(Vattenfall)、意昂集团(E.ON)、莱茵集团(RWE)和巴登-符滕堡州能源公司(EnBW)中剥离出来的。这些电网公司的运营都要受到严格的监管,每天的发电、负荷和调度数据都要进行披露,公开放到互联网上以供查询。同时,针对电网公司在各自区域内依然是垄断的现实,德国引入了内网竞争的概念:几家电网公司,每年按照经济效益排名,第一名得到奖金,第二名不赢不输,第三名和第四名各自出一半钱奖励第一名。

2. 监管内容与手段

1) 投资监管

是指对输电网络的投资监管,包括对输电和配电网的投资监管。这些国家一般的做法是,针对维护公共利益所必需的新设备,系统运行机构或网络所有者(常常和监管者一起)拟定一套鉴别、评估、建设和收费的规则。在英国,对输电企业实行输电规划标准,这些标准所要求的投资计划在价格监管中得到确认。在阿根廷,私人投资者可以建设输电线路;在美国,虽然有几条私人投资的输电线路已经提出建议书,一条私人投资的输电线路已经实际建成,但是私人建设输电线路不是主流趋势。在这两个国家,监管者都需要很高程度地参与扩建计划和价格制定。美国的州级公用事业监管委员会会每三年对电网投资者的状况进行摸底更新,以保证将利润限定在10%这一较高且固定的区间,以此使电网既有良性运行与进一步投资的动力,又不会有滥用垄断地位的需要与可能。在欧盟,政府提出电网规划,由企业实施,作为电网的一项义务。

2) 许可证

在输电与配电领域均实施许可证监管。输电许可证与发电许可证有显著区别，因为：第一，输电许可证有可能仅颁发给既存企业；第二，应该有很严格的监管控制，包括价格和质量方面的条件。

3) 价格监管

主要是针对输电价格与配电价格进行监管，上网电价由市场价值形成，电网不是电力的购买者。在输电价格方面，发电企业可以自由接入输电系统，使用输电系统并支付单独的输电价格。

4) 电网公平接入监管

电网公平接入监管是保证电力市场公平竞争的重要手段。无论是在欧盟，还是在美国，法律均规定了电网公司有公平接入发电企业的责任与义务。

欧盟分别于 1996 年、2003 年和 2009 年先后颁布了三个电力（能源）改革法案（指令），一项基本原则是，必须实现输电系统的公平无歧视开放。2009 年颁布的电力指令进一步规定所有成员国都必须强制性要求电网按公开价格允许合格用户和发电设施接入电网。欧盟指令要求电网对电厂、配电企业和用户必须无歧视公平开放。各有关监管机构对上网条件、过网费、系统服务等实行事前监管；对线路阻塞管理、互联、新电厂入网、避免交叉补贴等事项实行事后监管。输电系统的入网条件必须是客观、透明和非歧视性的。

5) 调度（市场平衡）监管

调度、交易、输电（电网）是各国电力市场化改革的起点，即从三者合一走向不同程度的分离，实现公共职能非企业化。目前，英国、德国、法国等欧洲国家的 TSO 模式是交易机构单独分离，调度、输电保持一体。在欧盟发布的第三级内部能源市场指令包中，确定了 ITO 方案，调、输、购可以从属于同一母公司，但必须独立运作并通过加强监管来保证电网的公平、无歧视接入；跨国层面的独立调度，最终将形成调度、交易、输电三者分离。

6) 电网可靠性监管

电网可靠性监管在电力市场化改革后越来越受到重视，加强可靠性监管不仅能够保障电力市场有效运行，而且对提升电力行业系统安全性有重要作用，特别是在面对可再生能源发电带来的电源结构和分布的巨大变革时尤为重要。

7) 可再生能源发电发展责任监管

对电网公司促进可再生能源发电责任的监管，也是各国法律法规对电网公司责任监管中的一个重点。在不同的可再生能源发电发展的政策模式下，电网责任存在着差异。随着可再生能源发电发展的实践，各国的政策正在走向融合，即针对不同类型的可再生能源发电(电源形式、装机容量不同特点)实施不同的政策模式。在这些政策模式下，电网公司的责任都是具体明确的，并且有严格的监管措施。

3. 对电网公司的所有权监管

目前，法国、芬兰等国家的电网公司均为上市公司，同时，国家是其股东之一，并行使所有权监管权力。以芬兰为例，2011年11月，该国公布了《国家所有权监管的指导政策》，概述了国家所有权监管的主要原则和操作指南。芬兰政府所有权监管是建立在对其所有企业进行分类的基础之上实施针对性的监管，芬兰国家电网属于承担国家特定任务的国有控股公司，国有资本以实现社会目标为主，促进企业履行法律规定的相关责任，同时要求公司保持财务的稳健。所有权监管的主要方式包括：董事会任命；关注管理资源和执行承诺，促进健全的公司治理；独立公司评估；通过充分考虑企业社会责任制定所有权战略。具体主要通过薪酬政策、董事会委任及企业社会责任三个方面进行所有权监管。

总体来看，所有权监管是建立在公司所有权监管政策目标之上，与行业监管之间有着清晰的界限，同时国有资本目标与行业监管目标有着一定的协调关系，但不完全相同，国有资本目标是在遵循行业监管政策的基础上实现的。

6.1.4 综合能源监管部门职能独立

1. 欧盟经验

形成相对独立的综合能源监管部门是有效监管的关键。欧盟国家一向强调监管机构的独立性并对结构类似、密切相关的能源产业实行统一监管，其中英国的能源监管机构 OFGEM 独立于政府，只对议会负责，监管天然气和(可再生能源)电力两个市场；法国的能源监管委员会(CRE)同时对政府和议会负责，其主席直接由总统任命，负责天然气和(可再生能源)电力的监管工作；德国的联邦网络管理局(FNA)负责保证(可再生能源)电力、煤气、电信、邮政和铁路等行业传输网络具有充分的竞争性，其工作不受政府影响。此外，欧盟还筹建了能源监管合作机构(ACER)，以在欧盟层面上更有效地协调各国的监管行为。

2. 美国经验

美国电力监管模式是独立设置监管机构的典型代表。通过设立专业、独立的监管机构，进行集中监管职能，保证监管的有效性。独立监管包括两方面内容：一方面是独立于政府。以减少政府为达到短期政治目的而行使自由裁决所造成的风险，同时使该机构具有相当的稳定性，不因政府的更迭而发生巨大的变化。

另一方面是独立于监管对象,即独立于私人投资者、企业和消费者,以保证监管机构的公正性与中立性。作为独立的监管机构,在改革初期也许会作为消费者的代表与企业进行博弈,但当市场成熟后,监管机构就应当成为真正意义上的市场外的第三者,对监管对象进行规范与控制,保证市场竞争与公正。因为独立的监管机构既减少了被企业所俘获的可能,同时也解决了监管机构既是政策制定者,又是执行者的弊端,可适应电力市场化改革发展的需要,有助于约束监管机构的权利和减少决策失误。

从监管的能源类型看,美国一直采取综合能源监管的模式。综合能源监管可以从整个能源产业的高度进行监管,尤其是当各能源品种关联性和替代性日益增强时,可以协调不同能源间的监管政策。具体来说,将电力、煤炭、油气和可再生能源等行业监管职能放在一起,有助于从整体上宏观组织实施能源发展战略、规划和政策等,也可以避免对能源投资造成障碍。美国联邦能源监管委员会是美国能源部内最重要的组织,是美国电力、天然气和石油等能源市场的综合监管机构,对美国能源市场的有效运转起到了很大的作用。

6.1.5 监管信息透明

信息的透明性可以保证监管的有效进行,在信息严重不对称的环境下很难产生有效监管。欧美国家电力产业监管透明度的实现主要表现在:清晰地描绘监管机构的作用范围;公开其决策机制;明确地制定监管规则和仲裁争议的程序;公布其决定及做出决定的理由;将监管机构的行为和被监管者的履行行为定期向公众报告;规定有效的申诉机制;将监管机构的行为和工作效率报告提交给外部检查人员进行详细的审查。

英国的能源监管机构 OFGEM 在信息的透明性方面有明确的管辖范围、决策机制、监管规则和仲裁争议的程序,在公布其决定时要给出理由,OFGEM 的行为和受监管者的履行行为会定期向公众报告。在可预期方面,OFGEM 对工作任务做出远期规划,并向社会公布。法国要求法国电力公司必须按照透明的会计规则,分别保留发电、输电、配电和其他经营活动的财务信息。美国的可再生能源监管也很注重信息的高度透明,如其可再生能源资费表是公开透明的,根据联邦电力法的规定,任何电力公司在提供服务前 120 天,必须向 FERC 提交资费表并告知公众。当 FERC 认为资费表不符合公众利益时,有权对电力公司的资费表进行调整和修改。未获批准的资费表一律不合法,获得批准的资费表不得擅自改动,纳入资费表管制的业务不得擅自取消。得到批准的资费表,既是可再生能源电力业务的价格公告,也是对电力公司进行价格监管的主要依据,还是电力公司与用户之间的买卖合同。

6.1.6 执行和处罚有力

1. 美国经验

监管的有效性以强有力的执行和处罚手段为依托。美国联邦能源监管委员会和各州公用事业监管委员会,除了拥有市场准入的审批权和定价权以外,还拥有强大的执法队伍和行政处罚权力。联邦能源监管委员会的执行局有 140 多人,加利福尼亚州 CPUC 有 190 多人,这些人员统称为调查人员,具有警察身份,类似于中国的森林警察和铁路警察。此外,监管机构还有一大批专门从事行政裁决的行政法官,FERC 的行政法官办公室有 46 名行政法官,CPUC 有 79 名行政法官。根据 2005 年颁布的《能源政策法案》,FERC 可以对每件市场违规案件处以 100 万美元/d 的罚款,对恶意操纵市场的企业负责人处以 5 年的监禁。

2. 英国经验

英国对于输电过程中的科技创新给予了明确的奖励措施,同时还提供融资的便利以促进英国电力公司积极进行科技创新,寻求更低的输电成本;对于未能按照计划完成任务的电力公司,OFGEM 将提出警告,如果电力公司不进行改进,则会面临吊销经营许可证的风险;英国电力价格管制过程中,电力公司表现的好坏直接与下期的电力价格相关,直接涉及电网公司的利益,因而具有较好的监管效果。

总之,国外电力行业的监管经验表明:有效的监管制度包括举报投诉制度、无歧视输电服务制度、分布式电源快速技术审查制度、绿色准入制度、绿色电力优先输送制度、可再生能源优先调度制度等,均有利于促进可再生能源的发展。

6.2 中国电力行业监管中存在的问题

6.2.1 电力系统综合资源规划缺乏

1. 缺乏统一的电力系统战略规划协调部门

电网建设规划由电网公司负责制订,不同类型的电源建设规划则分别由国家发展和改革委员会、国家能源局等不同部门制定,各种电力规划在制定之初各部门之间就缺少必要的联系;在执行过程中,也缺少一个统一部门对计划执行情况进行监督。对于超出某种类型电源规划的建设缺少惩罚措施,在受到地方政府想方设法推动本地经济增长的影响下,项目实际建设规模经常远远超出规划规模。电力建设项目分部门审批和管理的另外一个弊端是各部门之间存在着利益之争,难免会站在各自利益的角度上希望本部门负责的电源建设项目尽量多,因此,对超规划建设、申报资料失实(例如,某一地区的负荷分别被用于申报建设风电项目、火电项目和核电项目)等情况关注不多。如果设立一个统一的电力系统战略规划协调部门,将会统筹考虑电源建设和电网建设间的协调问题,以及不同电源建设之间的协调等问题,将不会再存在部门利益之争的问题,也会使电源建设审批过程中相关信息的审核更加准确、全面。

2. 各部门之间缺乏有效的沟通

在目前的监管体系下,不同部门负责不同的监管内容,各部门之间缺乏有效的沟通机制。以新能源和可再生能源司与电力司为例,新能源和可再生能源司的具体职责是指导协调新能源、可再生能源和农村能源发展,组织拟订新能源、水能、生物质能和其他可再生能源发展规划、计划和政策并组织实施。而电力司的具体职责是拟订火电和电网有关发展规划、计划和政策并组织实施,承担电力体制改革有关工作,衔接电力供需平衡。可再生能源的发展需要电力司的配合。例如,可再生能源优先调度权的实现需要电力司的配合;可再生能源建设快速增长,需要更多的并网发电空间,也需要电力司的配合,双方及时有效的沟通和合作是保证可再生能源发电规模增长的主要条件之一。但是,目前双方的交流和合作比较有限。

3. 监管部门过多造成电力规划协调能力和执行力下降

目前涉及电力监管的部门众多,涉及电力监管的部门达到八个,包括:能源局市场监管司、能源局电力司、能源局发展规划司、能源局新能源和可再生能源司、能源局电力安全监管司、国家发展和改革委员会价格司、国家发展和改革委员会经济运行调节局及国务院国有资产监督管理委员会(简称国资委)对国有资产监督管理的相关部门,这种监管格局人为地割裂了本应完整的电力监管工作,造成电力监管的责任错位和权威监管部门的缺乏,影响了电力系统统一资源规划执行的有效性。电力生产由发电、输电、供电、用电几个环节共同完成,每个环节都是电力系统的一个有机组成部分。电力行业这种紧密的内在联系,决定了电力监管必须保证职能统一。然而目前国内这种监管职能分散、交叉、多头管理的形式,不仅削弱了监管能力,还降低了电力规划的协调能力和执行力。

6.2.2 电网公司业务性质的定位与促进可再生能源发展之间存在冲突

《国务院关于印发电力体制改革方案的通知》(国发〔2002〕5 号)的执行使得原有的国家电力公司被拆分为两大电网公司、五大发电公司和四大辅业公司(两大电网公司指国家电网公司、南方电网公司;五大发电公司指中国华能集团公司、中国大唐集团公司、中国华电集团公司、中国国电集团公司、中国电力投资集团公司；四大辅业公司指中国电力工程顾问集团公司、中国水电工程顾问集团公司、中国水利水电建设集团公司、中国葛洲坝集团公司。在这一电力格局中，国家电网有限公司集输电、配电、售电三项职能于一身，对其业务性质的定位是通过销售电价和上网电价的差值获取利润。然而，追求利润最大化目标与电网公司促进可再生能源发展之间存在冲突，这是由于：第一，正如在第 5 章的分析中所阐述的，发展可再生能源会降低电网公司的投资回报率，增加电网公司的管理成本。第二，电网公司应该属于公共事业部门，对其的监管应该体现公众利益最大化目标，避免因自然垄断而导致的效率损失和社会福利的降低。发展可再生能源正是公众利益的实现方式之一，但是，如果电网公司以追求利润为目标，将会影响到其公共服务职能的发挥，如允许可再生能源公平接入服务的有效提供等。第三，在可再生能源发展过程中，需要有灵活的电力系统与之相适应，而原有的电力系统是适合传统化石能源发电接入的、缺少灵活性的电力系统，在对电力系统灵活性改造过程中，电网公司发挥着重要作用。而灵活性电力系统的改造无疑会侵害电网公司的利益，电网公司现有企业性质的定位不利于推动电力系统的改革，而在现有的电力系统模式下将很难实现可再生能源的大规模发展。

6.2.3　监管主体缺少社会和公众监督

电力属于能源产业的重要部分，属于国家的基础工业部门，也是关系国家经济命脉与人民福祉的重要产业。因此，目前存在着众多的监管主体，职权配置也较为复杂，涉及国家经济宏观调控与市场监管的各个方面（图 6.1）。

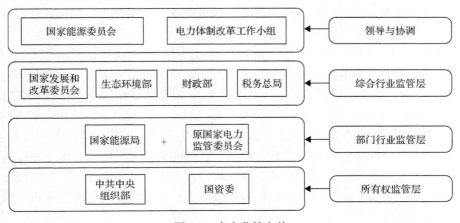

图 6.1　电力监管主体

现有电力行业监管主体及其权限安排体现在以下几个方面。

第一，领导与协调层——电力体制改革工作小组与国家能源委员会。其职能主要应该包括三个方面：一是协调中国电力体制改革的进程；二是权衡电力监管中的多个目标，尤其是经济性目标与环境目标及其他社会性目标的关系；三是协调各监管、政策部门之间可能存在的冲突。

第二，综合行业管理层——国家发展和改革委员会、生态环境部、财政部、税务总局等，都是与电力监管密切相关的政府综合管理部门。这些部门的主要职责就是制定与电力行业相关的能源政策(国家发展和改革委员会)、产业规划(国家发展和改革委员会)、环境保护(生态环境部)、标准(国家质量监督检验检疫总局)、财政(财政部)及税收政策(税务总局)等。

第三，部门行业监管层。行业监管层包括国家能源局和原国家电力监管委员会(简称电监会)，贯彻和执行电力行业的监管政策。2013年，国家能源局重组，电监会被撤销，其职能并入新的能源局，开启了大能源综合监管时期。

第四，所有权监管层。国资委对中国电力企业负有监管职能。中国电力行业90%的企业是国有企业，所有权监管主要由国资委实施。

综上，电网公司现有监管主体虽然比较复杂，但却缺少公众、社会监督权力的设计，没有体现促进可再生能源发电的激励。

6.2.4　电网公司行业监管和所有权监管现状及存在的问题

1. 电网公司行业监管现状

所谓行业监管就是法律授权的监管机构在公开、公平、公正的原则下，以法律法规和制度进行规范和约束，通过督查、检查、抽查、巡查和审核审计等方法，从实体和程序两方面对进入行业的事业体和事件进行监督管理，以保证行业管理目标得以实现。

2018年第三次修正的《中华人民共和国电力法》中明确规定"国家鼓励和支持利用可再生能源和清洁能源发电"。并规定"国务院电力监管部门负责全国电力事业的监督管理""县级以上地方人民政府经济综合主管部门是本行政区域内的电力管理部门"。2005年和2009年分别颁布了《中华人民共和国可再生能源法》及其修正版，明确规定国家鼓励各种所有制经济主体参与可再生能源的开发利用，依法保护可再生能源开发利用者的合法权益。并明确规定电网企业应当与按照可再生能源开发利用规划建设，依法取得行政许可或者报送备案的可再生能源发电企业签订并网协议，金额收购其电网覆盖范围内符合并网技术标准的可再生能源并网发电项目的上网电量。

电力行政法规主要包括《电力设施保护条例》(1987年)、《电网调度管理条例》(1993年)、《核电厂核事故应急管理条例》(1993年)、《电力供应与使用条例》

(1996年)、《电力监管条例》(2005年)。在《电网调度管理条例实施办法》中规定"电网调度机构分为五级""两个或两个以上电网并网运行,互联网中必须确定一个最高电网调度机构,按统一调度、分级管理的原则,明确其他调度机构的层级关系",确定了中国电力调度的基本准则。

国家相关主管部门制定的涉及电力领域的部门规章较多,内容涉及电力市场、电价与电费、电力监管等各个方面,基本覆盖了电力领域各类业务活动。此外,中国许多省(自治区、直辖市)还发布了一系列涉及电力领域的地方性法规、规章。相关部门还发布了许多规范电力工业的技术经济规程和规则,如《电业生产事故调查规程》《电业安全工作规程》《农村低压电力技术规程》《电热辐射供暖技术规程》)。

2. 电网公司所有权监管现状

所有权监管一般是指从国家所有权政策出发,由国家股权机构依法对企业履行出资人职责,包括国有资本目标、经营绩效、财务风险、任免、考核等内容。所有权监管特点有:在合规前提下实现国有资本目标,包括经济效益和社会效益,采取的主要是激励性方式,包括考核、薪酬和任免等。

中国目前针对国家电网公司的绩效考核主要是出资人考核,即国资委对国家电网公司的经营业绩进行考核,考核依据主要是《中央企业综合绩效评价实施细则》,其中针对国家电网公司的考核主要还是针对国家电网公司保值增值能力的考核。所以,在现有的考核方式下,提高可再生能源上网比例会给电网公司的经营业绩带来一定的影响,从财务的角度考虑,电网公司更倾向于压制可再生能源的上网电量。

3. 电网公司所有权监管和行业监管中存在的问题

第一,在监管职权配置方面,权力比较分散。在综合行政管理、行业监管、所有权监管方面,除了所有权监管集中在国有资产监管部门外,其他职权分散,行政管理与行业监管职能的划分难以从定位上界定,模糊了行政管理与行业监管职能。在地方,省(自治区、直辖市)具有电力监管职能的部门有:经济和信息化委员会、发展和改革委员会、国资委、国家能源局派出机构、物价局等,但同样存在着监管权力比较分散的特点。

第二,监管主体的配置和地方政府层级结构适应性差。目前的能源监管机构设置延续了原来的中国电力监管组织结构,即三级纵向垂直监管体系——国家能源局、大区域能源局、有关城市的能源监管专员办公室,而中国行政体系,地方是以省(自治区、直辖市)为核心。这种差异性在一定程度上增加了监管的难度。

第三,行业监管职权缺乏独立性。部分关键的应属于国家能源局电力监管的职能被设置在国家发展和改革委员会，与国际上成熟的监管模式存在差距，既缺乏独立性，又造成了公共政策职能与行业监管职能的混淆，不利于分清政府与市场的关系。例如，电价的定价监管权被认为是电力监管最核心的工具之一，大多数发达国家和发展中国家的电力监管机构拥有电价批准和制定权，但是这一项权力在中国由国家的公共政策部门——国家发展和改革委员会行使，不利于形成有序的电力市场，从而使价格机制充分发挥作用。要彻底解决电价监管权问题，关键是要加快《中华人民共和国电力法》和《中华人民共和国价格法》的修订，改变过去只有对国务院价格主管部门的电价管理权限的规定，而没有关于电力监管机构的电价管理权限规定的缺陷。

6.2.5 电网公司业绩考核现状及存在问题

1. 国资委对电网公司业绩考核体系现状及其实施情况

1) 年度经营业绩考核

对于国家电网公司考核的年度指标(即年度中央企业负责人经营业绩考核指标)包括两个基本指标和两个分类指标(图 6.2)，基本指标对于其他中央企业统一适用，包括经济增加值指标和利润总额指标；分类指标包括流动资产平均周转率和成本收入比(成本费用总额占主营业务收入的比重)，分类指标是由国资委根据电力行业的特点单独制定的，体现出了差异考核的思想。其中基本指标基本分为 70 分，利润总额指标基本分为 30 分(军工、电力、储备、科研、石化企业利润总额指标基本分为 30 分，区别于一般企业的 20 分)，利润总额的基准值根据上一年实际完成值和前三年实际完成值的较低值确定；经济增加值指标基本分为 40 分(军工、储备和科研企业经济增加值指标基本分为 30 分，电力、石油化工企业基本分为 40 分，其他类企业为 50 分)；分类指标基本分为 30 分，年度分类指标基准值根据上一年或前三年实际完成值的平均值确定。另外在对于资本成本率的确定上，电网公司受到了一定的优待，国资委按照资产通用性设定中央企业平均资

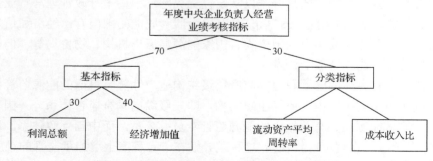

图 6.2　年度中央企业负责人经营业绩考核指标

本成本率,资产通用性较差的企业资本成本率按照 4.1%计算,其他企业按照 5.5%计算;对于资产负债率在 75%以上的工业企业和 80%以上的非工业企业,资本成本率上浮 0.5 个百分点,即分别按 4.6%和 6%计算。国资委在制定资本成本率时,将国家电网公司列在了资产通用性较差的中央企业行列,相应的资本成本率设定为 4.1%。

2) 任期经营业绩考核

任期中央企业负责人经营业绩考核指标主要包括两个基本指标和两个分类指标(图 6.3),两个基本指标分别为国有资本保值增值和资产周转率(前三任期考核中采用主营业务收入增长率指标,2013 年第四任期考核中改为总资产周转率);分类指标包括全员劳动生产率和否定性指标,否定性指标考核主要通过对国家电网有限公司安全责任的考核及国家电网有限公司节能减排情况的考核,其中节能减排考核指标又可以细分成线损率、万元产值综合能耗、节电节能评价指标。否定性指标在运用上采用按等级扣分的方式,从其他考核指标的考核分数中扣除相应分数作为考核得分。任期考核基本指标基本分为 60 分,其中国有资本保值增值率指标基本分为 40 分,资产周转率指标基本分为 20 分;分类指标基本分为 40 分。在任期考核中,如果国家电网有限公司未能完成节能减排考核目标,将视情况扣减 0.1~2 分。另外在任期考核中特别加入节能减排特别奖,对于企业节能减排成绩较好的中央企业进行荣誉性奖励。

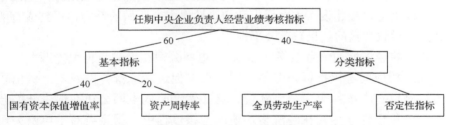

图 6.3 任期中央企业负责人经营业绩考核指标

3) 科研投入的考核

现行考核指标为企业谋求长期利益、加大科研投入创造了条件。电网公司促进新能源发电上网需要进行大量的研发工作,如特高压技术、调峰技术、柔性输电技术、智能电网技术、储能技术、分布式电力生产和应用技术等,需要较大的成本投入,且投资回收期较长。因此业绩考核时对于电网公司在科研成果取得较大突破时应给予肯定。目前国资委考核中对于电网公司在这方面的努力给予了加分奖励,在未能取得突破但投入较大时可以根据有关规定加 1~2 分,已取得重大研究成果的可以加 3~5 分。

从考核指标中可以看出,经济增加值的考核思想已经深入国资委的考核指标体系，考核指标在吸收经济增加值考核思想的种种优势，通过考核指标权重的调整，在一定程度上体现出了电网公司的特殊性。

2. 电网公司业绩考核与电网所承担促进新能源发展的责任相冲突

1) 考核目标与新能源发展目标相悖

经济增加值的考核思想把全部的政策着力点放在对企业盈利能力的评价上，这与新能源发展的要求相悖。电网公司投资于现有火力发电电量的输送设施，由于稳定的出力和电量，输电资产可以在较短的时间内收回成本，收到较大的经济效益。而诸如风力发电、太阳能发电之类的可再生能源发电接入项目，接入电网输电设备的利用率低、投资回收期较长，经济效益较差，投资该类项目比重高会导致电网公司的经济增加值考核结果在短期内出现下滑。中央企业作为理性的"经济人"，首先会考虑个人和本企业的经济业绩考核结果，而不会为了提高可再生能源并网发电量就大量收购可再生能源。

2) 差异考核无从体现

经济增加值指标没有区分不同企业性质在绩效评估方面的差异性，不能突出竞争类中央企业和公共服务类中央企业在企业性质上的差异。电网公司作为典型的公共服务类企业，其根本性质是保障全国的电力供应，为居民生产生活提供稳定可靠的电力供应。对于该类企业应用无差异的经济增加值考核指标，电网公司在加快普遍供电设施建设、灾区保电和政策性保电上所做的努力得不到应有的认可，必然会导致考核的结果缺乏公平性。

在现行的经济增加值考核指标体系下，电网公司在促进可再生能源发展上的投入也缺乏相应的考核指标，即使电网公司在促进新能源并网发电上做出较大的努力也难以在考核结果中得到体现，这必然会降低电网公司在促进新能源发电并网上的积极性。尽管在经济增加值的考核过程中，国资委对于电网公司适用了与军工企业相同的较低的资本成本率标准，但是降低的资本成本率能否有效转化为电网公司对于履行社会责任的激励是很难确定的。另外由于基本考核中要求电网公司的经济增加值考核结果必须要好于上一年或者前三年的结果，必然会导致电网公司不断追求自身的经济效益，而忽略履行促进新能源发电并网的责任。

3) 电网公司的社会责任无从体现

国资委考核的重点是国家电网公司的资产保值增值能力，而没有考虑电网公司在社会责任履行上所做的贡献，从这方面看现行考核体系对于电网公司欠缺公平性。例如，从国家电网有限公司发布的2011年社会责任报告中可以看出，国家电网有限公司一直致力于履行社会责任，推进可持续发展，追求经济、社会、环境综合价值最大化。"电力天路"青藏联网工程提前一年建成,解决了西藏缺电问题,实现全国除台湾以外的全面互联;实施新的无电地区通电工程,为207.5万无电人口解决用电问题。国家电网公司在完成社会责任方面的此类努力,在目前的考核体系中无从体现。另外在促进新能源发电并网方面,2011年国家电网有限公司实施了287项智能电网试点项目,建成国家风光储输联合示范工程,同时建成了国家能源大型风电并网系统研发(实验)中心和国家能源太阳能发电研发(实验)中心,在目前的考核体系中同样是无从体现的。对于国家电网公司来讲,履行社会责任是作为公共服务类企业的基本职责,但是如果考核指标只重视经营业绩的考核,很可能导致国家电网公司减少在社会责任履行上的努力,将工作的重点放在实现经济效益的增长上。

4) 对标考核难以实现

尽管在目前的考核指标体系中,国资委试图引入对标考核的思想,但是对标考核的实施效果却不乐观。目前中国国内在电力输配售上是国家电网有限公司一家独大,中国南方电网公司仅负责南方五省,所占份额较小。因而目前国内输配售环节,依旧是一个行业一个企业,对标考核无从实施。另外与国外电网有限公司相比,国家电网有限公司在业务、组织结构等方面也存在巨大差异,缺乏可比性。因而目前来看,对标考核在电力行业无从体现。

3. 各部门对电网公司监管责任存在冲突

2002年国务院下发《电力体制改革方案》,决定改革电力工业管理体制,设立专门的电力监管机构——电监会。2013年电监会并入国家能源局,形成市场监管司。现有的电力监管体制见表6.3。表6.3显示,已经完成的电力改革没能克服传统电力体制分散管理的弊端,而是迁就了原有的部门利益格局,沿袭了分散监管的体制。

1) 监管错位,责任混乱

目前涉及电力监管的部门众多,表6.3显示,涉及电力监管的部门达到8个之多,相关部委达到4个,这种监管格局割裂了本应完整的电力监管工作,造成电力监管的责任错位,影响了电力监管的有效性。电力生产具有发电、输电、供电、用电几个环同时完成,每个企业都是电力系统的一个有机组成部分,任一环节生产者的效率和安全决定了或依赖于整个电力系统的效率和安全。电力行业这种紧密的内在联系,决定了电力监管必须职能统一。目前国内这种监管职能分散、交叉、多头管理的形式,导致管电价的管不了成本及服务质量,管市场的管不了电价,出现问题就会相互推脱,各监管部门间职能重叠,效率低下。

表 6.3　现有电力监管部门及职能

监管部门	主要监管职能
能源局市场监管司	组织拟订电力市场发展规划和区域电力市场设置方案，监管电力市场运行，监管输电、供电和非竞争性发电业务，处理电力市场纠纷，提出调整电价建议，监督检查有关电价和各项辅助服务收费标准，研究提出电力普遍服务政策的建议并监督实施，监管油气管网设施的公平开放
国家发展和改革委员会价格司	监测预测预警价格变动，提出价格调控目标和政策建议。推进重要商品、服务和要素价格改革等
国资委	国有资产监督管理
国家发展和改革委员会经济运行调节局	监测研判经济运行态势并提出相关运行调节政策建议；统筹协调全国煤电油气保障工作；编制应急体系建设规划等
能源局电力司	拟订火电和电网有关发展规划、计划和政策并组织实施，承担电力体制改革有关工作，衔接电力供需平衡
能源局发展规划司	研究提出能源发展战略建议，组织拟订能源发展规划、年度计划和产业政策，参与研究全国能源消费总量控制工作方案，指导、监督能源消费总量控制有关工作，承担能源综合业务
能源局新能源和可再生能源司	指导协调新能源、可再生能源和农村能源发展，组织拟订新能源、水能、生物质能和其他可再生能源发展规划、计划和政策并组织实施
能源局电力安全监管司	组织拟订除核安全外的电力运行安全、电力建设工程施工安全、工程质量安全监督管理办法的政策措施并监督实施，承担电力安全生产监督管理、可靠性管理和电力应急工作，负责水电站大坝的安全监督管理，依法组织或参与电力生产安全事故调查处理

2) 监管职能分散，监管力度被削弱

监管职能分散，极易导致监管力度被削弱，各部门监管都难以起到较大的成效。对于能源局市场监管司而言，根据电网公司输电服务的优劣程度及各项政策指标的完成程度去进行有效的价格收益调节，才能有效发挥监管的职能，但是目前电力定价的权利在国家发展和改革委员会价格司，导致能源局市场监管司监管力度弱。市场监管的形式主要还集中于对电网公司未能完成某些政策目标或者监管目标时给予一定的处罚，但是处罚力度难以准确衡量，这种处罚不能真正触及电网公司的深层利益，不能充分调动电网公司的积极性，导致监管机构权力不足，监管行为的约束力受到极大影响，极易使监管流于形式，监管机构难以有所作为。另外在现行的电力监管体系中，原电监会派出机构依旧起作用，而派出机构的设立是基于将国内电网划分为华北电网有限公司、华中电网有限公司、国家电网有限公司东北分部、国家电网有限公司西北分部、中国南方电网公司、国家电网有限公司华东分部的基本设想，但是在实际电力输送中，省(自治区、直辖市)级地方政府往往会考虑本地区的经济利益，导致区域电网间的电交易被削弱，同时也会导致区域电网监管的力度被削弱。

3) 各部门之间缺乏有效的协调机制

目前的监管体系下，不同部门负责不同的监管内容，各部门之间缺乏有效的沟通机制，以国资委为例，国资委在对国家电网有限公司进行绩效考核时采用经济增加值指标，而指标的权重和指标的计分方式与其他类型的国有企业一致，不能真实反映电网公司的盈利能力，但是国资委又没有能力去准确衡量电网公司的盈利能力，电力定价的权利在国家发展和改革委员会价格司，因而这种监管的多头性会导致监管错乱。

6.3 本章小结

国际经验表明有效监管是促进可再生能源发展的关键。有效监管主要体现在以下六个方面：第一，完善的监管制度。包括举报投诉制度、无歧视输电服务制度、分布式电源快速技术审查制度、可再生能源优先调度制度、绿色电力优先输送制度、公共采购中优先使用新能源制度等。第二，明确的监管职能，即明确具体地规定监管机构的监管内容。主要包括供电商无歧视入网，输电系统的信息透明化，建立区域输电组织，遏制市场权力的滥用，输配电成本监管等。第三，对电网公司的监管是电力监管的核心。第四，综合能源监管部门职能独立。第五，监管信息透明。第六，执行和处罚有力。

中国电力行业监管中存在的主要问题包括：第一，电力系统综合资源规划缺乏。体现在缺乏统一的电力系统战略规划协调部门；各部门之间缺乏有效的沟通；监管部门过多造成电力规划协调能力和执行力下降。第二，电网公司业务性质的定位与促进可再生能源发展之间存在冲突。第三，监管主体缺少社会和公众监督。第四，对电网公司行业监管和所有权监管中存在诸多问题，包括在监管职权方面权力比较分散、监管主体的配置和地方政府层级结构适应性差、行业监管职权缺乏独立性。第五，对电网公司业绩考核中存在诸多问题，突出体现在电网公司业绩考核与电网所承担促进新能源发展的责任相冲突；考核目标与新能源发展目标相悖、差异考核无从体现、电网公司的社会责任无从体现等。

第 7 章　电力市场机制构建中存在的问题

7.1　电价机制现状及存在的问题

电价机制在促进可再生能源发电中起着重要作用，是最为直接、灵敏、有效的手段之一，实证研究结果表明，电价机制是目前作用最为明显的一种机制。中国有关可再生能源电价机制的主要法律及规范性文件如下。

(1) 一部法律。《中华人民共和国可再生能源法》（简称《可再生能源法》）。由中华人民共和国第十四届全国人民代表大会常务委员会第十四次会议于 2005 年 2 月 28 日通过，并于 2006 年 1 月 1 日实施的《可再生能源法》，对可再生能源发电价格的制定、费用分摊、监管等做了原则性规定。2009 年底通过、2010 年 4 月实施的《可再生能源法》修正案，做了两项重要规定，一是国家实行可再生能源全额保障性收购制度；二是国家财政设立可再生能源发展基金，资金来源包括国家财政年度安排的专项资金和依法征收的可再生能源电价附加收入等。

(2) 三个办法。《可再生能源法》出台后不久，国家发展和改革委员会等部门陆续出台了一些实施办法，主要有：①国家发展和改革委员会 2006 年 1 月颁布的《可再生能源发电价格和费用分摊管理试行办法》。该办法对上网电价确定的原则、价格形式、具体价格和电价附加的构成、征收及监管等作了具体规定。②国家发展和改革委员会 2007 年 1 月颁布的《可再生能源电价附加收入调配暂行办法》。该办法对电网接网费标准、附加收入的财务处理、配额交易、电费结算和监管等作出了规定。③财政部、国家发展和改革委员会和国家能源局 2011 年颁布的《可再生能源发展基金征收使用管理暂行办法》。该办法明确了可再生生能源发展基金包括国家财政公共预算安排的专项资金和依法向电力用户征收的可再生能源电价附加收入等。

(3) 若干个规范性和操作性文件。主要有：①国家发展和改革委员会 2009 年 7 月颁布的对风电价格调整的规范《关于完善风力发电上网电价政策的通知》。该文件主要确定了全国风力发电标杆上网电价表。②国家发展和改革委员会 2013 年 8 月颁布的《关于发挥价格杠杆作用促进光伏产业健康发展的通知》。该文件主要规定了全国光伏电站标杆上网电价、分布式光伏发电价格及补贴办法。

目前中国可再生能源发电以风电和太阳能光伏发电为主，因此，本章主要介绍中国风电和太阳能光伏发电上网电价机制的主要内容。中国可再生能源发电电价形成机制包括可再生能源上网电价部分,以及可再生能源电价附加及补贴制度部分。

7.1.1 上网电价机制

1. 风电上网电价机制

近三十年来,中国一直重点发展陆上风电,海上风电在最近几年才开始发展。自 1986 年以来,中国陆上风电电价机制经历了政府审批制(1986~2002 年)、招标定价制与政府审批制并行制(2003~2009 年 7 月 31 日)及固定电价制(2009 年 8 月 1 日至今)三种定价方式。海上风电于 2014 年 6 月 19 日才明确了标杆电价。

中国海上风电发展一直异常缓慢,步履艰难。截至 2013 年,中国海上总装机容量仅为 428.6MW,仅占全国风电装机容量约 0.5%。中国海上风电发展缓慢的原因,除了海上项目审批慢,运营难之外,最主要是中国一直没有明确的海上风电上网电价政策。而海上风电技术要求高,建设条件复杂,投资需求大,开发成本高,没有明确的电价政策,投资者很难对项目建设进行评估和决策。2014 年 6 月 19 日,国家发展和改革委员会发布了《关于海上风电上网电价政策的通知》,明确了国内海上风电上网电价:2017 年以前投运的潮间带风电项目含税上网电价为 0.75 元/(kW·h),近海风电项目含税上网电价为 0.85 元/(kW·h)。2017 年及以后投运的海上风电项目,根据海上风电技术进步和项目建设成本变化,结合特许招标情况另行研究制定上网电价政策。通过特许招标确定业主的海上风电项目,其上网电价按照中标价格执行,但不得高于同类项目上网电价水平。

海上风电上网电价的出台,为海上风电市场提供了较为稳定的盈利预期,上千亿元的海上风电市场有望加速启动。不过,按照 2014 年海上风电 16~20 元/W 的造价测算,0.75~0.85 元/(kW·h)对应的项目内部收益率在 8%~10%,虽然足以保证开发商盈利,但对开发商缺乏足够的吸引力,这是因为当前海上风电运营成本较高,开发商缺乏实际操作经验。此外,包括特许权招标在内的项目并不能享受这项利好,因此,在缺乏其他优惠政策的情况下,海上风电大规模发展可能仍然需要一段时间。

2. 太阳能光伏发电上网电价机制

类似陆上风电上网电价机制,中国太阳能发电项目上网电价机制也经历了三个阶段,①第一阶段,政府审批制。2008 年和 2009 年国家发展和改革委员会分两次分别核准了上海市两个项目、内蒙古自治区和宁夏回族自治区各一个太阳能光伏发电项目的上网电价为 4 元/(kW·h)。2010 年 4 月核准宁夏回族自治区四个项目的临时上网电价为 1.15 元/(kW·h)。②第二阶段,特许招标电价制。2009 年太阳能发电项目引入特许权招标制。2009 年 6 月,甘肃省敦煌市 1 万 kW 荒漠太阳能电站特许权招标中标电价为 1.09 元/(kW·h)，2010 年 9 月，西北六省(自治区、直辖市)13 个项目 28 万 kW 中标电价为 0.7288～0.9907 元/(kW·h)。③第三阶段，固定电价制。2011 年 7 月 24 日，国家发展和改革委员会下发的《关于完善太阳能光伏发电上网电价政策的通知》规定，2011 年 7 月 1 日以前核准建设、2011 年 12 月 31 日建成投产、我委尚未核定价格的太阳能光伏发电项目，上网电价统一核定为 1.15 元/(kW·h)；2011 年 7 月 1 日及以后核准的太阳能光伏发电项目，以及 2011 年 7 月 1 日之前核准但截至 2011 年 12 月 31 日仍未建成投产的太阳能光伏发电项目，除西藏仍执行 1.15 元/(kW·h)的上网电价外，其余省(自治区、直辖市)上网电价均按 1 元/(kW·h)执行。2013 年 8 月 26 日，国家发展和改革委员会发布了《关于发挥价格杠杆作用促进光伏产业健康发展的通知》。通知规定分区标杆上网电价政策适用于 2013 年 9 月 1 日后备案(核准)，以及 2013 年 9 月 1 日前备案(核准)但于 2014 年 1 月 1 日及以后投运的光伏电站项目。新政策根据各地太阳能资源条件和建设成本，将全国分为三类太阳能资源区，相应制定光伏发电站标杆上网电价。光伏电站标杆上网电价高出当地燃煤机组标杆上网电价(含脱硫等环保电价)的部分，通过可再生能源发展基金予以补贴。随着光伏发电的快速增长，中国政府补贴压力不断增大。此背景下，2018 年 5 月 31 日国家发展改革委、财政部、国家能源局联合印发了《关于 2018 年光伏发电有关事项的通知》(发改能源〔2018〕823 号)(又称"531 政策")，指出要"加快光伏发电补贴退坡，降低补贴强度"，具体体现为：①"自发文之日起，新投运的光伏电站标杆上网电价每千瓦时统一降低 0.05 元，Ⅰ类、Ⅱ类、Ⅲ类资源区标杆上网电价分别调整为每千瓦时 0.5 元、0.6 元、0.7 元(含税)。"②"自发文之日起，新投运的、采用"自发自用、余电上网"模式的分布式光伏发电项目，全电量度电补贴标准降低 0.05 元，即补贴标准调整为每千瓦时 0.32 元(含税)。

在光伏发电上网电价机制激励下，中国光伏发电出现了爆发式增长。据中国电力企业联合会统计，截至 2016 年底，全国累计并网运行光伏发电装机容量达到 7742 万 kW，其中光伏电站 6710 万 kW，分布式光伏 1032 万 kW。全国 22 个主要省(自治区、直辖市)已累计并网 4225 万 kW 光伏装机，占全国装机的 97.85%，主要分布在中国西北地区(累计装机排名：内蒙古自治区、江苏省、青海省、新疆维吾尔自治区、甘肃省、宁夏回族自治区)。与此同时，光伏发电量由 2012 年的 36 亿 kW·h 增至 2016 年的 662 亿 kW·h，光伏发电量在总发电量中的占比由 2012 年的 0.072%增至 2016 年的 1.11%。

3. 现行上网电价机制存在的不足

虽然严重的弃风限电问题有多种原因，包括风电开发高度集中于"三北"地区、风电场建设与电网建设不同步、当地负荷水平低、灵活调节电源少、跨省跨区电力市场不成熟等，但现行可再生能源上网电价机制存在的不足也对此也产生了不利影响，主要体现在可再生能源价格形成机制缺乏灵活性及没有考虑价格信号的作用。目前可再生能源上网采用的是完全固定的电价机制，这对保障可再生能源企业的投资收益是有利的。但是，这样的价格机制难以反映出市场需求对可再生能源发展的引导作用，容易造成可再生能源发展速度短期内相对过快，或者影响可再生能源灵活性消纳途径的选择(例如，可再生能源供热问题中固定电价机制的阻碍)。

7.1.2 跨省跨区电力交易价格机制

1. 计划下的"挂牌"交易价格机制影响风电跨省跨区交易

在计划形成的电量交易占主导地位的情况下，跨省跨区最常见的交易机制主要为由省级电网公司或者区域电网公司组织的"挂牌"交易机制，即由电网公司标定电价电量，由省内的发电企业或者区域内符合一定条件的发电企业竞价，竞价价格不得高于电网公司限定的"挂牌"电价，报价低的发电企业获得该部分"额外"的发电机会。由于风电实行的是固定电价，价格偏高，在竞价中完全没有价格优势，无法参与跨省跨区交易。

2. 现有市场化交易方式下，价格很难做到公平合理

现有市场化的交易方式主要分为集中撮合方式和双边协商方式，当购电主体为省级电网公司时，跨省跨区电能交易原则上以集中撮合方式为主，双边协商方式为辅。一些由电网企业和发电企业协商确定的跨省跨区电力交易价格，由于政策不完善、交易双方市场地位不对等、信息不对称和不透明、监管不到位等，很难做到公平合理。

3. 跨省跨区输电价格偏高

可再生能源电力跨省跨区交易的输电价包括送出省电网企业采购可再生能源电力的价格(即送端省级电网企业与可再生能源发电企业的结算价格)与跨省跨区域输电价格、输电损耗及受电地输电价之和。

中国跨省跨区计划电量交易中，电网输送环节的输电价格有两种形成机制：

第一种，政府核定制。即输电价格由国家政府价格主管部门或地方政府批复确定，上网电价也执行国家有关部门批复的价格；

第二种，协商确定制。即由输电方与送、受电方按照有利于跨地区电能交易的原则，协商确定输电价格，计划外电量交易的价格一般由电厂、输电方和受电方等各方协商确定或竞争形成，竞争形成主要在送、受端价格中有少量挂牌、撮合等价格形式，输电损耗一般由国家核定。

刘瑞丰等(2014)对新疆维吾尔自治区可再生能源跨区外送华北电网各省(直辖市)的经济性问题进行了评价。新疆维吾尔自治区跨省跨区外送华北电网输电价及落地价见表 7.1。评价方法是比较新疆维吾尔自治区可再生能源跨区外送华北电网各省(直辖市)的落地价和华北电网受电省(直辖市)的上网电价之差。经济性判断标准是：电价差>60 元/(MW·h)为很高；电价差为 40~60 元/(MW·h)为高；电价差为 20~40 元/(MW·h)为一般；电价差为 0~20 元/(MW·h)为低；电价差<0 元/(MW·h)为无。

表 7.1 新疆维吾尔自治区跨省跨区外送华北电网输电价及落地价

[单位：元/(MW·h)]

项目	输电价	收费方
新疆维吾尔自治区本省结算价	250	新疆电力公司
输出省输电费	60	新疆电力公司
西北电网跨省输电费	12	国家电网有限公司西北分部
西北与华北电网联网输电费	60	国家电网有限公司
7%输电损耗	4.20	国家电网有限公司
受电端跨省输电费	30	华北电网有限公司
合计(落地价)	416.20	

由表 7.2 可见，新疆维吾尔自治区可再生能源电力跨区外送到华北各省(直辖市)，除山东省之外，其他各省(直辖市)的经济性都较差。新疆电力公司与可再生能源发电企业上网结算价格在西北地区处于最低水平尚且如此，西北地区其他省如甘肃省、青海省的省级电网公司与可再生能源发电企业结算价格更高，其跨区送到华北各省(直辖市)的经济性就更差。而经济性差的主要原因是跨省跨区输电价格偏高，影响了可再生能源跨省跨区输送。

表 7.2 新疆维吾尔自治区可再生能源跨区外送华北各省(市)的经济性

[单位：元/(MW·h)]

受电省	受电价	受电省上网价	价差	经济性
北京市	416.20	400.20	−16.00	无
天津市	416.20	411.80	−4.40	无
河北省北部	416.20	424.30	8.10	低
河北省南部	416.20	430.30	13.80	低
山东省	416.20	446.90	30.70	一般
山西省	416.20	385.70	−30.50	无

7.1.3 辅助服务补偿电价机制

辅助服务是电力系统安全运行的基本保障,没有调频、调压等辅助服务,电力系统的安全就无从谈起。而无偿提供辅助服务的模式很难从机制上确保系统得到充足的辅助服务。可再生能源的随机性、不稳定性、不可控性等运行特性引发了不同于常规机组的辅助服务需求,主要包括调峰、备用、调频及无功需求,这就意味着需要其他机组提供更多的辅助服务。但是,对于大多数机组而言,提供辅助服务意味着增加额外成本(通常常规火电机组在额定功率70%以下工况运行时,其发电能耗将增加20%以上,水电机组在额定功率50%以下工况运行时,其发电效率将降低20%左右)。因此,需要制定辅助服务补偿电价机制对调峰成本予以补偿。

此外,中国电力结构以煤电为主,电源调峰能力严重不足。截至2012年底,全国11.44亿kW的发电总装机中,灵活性最好的燃气发电和抽水蓄能电站装机仅分别为3800万kW和2030万kW,比重分别仅为3.3%和1.7%,远远低于欧美国家30%~40%的比例。中国电力体制改革在厂网分开后,于2004年按区域电网分别制定了水电和火电的统一上网电价,2004年后新建的水电、火电项目的上网电价按区域或省(自治区、直辖市)的平均成本统一定价,并将这种按平均成本定价的方式定义为标杆电价,标杆电价改变了以往按个别成本定价的"一厂一价"的方式,可有效促进新建电源项目提高效率、降低造价。这种电价本质上是一种多时段平均电价,却不利于传统发电企业主动参与调峰任务,因为这些企业的效益与其发电量正相关,发电量越多,电厂的效益就越大,所以其不愿承担调峰任务。另外,不分时段的标杆电价无法引导电源结构优化。这是因为调峰能力好、适合提供备用的电厂,如抽水蓄能电厂、燃气轮机机组,受发电量的制约,无法获得最大利润,造成传统能源发电企业缺乏投资这类电源建设的积极性,而只愿建设大型高效的火电机组,造成电源结构单一,调峰电源不足。

原电监会于2006年11月出台了《并网发电厂辅助服务管理暂行办法》和《发电厂并网运行管理管理规定》(简称"两个细则")。此后,西北、华北、东北、南方、华东和华中大部分地区"两个细则"陆续得到批复并进入模拟运行和试运行。但是,《并网发电厂辅助服务管理暂行办法》中的辅助服务补偿只是基于火电和水电为主的电源结构,尚未将风电等可再生能源发电纳入辅助服务管理范畴,没有解决可再生能源发电如何合理补偿其他辅助服务提供者相关成本。例如,火电机组备用服务增加导致利用小时数减少;常规机组为风电而非负荷调峰、调频导致的燃料成本上升和设备折旧加速及检修费用增加;等等。利益补偿机制的缺失,导致机组发挥调峰作用的积极性不高。

7.1.4 需求侧响应电价机制

需求侧响应是指电力用户对市场价格信号或控制指令作出响应,并改变常规电力消费模式的市场参与行为。它强调电力用户根据调度指令或市场信号,主动进行负荷调整,从而作为一种资源,对市场的稳定和电网的可靠性起到促进作用。需求侧响应与可再生能源之间具有良好的互补特性,需求侧资源的参与对提高系统消纳可再生能源能的重要性日益凸显,有望成为调整负荷适应电网发展的新途径。

随着风功率预测技术的进步,在风电大规模并网条件下,引入需求侧响应一方面可以使电网调度机构综合利用供需两侧资源,有效应对风电出力波动给电网安全可靠运行带来的影响,提高系统可靠性;另一方面可以减少供应侧备用电源,提高传统机组利用小时数,有效降低供应侧系统运营成本,提高系统运行经济性。美国劳伦斯伯克利国家实验室开展的试点结果证明:自动需求响应能够有效缓解由于间歇性可再生能源接入带来的电力供需矛盾,成本约为使用储能装置的 10%。

电价机制是需求侧响应的主要实施手段。需求侧电价主要有分时电价(time-of-use price, TOU)、关键峰荷电价(critical peaking price, CPP)和实时电价(real time price, RTP)。

(1) 分时电价。其是按照时段设置,反映了不同时段供应侧购电成本的零售电价。分时电价可以分为季节电价、节假日电价、峰谷电价等。如果用户侧的电能计量终端的计量精度允许,还可以根据需要进行更细致的划分。

(2) 关键峰荷电价。其是在普通电价或分时电价的基础上设置得特别高的,并能反映关键负荷时段供应侧购电成本的零售电价。与分时电价确定的峰荷时段不同,关键峰荷电价的峰荷时段是不确定的,一般是在即将出现峰荷期前的一定时间内临时确定,或者在事后追溯,每年只有几天或几个时段。

(3) 实时电价。其是与批发市场电价联动,直接反映日前或实时市场购电成本的零售电价,是最理想的动态电价。实时电价需要划分为更细致的时段,对实时通信系统和电能计量终端的要求更高。实时电价按联动批发电价分为日前实时电价和日中实时电价;按用户侧的实施时间分为一部制实时电价和两部制实时电价。实时电价机制和前面所述的分时电价及关键峰荷电价机制不同,其电价不是提前设定的,而是每天持续波动,这样一种将批发市场价格和零售价格直接联系起来的机制,起到了将价格响应性直接引入零售市场,将整个市场联动起来的作用。

分时电价和关键峰荷电价在中国部分城市已经有试点实施工作,并已取得一定成效,但未广泛推行。由于中国电网行业地位垄断和政府监管力度不足,再加上通信系统和电能表计达不到要求,实时电价未能实现。总之,需求侧响应电价机制尚未发挥其在促进中国可再生能源发展中应有的作用。

7.2 电力交易机制现状及存在的问题

7.2.1 中国跨省跨区电力交易组织情况分析

中国跨省跨区电力交易在相应的电力市场交易平台进行,交易需求、交易组织方式、电能流向、输电通道和输电价格及输电费用等内容,由国家有关电力监管机构组织审议并确定。例如,中国跨区电力交易通过国家电网有限公司总部所管辖的国家电力市场交易平台进行,交易主体主要是国家电网有限公司下属的区域电网公司,南方电网公司及有关省级电网公司(或发电公司),以及国家电网公司的各直调电厂。跨区电能交易由国家电网有限公司、南方电网公司等有关方面提出电能交易需求、组织方式、输电通道、电能流向、输电价格和输电费用等内容,这些内容由原电监会等部门组织审议。目前,全国主要的跨省跨区电能交易类别和电价电量形成方式见表7.3。

表 7.3 全国主要的跨省跨区电能交易类别和电价电量形成方式

	类别	输送方式	电价电量形成方式
计划形成的交易	国家指令性分配电量或审批核准的交易	东北所有跨区跨省交易,西北李家峡核价内送出交易,葛洲坝送华中四省、华东、四川送重庆和二滩送重庆交易,川电东送、三峡外送、皖电东送等	国家或地方政府确定交易电价或交易电量
	地方政府主导	南方区域西电东送	
	电网公司计划形成的交易	特高压南送华中,安徽送出(非皖电东送部分)	电网公司确定外送电厂、电价、电量
具有市场化特征的交易	部分市场化交易	西北区域李家峡核价外的所有跨区跨省。华中除水电应急交易和国家指令性分配计划外的所有电量。华东除月度竞价、皖电东送、安徽送出外的交易。华北除特高压、点对网受入、蒙电东送外的所有电量	网公司之间交易电量电价,由国家电网有限公司下达计划确定或网公司之间协商。通过组织电厂竞价、挂牌、统购包销等方式形成交易电量和电价
	市场化交易	华东月度竞价,华中水电应急交易,云南水电送广东超西电东送计划的部分	电网和电厂之间双边协商,电网、电厂通过区域平台竞争或双边协商

目前,计划形成的交易电量占绝大部分。中国跨省跨区电力交易以计划形成的交易为主。例如,根据国家电力监管委员会 2012 年发布的《电力监管年度报告(2011)》[1],2011 年全国共完成跨省跨区电能交易电量合计 6240.20 亿 kW·h,其中,计划形成的交易中,国家指令性分配电量或审批核准的交易 3587.73 亿 kW·h,

---

[1] 国家电力监管委员会. 2012. 电力监管年度报告. 北京.

占 57.49%；地方政府主导的南网西电东送 818.58 亿 kW·h，占 13.12%；电网公司计划形成的交易 1093.08 亿 kW·h，占 17.52%。计划形成的交易合计占 88.13%；具有市场化特征的交易主要有东北跨区外送，西北与华中交易，华东、华中、东北区域省间交易，西北区域李家峡核价外的跨省交易，南网计划外交易，共计 741.13 亿 kW·h，约占 11.87%。近些年，虽然中国跨省跨区交易的市场化程度有所提高，但计划安排仍是主要交易方式，省间电力交易基本按计划分配进行。

7.2.2 电力交易机制对可再生能源发电的制约

现有电力交易机制对可再生能源发电的制约主要体现在送出电量受计划控制。跨省跨区电力交易是指电力企业（发电企业、区域电网公司和省电力公司）与本省、本区域以外的电力企业开展的电力交易。根据 2012 年原电监会发布的《跨省跨区电能交易基本规则(试行)》的规定，跨省跨区电能交易市场主体分为售电主体、输电主体和购电主体。售电主体主要为已取得发电业务许可证的发电企业，以及受发电企业委托的电网企业；输电主体为已取得输电业务许可证的电网企业；购电主体为省级电网公司，以及符合条件的独立配售电企业和电力用户。

以计划为主导的电力交易方式不利于促进可再生能源发电的增加。例如，在国家电网有限公司东北分部，省间联络线调电计划下达之后，网省两级调度必须严格执行，网调负责对各省调的联络线计划执行情况进行考核。虽然允许各省之间实施紧急情况下的电力支援，但是，为了完成联络线计划的考核，各省之间的电力支援就必须在非紧急情况下归还，这意味着这种省间电力交易只是暂时借用，并非真正意义上的电力交易，影响了风力富裕的吉林省向电力负荷大的辽宁省的电力交易。

7.3 本章小结

以 2015 年 3 月颁布的《中共中央国务院关于进一步深化电力体制改革的若干意见》为标志，中国电力市场化改革在不断推进中。中国的电力市场化改革将有助于实现可再生能源边际成本低的竞争优势，对促进可再生能源消纳具有积极意义。但是，中国电力市场化改革进程目前依然比较艰难，与可再生能源发展相关领域主要还存在以下两个方面的问题需要进一步解决。

第一，电价机制方面。可再生能源上网电价机制采取的是相对统一的固定上网电价机制，没有考虑弃风弃光的影响(存在大量弃风弃光时，现有的电价水平难以使企业收回成本)，没有考虑用电高峰和低谷、甚至需要弃风时的影响(在用电低谷期，尤其是在弃风时，风电电价可以降得比较低；如果一定保证固定上网电价，则对可再生能源消纳不利)。此外，跨省跨区的输电电价偏高、缺少电力辅助服务补偿电价及需求侧响应电价实施范围有限(需求侧响应电价实施范围的扩大可以增加电力系统的灵活性从而有利于可再生能源消纳)等问题的存在均对促进可再生能源消纳产生了不利影响。

第二,电力交易机制方面。中国目前的跨省跨区电力交易依然以计划为主导,受到省间交易壁垒的限制,跨省跨区电力交易量很有限,扩大省间电力交易规模仍然受到与地方经济增长目标相冲突的制约(地方政府更愿意使用本地电厂发的电量,以增加税收和促进 GDP 增长)。中国可再生能源资源分布主要集中在东北、西北和华北地区,而东北和西北地区经济发展相对落后,电力负荷十分有限,是弃风弃光的主要地区。解决中国的弃风弃光问题,需要更大规模的跨省跨区电量交易。因此,目前中国跨省跨区电力交易机制中存在的问题给可再生能源消纳和未来发展带来较大挑战。

第8章 电力行业宏观管理和微观运行中存在的问题

8.1 电力规划协调机制中存在的问题

8.1.1 电力规划不协调阻碍了可再生能源的发展

电力规划不协调主要体现在两个方面：一是不同电源之间的规划不协调，二是可再生能源建设规划和电网建设规划之间不协调。

1. 不同电源之间的规划不协调

不同电源之间的规划不协调，造成不同种类的电源(即可再生能源、煤电、核电等)呈竞争式发展，在用电负荷增长有限的情况下，电源装机的增长远远大于用电需求的增长，产生严重的窝电现象。根据中国电力新闻网的数据，截至2012年底，东北地区火电装机约7961万kW，水电装机约844万kW，风电装机约1832万kW，总装机超过1亿kW，但该区域最高负荷仅为4556万kW(表8.1)。

表8.1 2006～2012年东北地区各电源累计装机容量及最高负荷 (单位：万kW)

年份	水电	火电	风电	总装机容量	最高负荷
2006	640.24	4060.58	85.08	4785.9	3369
2007	645.76	4693.22	162.54	5501.52	3424
2008	656.03	5184.25	325.96	6166.24	3550
2009	661.47	5827.21	627.16	7115.84	3908
2010	700	6999.15	1044.32	8743.47	3941
2011	708.53	7692.96	1510.06	9911.55	4173
2012	844.43	7961.44	1831.85	10637.72	4556

可以看到，东北地区仅火电装机容量在2012年已经远远超过了当地最高负荷，因此，其对可再生能源发电的消纳能力极其有限。并且，从装机容量和最高负荷的增长情况来看，在负荷增长相对缓慢的情况下，传统化石能源发电和风电均呈现出快速增长的趋势，这必然给风电的消纳带来较大阻碍。

不同电源规划不协调的主要原因是分管不同电源的部门相对独立，其在电源项目建设和审批时缺少必要沟通。例如，某一地区曾用同一负荷需求分别申请建立了风电场、燃煤电厂和核电厂，当地政府为了吸引投资、促进经济增长对该类情况实际上是持鼓励态度,结果造成了电力供给出现比较严重的过剩情况,这是可再生能源大量被弃掉的重要原因之一。

2. 可再生能源建设规划和电网建设规划之间不协调

以风电为例,目前缺少风电开发和电网建设的统一规划机制。政府在进行风电开发规划时,主要依照当地的风能资源情况确定风电的开发规模和建设时序,并没有考虑电网输电能力,因此造成了风电规划与电网规划脱节,风电与电网发展不协调。例如,陕西省曾规划在 2012 年风电装机达到 101 万 kW,2015 年达到 180 万 kW,2020 年达到 360 万 kW。但是,陕西省却缺乏相应的电网建设规划,现有的电网难以消纳如此大的装机容量,因此,风电规划和电力规划的不协调将会限制风电消纳。

8.1.2 规划的执行力弱阻碍了可再生能源发电的消纳

现有的电力系统综合资源规划机制面临的最大困难是缺乏执行力,政府对实施规划没有具体的保障措施,难以保障规划的权威性和统一性。以风电为例,风电项目建设规模远远超出规划,这也是风电弃风率较高的主要原因之一。表 8.2 显示,2010 年中国风电装机容量规划目标是 1000 万 kW,而实际完成情况是 4473 万 kW,约是原规划目标的 4.5 倍。2015 年中国风电装机容量规划目标是 10000 万 kW,但在 2013 年底中国风电总装机容量就已经达到了 9141 万 kW,按照中国当时风电装机容量每年约 1000 万 kW 的增长速度,2015 年实际装机容量必将超出规划目标。

表 8.2 2005~2015 年中国风电装机容量规划目标与实际完成情况 (单位:万 kW)

年份	规划目标	实际完成情况
2005	120	126
2010	1000	4473
2015	10000	9141(截至 2013 年底)

资料来源:国家能源局. 可再生能源发展"十一五"规划,可再生能源发展"十二五"规划;北极星电力网. http://news.bjx.com.cn/。

再以河北省为例,河北省由于风电建设投资方和地方政府对风电发展比较积极,截至 2012 年已投产、核准和取得路条文件的风电装机容量已达到 1490 万 kW[①],远远超过原规划中 2015 年达到 1013 万 kW 装机容量的目标,特别是承德市丰宁地区原规划仅 60 万 kW,但已开展及拟开展前期工作的风电场已近 200 万 kW,装机容量远超规划,而原有输电规划将远远不能满足目前风电发展需求,导致河

---

① 资料来源:北极星风力发电网. http://news.bjx.com.cn/。

北省风电的并网和消纳产生困难。

不仅是风电的实际发展速度超出了规划,其他电源项目的建设也超出了规划,表 8.3 表明除了生物质能,其余电源建设均超出了规划目标。表 8.4 显示的是东北电网电力装机规划及实际建设情况,除抽水蓄能电站和核电以外,其余类型的电源建设项目均超出了规划目标。

表 8.3 除风电以外的电源项目的规划目标及截至 2013 年底实际完成情况

(单位:万 kW)

年份	规划目标				实际完成			
	火电	水电	太阳能	生物质能	火电	水电	太阳能	生物质能
2005	28600	10000	5.3	无	39138	11000	7	200
2010	59300	19000	30	550	70967	21605	80	550
2015	96300	26000	2100	1300	86238	28000	1942	1223

资料来源:国家发展和改革委员会. 2012. 国家发展改革委关于印发可再生能源发展"十一五"规划的通知。
国家能源局. 2013. 国务院关于印发能源发展"十二五"规划的通知。
水电水利规划设计研究总院,国家可再生能源信息管理中心. 2013. 2013 年中国生物质能发电建设统计报告。

表 8.4 东北电网电力装机规划及实际建设情况 (单位:万 kW)

项目	规划目标		实际完成	
	2010 年规划	2020 年规划	2010 年实际	2012 年实际
火电	5293	8433	7146	7961
抽水蓄能电站	90	350	30	150
水电	659	684	700	844
核电	0	400	0	0
风电	820	990	1058	1832

资料来源:东北电网公司.《东北电网"十一五"规划及 2020 年远景目标研究》;《二〇一一年电力工业统计资料汇编》;《二〇一二年电力工业统计资料汇编》;国家能源局东北监管局. 2013.《东北区域年度电力监管报告(2012 年)》;胡亮等(2013)。

8.2 财税机制中存在的问题

中国已经实施了一系列促进可再生能源发展的财税政策,包括 2006 年财政部颁布的《可再生能源发展专项资金管理暂行办法》规定,发展专项资金的使用方式包括:无偿资助和贷款贴息[①];2008 年 7 月,财政部颁布的《财政部关于调整

---

① 中华人民共和国财政部. 2006. 可再生能源发展专项资金管理暂行办法。

大功率风力发电机组及其关键零部件、原材料进口税收政策的通知》规定自 2008 年 1 月 1 日(以进口申报时间为准)起,对国内企业为开发、制造大功率风力发电机组而进口的关键零部件、原材料所缴纳的进口关税和进口环节增值税实行先征后退[①];2008 年 12 月,财政部、国家税务总局颁发的《关于资源综合利用及其他产品增值税政策的通知》规定,销售利用风力生产的电力实现的增值税实行即征即退 50%的政策[②];2011 年,财政部、国家发展和改革委员会、国家能源局颁布的《财政部、国家发展和改革委员会、国家能源局关于印发〈可再生能源发展基金征收使用管理暂行办法〉的通知》规定,可再生能源发展基金包括国家财政公共预算安排的专项资金和依法向电力用户征收的可再生能源电价附加收入[③];2015 年,财政部颁布的《财政部关于印发〈可再生能源发展专项资金管理暂行办法〉的通知》规定,可再生能源发展专项资金根据项目任务、特点等情况采用奖励、补助、贴息等方式支持并下达地方或纳入中央部门预算[④]等。但从更有效地促进可再生能源发展的角度看,目前的财税机制中还存在一些问题,主要体现在三个方面:第一,补贴机制存在附加值调整滞后与补贴不到位的问题;第二,体现可再生能源环境友好性价值的环境税迟迟没有出台;第三,财税政策的支持对象相对有限。

8.2.1 补贴机制存在附加值调整滞后与补贴不到位的问题

在财政补贴的收取与发放机制方面,现有的补贴机制存在附加值调整滞后与补贴不到位的问题,导致可再生能源电价补贴缺口较大。基于历年的可再生能源发电量和电力附加的变化,对电价附加标准下征收的可再生能源补贴额与实际可再生能源发电量需要发放的补贴进行了测算,其中需要补贴额度仅包括发电这一部分,还未添加电网接入补贴等。图 8.1 显示,自 2007 年始电力附加这一部分征收的补贴额已不能完全满足可再生能源发电所需补贴,存在较大的缺口。2013 年 9 月已经将电力附加费上升到 1.5 分,但就 2015 的可再生能源发电目标来说,该补贴额还是不能为当时的可再生能源补贴提供完全的保障,在不计算电网接入补贴的情况下,仍然有较大的资金缺口。截至 2016 年上半年,可再生能源补贴缺口累计达到 550 亿元,2016 年全年突破 600 亿元。可再生能源发展补贴的巨额缺口及补贴不能及时发放问题,将会降低可再生能源企业的投资回报率,打击投资者投资可再生能源产业的热情,对可再生能源产业发展产生不利影响。

---

① 中华人民共和国财政部. 2008. 财政部关于调整大功率风力发电机组及其关键零部件、原材料进口税收政策的通知.
② 中华人民共和国财政部,国家税务总局. 2008. 关于资源综合利用及其他产品增值税政策的通知.
③ 中华人民共和国财政部,国家发展和改革委员会,国家能源局. 2011. 财政部、国家发展和改革委员会、国家能源局关于印发《可再生能源发展基金征收使用管理暂行办法》的通知.
④ 中华人民共和国财政部. 2015. 财政部关于印发《可再生能源发展专项资金管理暂行办法》的通知.

图 8.1 电力附加标准下征收的补贴与实际需要补贴差异情况

8.2.2 体现能源生产环境外部性的财税机制不完善

第 4 章的研究结果显示，与燃煤发电相比，可再生能源发电具有较大的环境外部成本方面的优势，但目前这种优势并没有充分体现出来。按照环境经济学理论，应通过环境管制政策促使企业将生产中产生的环境外部成本内部化。但是，目前中国对传统化石能源生产方面仍然存在较大数额的补贴，而促进其实现环境外部成本内部化的激励政策相对缺乏。图 8.2 为传统化石能源环境税的实施对可再生能源发电和燃煤发电竞争力的影响。

图 8.2 中由于电力的需求弹性比较低，电力需求曲线斜率较大。在有环境税的情况下，燃煤发电企业的社会成本（私人成本+环境成本）大于其私人成本，因

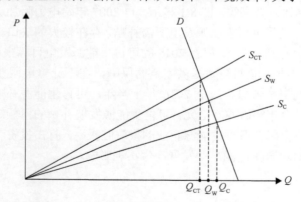

图 8.2 传统化石能源环境税的实施对可再生能源发电和燃煤发电竞争力的影响
D 表示电力需求曲线；S_C 表示没有环境税情况下燃煤发电的供给曲线；S_W 表示风电的供给曲线；S_{CT} 表示有环境税情况下燃煤发电的供给曲线；Q_{CT} 和 Q_C 分别表示有环境税情况下和没有环境税情况下对燃煤发电的需求；Q_W 表示对风电的需求

此，在同样的电价下，S_{CT} 位于 S_C 的上方。同时，第 1 章计算结果显示，燃煤发电的环境外部成本是 0.24～0.30 元/(kW·h)，而 2016 年中国煤电平均上网电价约为 0.40 元/(kW·h)[①]，风电平均上网电价约为 0.53 元/(kW·h)[②]，二者的上网电价差低于燃煤发电的环境外部成本。因此，在假设环境税与环境外部成本相等的情况下，风电的供给曲线位于考虑环境税情况下的燃煤发电的供给曲线的下方。

图 8.2 显示，如果征收的环境税能够完全体现燃煤发电的环境外部成本，则市场均衡条件下的风电需求量会大于燃煤发电量。《中华人民共和国环境保护税法》已于 2018 年 1 月 1 日起开始正式实施，按照该税法的附录《环境保护税税目税额表》的规定，"大气中主要污染物执行每污染当量 9.6 元"的标准，按照此标准计算，相当于对于燃煤发电厂的税收标准是 0.015 元/(kW·h)[③]，这一税收标准远小于燃煤发电的环境外部成本，即体现可再生能源环境友好性价值的财税机制还需要进一步完善。

8.2.3 财税政策的支持对象相对有限

目前中国财政补贴和税收优惠政策的支持对象主要针对可再生能源发电企业，随着可再生能源发电比例的不断增加，只支持可再生能源发电企业的财税优惠政策已经难以满足可再生能源的进一步发展。这是由于与传统化石能源发电出力的稳定性不同，可再生能源出力具有波动性特征，为了适应可再生能源的大规模发展，需要整个电力系统的运营模式向满足灵活性电源并网发电的方向转变，包括智能电网的建设、储能系统的配备、灵活性电源的支持等，对于促进可再生能源发展的财税优惠政策，在可再生能源发展初期可以仅针对可再生能源自身采取激励措施；但是，随着可再生能源规模的不断扩大，应从整个电力系统灵活性建设角度考虑优惠的财税政策的设计。风电的特性将导致电网的运营成本增加，因此，仅依靠强制性的行政措施可能效果并不明显，应该增加对电网的激励性措施和财政补贴。Yang 和 Chen(2013)也认为，由于缺乏财政激励，电网不愿投资建立输电线路将风电接入主网，浪费了风电装机容量；另外，从备用容量角度看，作为备用容量的火电需要为风电压低出力、降低发电效率，但目前并没有一个对提供备用容量机组的合理补偿机制。因此，中国目前财税政策支持的范围相对有

---

① 2016 年各省煤电上网电价排行榜. (2016-09-12) [2018-05-06]. http://news.bjx.com.cn/html/20160912/771711.shtml.
② 资料来源：北极星电力网. https://www.bjx.com.cn/。
③ 根据闫风光和赵晓丽(2016)，中国火电厂 SO_2、NO_x 的碳足迹分别为 0.77g/(kW·h)、0.75g/(kW·h)；又根据《中华人民共和国环境保护法》中的附录《应税污染物和当量值表》的规定，SO_2 和 NO_x 的污染当量值均为 0.95kg；根据该法中规定的污染当量计算办法，即污染当量=排放量/污染当量值，可以得到 SO_2 和 NO_x 的污染当量分别为 0.77/(1000/0.95)≈0.00081g 和 0.75/(1000/0.95)≈0.00079g。由此，可知对火电厂税收标准为 9.6×(0.00081+0.00079)≈0.015 元/(kW·h)(目前没有对 CO_2 的排放征税)。

限也是制约可再生能源进一步发展的因素之一。

8.3 电力运行机制中存在的问题

可再生能源发电的运行问题主要体现在以下三个方面：第一，年度发电计划的安排模式不利于接纳更多可再生能源并网发电；第二，调度模式安排中存在着不利于可再生能源并网发电的因素；第三，备用容量安排中的问题。

8.3.1 年度发电计划的安排模式不利于接纳更多可再生能源并网发电

中国年度发电计划更多考虑的是火电机组的发电计划，火电机组发电量的年度计划由省电网公司上报方案，地方政府最终审批。年度发电计划制定中的影响因素主要包括四个方面：第一，火电项目批准时的年发电小时计划数；第二，上一年的发电量；第三，GDP 的增长目标和负荷需求情况；第四，火电企业的游说能力。目前年度发电计划的安排模式对可再生能源并网发电规模扩大的不利影响主要体现在以下三个方面。

(1)目前的年度发电计划很少考虑可再生能源电力的出力计划，而在负荷较低的情况下若满足火电机组发电计划，可再生能源发电空间将变得非常有限。

(2)电网公司经常以满足火电机组年度发电计划的目标为由，在不影响电力系统运行安全、可以降低火电机组发电的情况下，仍然让火电机组发电，造成大量可再生能源电力的浪费。

(3)年度发电计划安排中火电机组发电量确定的依据之一是该机组上一年度的发电量，这种机制相当于鼓励火电机组多发电，从而不利于可再生能源发电规模的增加；因为在负荷一定的情况下，只有在火电机组少发电(降低出力，为风电机组调峰)的情况下，才有利于更多可再生能源并网发电。

中国政府已经注意到年度发电计划的不合理性，这种不合理性不仅体现在对可再生能源发电的阻碍作用，更重要的是不利于电力市场化改革的推进，不利于效率的提高。因此，国家发展和改革委员会和国家能源局于 2017 年颁布了《国家发展改革委 国家能源局关于有序放开发用电计划的通知》，通知中明确了要逐年减少既有燃煤发电企业计划电量、新核准的发电机组积极参加市场交易等内容。

8.3.2 调度模式安排中存在着不利于可再生能源并网发电的因素

调度模式首先体现为火电机组的开机方式。火电机组的开机方式偏大的问题比较普遍，是指正在运行的火电机组数量多于应该运行的火电机组数量，以及/或正在运行的火电机组的出力情况大于其应该出力的情况。火电机组开机偏大对可再生能源并网发电的不利影响主要体现在以下两个方面。

(1) 火电机组开机方式偏大意味着火电出力多，在负荷一定的情况下，可再生能源发电空间将变得比较有限。

(2) 火电机组开机方式偏大增大了火电机组向下调峰的难度，从而在负荷降低或风电出力增加的情况下，火电机组难以压低出力为风电并网发电让出更多的空间。

火电机组开机方式偏大的主要原因是：第一，在需要增加火电机组出力的情况下，在线运行的火电机组会优先得到调度，因此，为了尽可能多地发电，火电企业千方百计要求机组能够在线运行。第二，地方政府在火电企业的游说下常常帮助其争取在线运行并尽可能多地争取出力的机会。第三，风电出力预测不准也是火电机组开机方式偏大的原因之一。目前由于风电预测准确性相对不高，为防止风电出力预测结果远大于实际可出力结果，在开机方式的确定中，电网公司往往倾向于留出更多的火电备用容量，以保证电力系统的安全稳定运营。

调度模式安排中存在的问题还体现在：大部分省级电力公司目前的调度模式仍然沿用传统的以火电为核心的调度方法，针对大规模可再生能源发电背景下调度模式的改革和实践比较缺乏。

8.3.3 备用容量安排中的问题

在可再生能源发电快速增长的背景下，需要研究为满足可再生能源接入比例不断提高所需的额外的备用容量及相应的成本分摊问题。研究中需要考虑风电与负荷的波动性及预测误差，以及系统可能增加的最大波动情况。黄少中等(2012)分情景计算了 2015~2020 年无风电接入和有风电接入时的备用总成本，以及由风电所导致的备用成本增加如果完全由风电场承担的成本情况。但是，目前在不同的风电并网比例下，针对不同地区电力系统特征和风资源出力波动特征，一次备用、二次备用、三次备用的容量应该分别为多少还缺乏具体规定，造成备用容量安排不合理。Holttinern（2009）研究表明：当风电比例为总需求量的 10%时，备用容量为风电装机容量的 1%~15%；当风电比例为总需求量的 20%时，备用容量为风电装机容量的 4%~18%。

但是，中国目前在风电资源丰富而负荷又相对较低的地区，在火电企业不断施压的情况下，调度机构往往以电网安全为由，过大预留系统旋转备用。例如，西北电网有的地区预留容量达到标准预留量的 4 倍以上，有的发电企业为了完成电量计划勉强维持开机数量，而导致旋转备用过度富余。以上现象不仅不利于风电的并网发电，而且也不利于火电机组的高效运行和节能减排，造成了社会资源的不必要浪费。

8.4 本章小结

电力行业的宏观管理和微观运行均对可再生能源的发展产生影响，目前这两方面都在一定程度上存在着阻碍可再生能源发展的问题。电力行业宏观管理方面的问题主要是指电力规划协调机制中存在的问题，以及财税机制中存在的问题。电力规划协调机制中的问题主要是指：①不同电源之间的规划不协调，在电力负荷增长相对有限的情况下，燃煤发电、核电等其他电源装机的快速增长会给可再生能源装机增长的消纳问题带来很大的挑战。②可再生能源建设规划和电网建设规划之间不协调，导致可再生能源电厂建成后难以及时并网发电。③规划的执行力较弱。财税机制中存在的问题主要指：①补贴机制存在附加值调整滞后与补贴不到位的问题；②体现可再生能源环境友好性价值的财税机制需要进一步完善；③财税政策的支持对象相对有限。

电力行业微观运行机制中存在的主要问题包括：①年度发电计划的安排模式不利于接纳更多可再生能源并网发电。目前的年度发电计划的安排模式仍然有利于传统化石能源企业的发电，对可再生能源优先发电考虑不足。②调度模式安排中存在着不利于可再生能源并网发电的因素。目前的电力调度模式中较为普遍地存在着火电机组开机方式偏大的问题，从而降低了可再生能源消纳的空间。③备用容量安排中的问题。主要体现为电力系统的旋转备用容量偏大；此外，缺少适合于可再生能源发电比例不断增加的情况下的一次备用、二次备用、三次备用的具体规定。

第 9 章　促进可再生能源发展的监管制度保障

9.1　国外电力行业监管经验对中国的借鉴

9.1.1　形成有效的电力市场结构是实现有效监管的前提

1. 有效的电力市场拆分

英国和法国电力市场改革过程中对于原有一体化电力公司的处置方式是不同的。原英国中央电力局(Centeral Electricity Generating Board, EGB)负责电力生产和大批量输送，并控制整个产业的大部分投资，电力集中管理体制与目前中国的电力管理体制类似。早在1988年，英国就开始对电力行业进行改革，形成了发电、输电、配电和售电业务的有效分离，原中央电力生产局分解为国家电网公司、国家发电公司、国家电力公司和核电公司，原有的12个地方电力局改组为12个地方电力公司，国家电网公司的所有权转到了12个地方电力公司。原法国电力公司是一体化经营的垄断电力企业，1999年法国电力公司控制法国91%的发电量、全部的输电业务和96%的供电业务，2000年法国电力体制改革后，法国电力公司并没有进行拆分，而是将输电和调度业务单独设立部门，与其他业务进行了剥离，以保证输电网络的公平接入和透明，法国电力公司内部设立了独立的输电网管理机构(RTE)，在财务、管理、融资上完全独立。英国和法国的实践表明，发电、输电、售电、配电的有效独立可以提高电力市场运行的效率，限制一体化电力公司的高度垄断。

2. 清晰的价格区分办法

法国电力体制改革的一个关键内容就是开放了用户选择权，根据电量制定了开放门槛，用户可以自由选择电力供应商。英国则将电力用户分为基本居民电力用户、具有选择权的电力用户和不具有选择权的电力用户，基本居民电力用户和不具有选择权的电力用户适用统一的电力指导价格，而具有选择权的电力用户则可以自行选择电力供应公司及商定电力供应价格。有效的用户识别可以给电力供给带来竞争，目前中国国内正在探索大用户直供电的电力改革模式，这也是在探索对于不同用户进行有效区分。

9.1.2　形成独立的综合能源监管部门是有效监管的关键

电力改革完成后，欧盟整体的电力监管格局都发生了较大的变化，1996年以前,欧盟对于电力监管的指令是依靠政府部门对电力市场进行监管,1996~2003年,欧盟对于电力市场监管的责任主体没有进行强制要求,2003年开始,欧盟发出电力市场改革指令,要求建立独立的综合能源监管部门。英国和法国的电力改革过程都强调了独立的综合能源监管部门的重要性,法国在电力市场改革过程中创建了能源监管委员会(CRE),负责法国电力和燃气的市场监管;英国在1989年颁布的《电力法》中就提出了电力行业建立新的政府管制框架,1996年独立于政府的组织OFGEM成立,OFGEM独立负责英国的电力和天然气市场的监管。英国和法国的实践表明,只有独立的综合能源监管机构才能充分发挥市场监管的作用。

9.1.3 第三方的有效参与是有效监管的重要措施

法国和英国的电力市场改革都强调了第三方的有效参与,在法国电力市场中独立的发电商、交易商和用户都可以使用电网进行交易;而在英国模式中,第三方在监管政策制定过程中可以提出独立的建议,同时在监管政策执行过程中对电力公司对于计划的执行情况具有充分的知情权。第三方的参与可以有效破除电力市场中信息的不透明性及电力市场的垄断性,对于中国下一步进行的电力市场改革具有指导作用。

9.1.4 信息的高度透明是有效监管的重要方面

法国要求法国电力公司必须按照透明的会计规则,分别保留发电、输电、配电和其他经营活动的财务信息。英国则要求电力公司必须就原有计划的执行情况向OFGEM和第三方组织给予明确的说明。信息的透明性可以保证监管的有效实行,因为在信息严重不对称的环境下很难产生有效的监管。

9.1.5 将公共服务业务与竞争性业务分离,并采取不同的监管方式

将公共服务在法律上从竞争性业务中分离出来,可以保证提供有效的公共服务,避免业务间的利益转移,保证企业间竞争的公正性,同时也可以确保公共服务提供企业在竞争性领域具有竞争力。

公共服务业务与竞争性业务的目标不同,其管制方式、考核方式等监管机制也应不同。公共服务的监督重点在于成本是否透明合理、服务是否高效、服务事项是否完备和执行,因此在与企业签订公共服务合同时,务必要强调服务合同的经济性和透明性,同时要建立合同执行跟踪机制以保证公共服务效率。

9.2 电网公司业务结构、收入模式与责任体系的重新定位

9.2.1 电力体制改革的思路与内容

2015年3月颁布的《中共中央国务院关于进一步深化电力体制改革的若干意

见》(简称电改9号文),标志着中国新一轮电力体制改革的启动。中国电力体制改革的总体目标是打破垄断,引入竞争,提高效率,降低成本,健全电价机制,优化资源配置,促进电力发展,构建政府监管下的政企分开、公开竞争、开放有序、健康发展的电力市场体系。电力体制改革的方向可以归纳为厂网分开、主辅分开、输配分开、竞价上网、售价竞争、公平调度、完善监管。电力体制改革方案可包括以下内容。

(1) 建立实时竞争的发电市场,开展竞价上网。电力市场厂网分开的电力体制改革进行了将近20年,至今只是把电厂和电网分开了,但对于发电企业来讲,在上网电价被国家管住的情况下,与电网进行博弈从而得到合理的价格是比较困难的。按照竞价上网的思路,上网电价不再由政府决定,而是主要由数量足够多的发电企业和大用户通过双边合同确定,并在低份额的电量交易中以实时定价的方式作为辅助,形成发电市场的竞价上网机制。

(2) 实行输配电和售电的有效分开,将竞争性业务分离出去。现阶段电网公司的可竞争性业务主要在于售电环节,根据电改9号文,电网公司下一阶段的改革目标包括逐步打破垄断、有序放开竞争性业务,形成主要由市场决定能源价格的机制。这样,与分离发电环节类似,将售电环节从电网公司的业务中分离出去,而对具有自然垄断特点的输配电网络环节实施有效监管,"管住中间,放开两头",实现电网公司主体"只负责传输电力,不参与买卖电力"的业务模式。

(3) 先进行输配业务重组的区域性分离,再进行输配业务的结构性分离。实行区域电网公司模式,在全国划分区域性电力市场。区域电网公司与国家电网有限公司在资产和业务上分离,国家电网有限公司拥有全国性的特高压输变电资产,区域电网公司则拥有除此之外的高电压等级的输变电资产,区域性电网公司可包括若干省级电网公司。这种区域性输配一体的架构可作为过渡性结构安排,在过渡阶段,要尽快实行输配电资产的财务独立核算。在条件成熟时可再进行输配业务的结构性分离。

(4) 推进电价改革,形成由市场主导的电价决定形式。按照电力体制改革的要求,采用分环节电价的方式,实行"三段式电价"。除了在发电环节开展竞价上网之外,在售电环节,对居民和中小工商业者仍实行政府指导价格,引入峰谷电价甚至实时电价,以引导与合理化电力用户的用电行为,待电力体制改革进一步完善后,逐步转向市场定价;在输配电环节,实行政府管制,根据电网公司经营的资产量、输电量、运营成本和提供公共服务及普遍服务的需要,单独核定其准许收入总量,然后摊入年度输电量,形成直接反映电网公司效率和真实成本的独立输配电价,并对电价采取"成本加成"的监管办法,待条件成熟时采取"价格上限"的监管办法。

(5) 推进主多分离、主辅分开改革。要在已有改革的基础上,进一步推进电网公司的非主业资产的分离改革,要由政府界定电网的业务范围,控制电网公司对非电网业务的投资。实行这项改革的目标,除了让电网业务归位之外,还有助于厘清输配电价。根据国家能源局王俊同志的建议,电网公司的输配电价(度电过网费)中,不应包括可实行市场化竞争性经营机制的设计、施工、修造、设备材料制造等辅业和"三产及多种经营"的成本因素。要控制电网公司与其所属公司之间的不正当利益转移。

9.2.2 电网公司的基本定位

根据以上改革思路,电网公司的业务结构、资产结构、收入模式将发生重大变化,新的电网公司将集中于输电业务并依靠输电获得收入。

(1)业务结构:首先实行主多分开,主辅分开;其次实行输配财务独立核算;最后实行输配业务实质性分开。

(2)资产结构:经营配电、售电业务的公司将逐步从国家电网公司剥离,电网只拥有全国范围内的特高压输变电资产,成立若干区域性电网公司和省级电网公司,使其分别拥有不同电压等级的输变电资产。国家电网有限公司可控股区域电网公司。

(3)收入模式:由购售电价差模式转为准许收入模式,电网不再靠销售电价与上网电价的价差获得收益,而是通过由政府核定的过网费来获得稳定但水平受控的收入。

9.2.3 电力体制改革路径中的几种模式

在中国电力市场改革的基本路径中,当前有三种可选改革路径方案,通过逐步推进,最终实现电力体制改革的目标模式。三种不同的改革路径,会形成三种不同的阶段性电力体制环境,不同的电力体制环境会对电网公司所要明确的可再生能源发电的发展责任问题产生很大影响,因此,在此进行分析。这三种改革路径方案分别是:第一种是"网售分开,输配一体";第二种是"电网分拆,输配售一体";第三种是"输配分开,配售一体",如图9.1~图9.3所示。

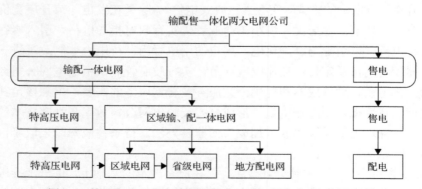

图 9.1 输配售分开电力体制改革路径一:网售分开、输配一体

第 9 章 促进可再生能源发展的监管制度保障

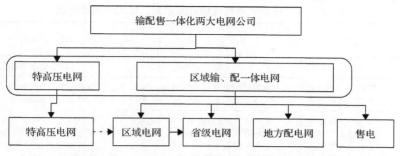

图 9.2 输配售分开电力体制改革路径二：电网分拆，输配售一体

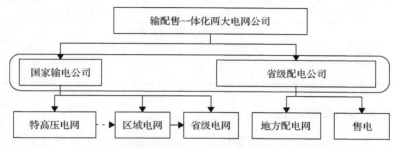

图 9.3 输配售分开电力体制改革路径三：输配分开，配售一体

三种不同的改革路径方案，形成了三种阶段性的电力体制模式，在改革的步骤及其具体内容上有着明显的不同，涉及网售是否分开、输配是否分开、电网是否拆分，见表 9.1。

表 9.1 电力体制改革可能模式改革内容比较

改革路径方案		改革内容
路径一	网售分开，输配一体	①输配电网资产保留在同一电网公司； ②将售电业务从电网剥离，以区域、省为建制组建独立售电公司，专门负责售电业务，承担普遍服务义务
路径二	电网拆分，输配售一体	①将跨区输电资产与业务分离出来，组建独立的国家输电公司，专门负责跨区电能输送业务； ②参照南方电网公司，组建独立的华东、华中、华北、西北、东北区域电网公司，各省电网资产成为相应区域公司的分/子公司，负责区域内电能输送，承担普遍服务义务
路径三	输配分开，配售一体	①重组跨区(省)及省输电资产和功能，组建独立的国家输电公司，负责跨区(省)及省电能输送业务； ②以省为单位成立独立的配电公司，省政府控股、其他社会资本参股，负责区域内售电业务，可代理从事电能买卖业务，承担普遍服务义务

除了改革内容区别外，不同改革路径所形成的阶段性电力体制在运行模式上也有差别。本章从主观角度评估了不同电力体制模式改革的效果、成本及风险，见表 9.2。

表 9.2 电力体制改革可能模式的效果、成本和风险比较

阶段性的模式	网售分开、输配一体	输配分开、配售一体	电网拆分、输配售一体
市场	独立交易中心	独立交易中心	独立交易中心
调度	调度机构保留在电网,调度管理体系不变	国家输电公司保留区域间、省间调度,省配电公司保留省内调度	国家输电公司负责区域间调度,区域电网公司负责区域内调度
收入	电网收入=输配电价×过网电量 售电收入=购销差价×输送电量	电网收入=输电价格×输送电量 配电收入=大用户直购电(输、配电价×输送电量)+普通用户(=购销差价×输送电量)	国家输电网收入=输电价格×输送电量 区域电网收入=大用户直购电(输、配电价×输送电量)+普通用户(=购销差价×输送电量)
监管	综合监管:行业管理和专业监管职能合一	独立监管:行业管理与专业监管分设	保持现状:调整协调能源管理职能。明确中央和地方的事权
效果	中	大	中
成本	中	高	高
风险	小	中	中

9.2.4 不同类型电网公司责任

在网售分开、输配分开电力体制下出现三类电网公司,虽然其都承担输电功能,但在具体责任上还是存在差别的,特别是在发展可再生能源发电的责任上存在区别,具体见表9.3。

表 9.3 不同类型电网公司承担的可再生能源发电发展责任

	国家电网(特高压电网)	区域性及省级输电网	地方性的配电网
一般责任	保障电力供应和设施安全; 加强国内输配电网投资; 履行可再生能源发展的责任; 履行环保和节能的职责; 普遍服务义务; 提供便利的公共服务	区域性电网公司是国家电网的子公司,具有对辖区内的输变电资产的运营责任。同时履行国家电网的责任	除履行上层电网的责任要求外,更直接的责任是辖区内的保供电
电力规划	根据政府要求,提交全国性的规划,并最终由政府审批发布	规划的执行单元	规划的执行单元
及时并网	对可再生能源只收过网费	收取过网费,并保障及时并网	更多地分布式并网、离网应用的支持
全额保障性收购	执行国家政策	执行国家政策	执行国家政策
电力调度及辅助服务	支持政府建立电力辅助服务市场	在区域电网公司经营范围内建设独立的电力调度、交易的财务结算机构	执行单元
电网输电容量建设	保障投资	保障投资	保障投资

目前,电力体制改革不是方案选项的问题,而是改革步骤的问题,因为改革方案已基本达成共识。鉴于当前可再生能源发电发展的问题,以及十八届三中全

会《中共中央关于全面深化改革若干重大问题的决定》(以下简称《决定》)执行进展,在电力的"售电侧"实现突破成为可能,可以认为"网售分离,输配一体"的模式可以作为最近最有可能的电力体制改革情景。

9.2.5 国资体制改革背景下电网公司功能与经营责任的重新定位

十八届三中全会《决定》提出"完善国有资产管理体制,以管资本为主加强国有资产监管""以规范经营决策、资产保值增值、公平参与竞争、提高企业效率、增强企业活力、承担社会责任为重点,进一步深化国有企业改革。""准确界定不同国有企业功能。国有资本加大对公益性企业的投入,在提供公共服务方面作出更大贡献。国有资本继续控股经营的自然垄断行业,实行以政企分开、政资分开、特许经营、政府监管为主要内容的改革,根据不同行业特点实行网运分开、放开竞争性业务,推进公共资源配置市场化。""探索推进国有企业财务预算等重大信息公开""完善发展成果考核评价体系,纠正单纯以经济增长速度评定政绩的偏向,加大资源消耗、环境损害、生态效益、产能过剩、科技创新、安全生产、新增债务等指标的权重,更加重视劳动就业、居民收入、社会保障、人民健康状况。"

从上述论述可以看出,国有资产管理体制改革中有关电网公司的重点在于从"以管企业为主"转向"以管资本为主",将重新明确电网公司的功能。

1. 对电网公司功能进行重新定位,突出其公共服务功能

电网公司作为以提供公共服务为主要任务的国有企业,其资产具有公益性,其功能应当有别于竞争性的国有企业,电网公司应以公共服务为重点,以保障电力供应为基本任务。与公共服务功能不相关的功能与业务,应从电网公司中剥离,也就是要进行公共服务类和竞争类业务的分离,以及主多分离、主辅分开改革。

2. 建立适应电网公共服务要求的考核体系

将对竞争类企业的考核与对公共服务类企业的考核分开。竞争类企业的考核可基本沿用现有的以保值增值为核心的经济性考核,公共服务类企业的考核由于其资产具有公益性、业务目标具有公共服务导向,收入多是受政府控制,收入模式相对单一,对其的考核应以其是否完成相应的公益责任为核心。由于不同领域的公共类企业的业务特征、责任与任务差别较大,很难像对竞争性企业那样制定统一的公共类企业考核指标,而更多的是一企一制度。对电网的考核更多侧重于其在保障供电、成本控制、执行国家能源政策等方面的绩效。

3. 将可再生能源电力传输业务纳入电网公司公共性业务考核范围

可再生能源电力传输业务具有显著的公共属性,应纳入对电网公司公共性业

务考核的范围内。可再生能源发电对环境污染小，有利于经济社会的可持续发展，是国家能源政策调整的重要内容，也是未来世界各国能源发展的新方向，这是其外部性特征，这种外部性收益应由政府买单。同时新能源电力具有能量密度低、带有随机性和间歇性、尚不能商业化储存的特性，这就需要在早期甚至较长的一段时间内，对新能源电力提供政策支持，特别是财政补贴。由于电网是公共类企业，政府完全可将由政府承担的发展新能源的责任部分交于电网公司分担，这是由其公共类的功能定位决定的。电网在发展新能源上不能完全算经济账。

9.3 明确电网公司新定位下的责任体系及其履行机制

9.3.1 新定位下电网公司的责任体系

1. 欧洲一些国家电网的责任体系与责任机制的借鉴

欧洲可再生能源发电增长速度较快，这与相关的政策和制度密不可分。总体而言，欧洲可再生能源发电很早就开始实现"强制入网、优先购买"等政策，通过制度保障可再生能源发电政策的实施，明确规定了电网公司的责任与义务。此外，对可再生能源发电实施补贴政策，确保其经济效果，使其在技术层面和经济层面的发展相吻合，从经济激励角度更好地促进可再生能源的发展。

在欧洲可再生能源发电并网的制度安排中，所有的经济主体都承担了相应的责任，政府的责任包括可再生能源发电并网整体制度的设计、实施、平衡、监管，电网公司的责任包括可再生能源电力的接入、购买、输配，可再生能源发电企业的责任包括可再生能源电力的生产、预测、销售等，民众的责任则包括对可再生能源电力的使用和相关成本的支付等。

以公共服务合同及法律的形式规定电网的责任。根据市场开放和资本开放下政府对公共服务的重新认识，法国在2003年由专家组呈交经济部的《关于国家股东和国营企业的治理》报告中，明确指出了法国电力的公共服务责任，将执行国家能源政策及履行环保和节能的职责作为其中的两大重要板块，并提出通过与企业签订严格的公共服务合同，确保公共服务事业内容的透明度、活动所需条件及所提供的公共服务的经济保障。德国政府在1991年通过了《电力入网法》，强制要求公共电力公司购买可再生能源发电，电网经营者具有优先购买风电经营者生产的全部风电并给予其合理的价格补偿的义务；在2000年颁布的第一部《可再生能源法》中，规定了输电网的义务，包括强制入网义务、就近上网义务、优先购买义务和固定支付电价义务。而英国的电力市场改革将英国电力行业私有化，形成了现在发电、输电、配电、售电完全分开的形式。目前英国国家电网公司只负责电力输送，在电力传输过程中只收取相应的过网费用。

2. 电网公司责任体系的重新设计

根据国家电网有限公司的公司章程，目前国家电网有限公司的职责包含以下九个部分：①执行国家法律、法规和产业政策，在国家宏观调控和行业监管下，以市场需求为导向，依法自主经营。②对有关企业的有关国有资产行使出资人权利，对有关企业中由国家投资形成并由国家电网有限公司拥有的国有资产依法经营、管理和监督，并相应承担保值增值责任。③根据国民经济中长期发展规划、国家产业政策、电力工业发展规划和市场需求，制定并组织实施国家电网公司的发展战略、中长期发展规划、年度计划和重大生产经营决策。受国家有关部门委托，协助制定全国电网发展规划，提出全国电力工业发展规划的建议。④参与投资、建设和经营相关的跨区域输变电和联网工程。⑤负责所辖各区域电网之间的电力交易和调度，处理区域电网公司日常生产中的网间协调问题，实现安全、优质、高效运行。⑥根据国家法律、法规和有关政策，优化配置生产要素，组织实施重大投资活动，对投入产出效果负责。加快技术创新和科技进步，增强企业竞争力，促进电力工业持续、快速、健康发展。⑦深化企业改革，加快结构调整，转换企业经营机制，强化内部管理，妥善做好企业重组、机构精简和富余人员分流与再就业工作，维护企业和社会稳定。⑧指导和加强国家电网公司有关企业的思想政治工作和精神文明建设，统一管理国家电网公司的名称、商标、商誉等无形资产，搞好国家电网公司企业文化建设。⑨承担国务院及有关部门委托的其他工作。

以上九个部分的职责体现了国家电网公司"服务党和国家工作大局、服务电力客户、服务发电企业和服务经济社会发展"的精神，但是在电力体制改革和国资委改革的条件下，该职责并没有很好地体现出电网公司业务内容和资产职能的全新定位，也没有清楚地表明电网公司对可再生能源电力传输的公共属性。应对电网公司的责任体系进行重新界定。

电网公司更多地强调政治责任、社会责任，这是在现有国资管理体制下作为央企的一种很常见，也是可以理解的一种带有表态性的责任承诺。但最大的问题是这种责任体系不能细化，更不能追责。电网公司责任体系的重新设计是要把虚的承诺明确化、具体化，可考核，可追责。

新定位下电网公司的责任体系及发展可再生能源的责任如下。

(1) 保障市场竞争环境下的电力供应和电力设施安全。正常情况下，为避免因电力生产设施的问题而影响电网安全，输电网公司必须与其他电力公司保持密切联系，以实现优化检修和保证生产设施的可利用性目标。应急状态下，国家要求电力系统各单位，特别是电网公司动员本部人员和技术力量，协同配合，组织好应急工作。在政府部门的领导下，各单位的人力物力由应急指挥中心统一调配。

(2) 加强国内输配电网投资。国家制定电力规划，规划中要有电网规划。依据规划，电网公司应确保规划所需的投资。电网公司应定期向国家汇报全国建设计划，协助编制多年投资规划。

(3) 执行国家能源政策，履行可再生能源发展的责任。电网公司要通过多项措施(购买可再生电力、参加国家补偿供求平衡的招标项目、促进研究与开发)促进实施国家能源政策的各项目标。电网公司应确保实现国家确定的可再生能源发展的目标、上网要求等。由此产生的投资与成本，国家可制定相应的经济补偿政策。

(4) 履行环保和节能的职责。电网公司应承诺将二氧化碳成本及二氧化硫和氮氧化物减排的要求列入生产手段优化与投资计划，并且有义务帮助客户控制电力需求，开展节能宣传。

(5) 普遍服务义务。国家应具体规定电网公司应承担的普遍服务义务，如边远地区供电、农业用电优惠、向困难用户提供支持等。

(6) 提供便利的公共服务。为用户提供便利的公共服务包括就近设立公众服务点，保证用户的服务质量等内容。服务方式应多样化，应适应时代的变化，使用户的要求、地方当局的需要与技术进步、经济效率目标同步发展。

9.3.2 建立公共服务责任的履行机制

1. 制定《公共服务合同》

由多个部门联合，共同制定合同。在合同中不仅要有资产及经济方面的要求，更多地要体现以上六个方面所规定的公共服务责任。

2. 合同的执行与跟踪

可由国家能源局牵头，以多个国家机构为代表组成监督委员会，对电网公司的合同执行情况进行跟踪和评价。监督委员会要将结果向国务院报告。

3. 建立公共服务的成本补偿机制

履行公共服务的成本从加收税费(公共电力服务税)、管制性售电价和过网费中提取。不同的公共服务项目有不同的补偿机制。

9.4 当前电力体制下电网公司监管制度的完善

9.4.1 明确可再生能源发展责任在电网公司监管中的重要地位

经验表明，只有明确了电网公司在可再生能源发展中的责任，使之具体化，才能在监管实践中设计出有效的机制和明确的监管目标。《中华人民共和国可再生能源法》在制定过程中就意识到了这一点，但在具体立法后，相关的配套法规没有与之衔接，使电网公司在可再生能源发电发展中的重要责任没有得到有效履行。

电网公司在可再生能源发电发展中责任的监管，在未来整个电网公司的监管中将处于重要地位。电网公司在可再生能源发电发展责任的监管中有三个重要的特点：首先，打破了原来在传统的电源结构中建立起来的电力市场运行机制，因而是对过去形成的监管体系的一种新挑战；其次，可再生能源发电目前尚未形成完全市场化机制，其发展依靠政策支持，其监管的内容具有很多政策性目标，甚至是转变经济发展方式的手段之一，面临的监管压力大，普遍受社会舆论关注，如能源结构调整与环境污染、雾霾等问题；最后，监管目标的实现需要多个主体协调配合，如电网发展规划、电源建设规划、电价等问题。因此，只有对电网公司做出了明确、可操作的发展可再生能源发电的责任，才能推动整个电网公司的变革，适应新的能源革命。

根据当前电力体制下电网所处的市场地位，电网公司在可再生能源发展中处于关键环节，是可再生能源发电发展责任的重要主题。一般来说，应当以法律法规的形式确定在不同市场化程度的电力体制条件下，电力市场不同主体发展可再生能源的责任，特别应当强调，在输配售一体化电力体制下，对电网公司责任的描述应当作为一个整体，而不仅仅分别描述各个环节责任，防止形成监管真空。《中华人民共和国可再生能源法（修正案）》对电网在发展可再生能源的责任作出了明确的规定，如图9.4所示。

第十四条(第二款、第三款)

电网企业应当与按照可再生能源开发利用规划建设，依法取得行政许可或者报送备案的可再生能源发电企业签订并网协议，全额收购其电网覆盖范围内符合并网技术标准的可再生能源并网发电项目的上网电量。发电企业有义务配合电网企业保障电网安全。

电网企业应当加强电网建设，扩大可再生能源电力配置范围，发展和应用智能电网、储能等技术，完善电网运行管理，提高吸纳可再生能源电力的能力，为可再生能源发电提供上网服务。

第二十条

电网企业依照本法第十九条规定确定的上网电价收购可再生能源电量所发生的费用，高于按照常规能源发电平均上网电价计算所发生费用之间的差额，由在全国范围对销售电量征收可再生能源电价附加补偿。

第二十一条

电网企业为收购可再生能源电量而支付的合理的接网费用以及其他合理的相关费用，可以计入电网企业输电成本，并从销售电价中回收。

第二十九条

违反本法第十四条规定，电网企业未按照规定完成收购可再生能源电量，造成可再生能源发电企业经济损失的，应当承担赔偿责任，并由国家电力监管机构责令限期改正；拒不改正的，处以可再生能源发电企业经济损失额一倍以下的罚款。

图 9.4　有关电网对发展可再生能源发电责任的规定
资料来源：《中华人民共和国可再生能源法》(2009)

《中华人民共和国可再生能源法》对电网公司承担的成本也安排了相应的经济机制，对电网公司未履行的责任也制定了惩罚。然而，现实情况却未能达到制定法律的目标要求，原因之一在于缺乏相应的配套措施，电网公司对自己应当承担的责任作出了不同的解读。虽然原电监会制定了《电网公司全额收购可再生能源电量监管办法》（简称《全额收购监管办法》），但由于缺乏全额保障性收购制度的具体办法，其监管难以落到实处。

对《中华人民共和国可再生能源法》规定的电网公司提高全额保障性收购能力相应的配套建设责任，缺乏相应的约束性指标。过于原则性的责任规定，使在监管实践中的操作难度增大。

9.4.2 确立电力监管顶层目标并建立一体化的综合协调机制

1. 确立明确的电力监管顶层目标

有代表性国家电力体制市场化改革的经验表明，明确的顶层目标有利建立有效的监管体系。例如，英国2014年实施的新一轮电力改革方案不再以"促竞争、提效率"为目标，而是以"保障安全供电、促进低碳发展和用户负担最小为目标。"那么电力监管目标也将进行调整，以适应新的政策目标的要求。中国经济社会目前正处于大变革阶段，为了使电力监管适应未来的社会经济发展，就必须要在顶层目标上与国家改革发展顶层设计相一致，与时俱进。中国电力监管的顶层目标应该是建立在平衡国家、消费者（公众）与投资者利益的基础上，平衡经济发展责任和公共责任，服务国家能源战略调整，推动能源生产和消费革命。对确立明确的电力监管顶层目标主要需要考虑以下几个方面。

1) 经济性目标

无论是电力市场化体制改革还是电力监管目标，不是价格越低就越好，而是让市场机制决定资源的市场价格。在电力行业的竞争环节，在保障公平竞争的条件下，由市场主体自由定价，价格由市场供需决定；在输电环节，电网公司属于自然垄断，用监管的方式替代竞争，加强监管，避免自然垄断的负面效应导致低效率及社会生产资源的浪费和福利损失。

2) 社会性目标

电力产业作为国民经济的基础性行业，除了保证电力供应外，还需要承担节能减排、推动能源革命的社会责任。为此，需要更多的社会性监管，包括对电网公司提供社会性公共服务，处理外部不经济、信息不对称等问题，对物品和服务的质量及伴随其产生的各种活动进行监管，并禁止、限制特定行为的一系列监管。电力社会监管有安全性监管、健康卫生监管和环境监管几类(表9.4)。

表 9.4 电力社会性监管主要内容

监管项目	具体内容
能源安全	电力系统安全、供电可靠性、能源战略储备、能源结构、能源效率等
消费者权益	电力质量、电力计量与收费行为、及时响应客户需求、争议处理
生态环境	有害气体排放、大气污染、水资源利用、环境信息披露
普遍服务	任何用户都能以合理的价格通过某种可行方式享受到具有一定质量保证的非歧视性的基本电力服务
社会责任	绿色发展、服务国家大局、服务经济社会发展

3) 经济性目标与社会性目标的平衡

在电力监管顶层目标的设计中,既要适应经济发展水平,促进社会性目标的实现,又要注意经济与绿色发展的协调关系。

2. 提高电力法律法规及配套制度的"可操作性"

电力监管属于专业性很强的复杂监管领域,既有电力行业的特殊性,又涉及自然垄断领域的监管。目前中国电力行业的法律不仅在内容上过于原则性,更且相对落后于电力行业发展现实。法律的生命在于执行,而可操作性也决定了法律执行,一部没有执行可操作性的法律也不会具有权威性。

提高可操作性,一方面是在立法时就要考虑如何执行,进行立法分析评估。从立法方面对各个利益相关者的影响、对环境的影响、执法成本、监管成本等进行综合评估。另一方面,就是对法律提出的各个原则和规定,进一步地具体化、制度化和细节化内容,使监管具有可操作性。2005 年美国通过《能源政策法案》(2005)多达 1840 多条,对各方权利义务,以及政策目标都有详细明确的规定。

目前,在中国可以通过修订法律并颁布新的规章制度,提高监管的可操作性。一是进一步规定监管对象的信息义务,明确披露规则,扩大监管主体主动获取与监管对象相关信息的权力,并明确相关部门的配合义务。二是明确监管目标与监管内容,同时对监管对象的责任义务明确细化。三是丰富处罚手段,提高可问责性。中国电力行业具有国有企业的特点,可以选择除了加大经济性处罚以外的声誉、行政处罚及其他处罚措施。四是加强对监管部门自身的监管,完善追责机制。

3. 建立一体化的综合协调能源监管机制

一体化的综合协调能源监管机制是内部闭环运行,外部纵横联动的协同监管机制,是指监管职能在横向主体之间、纵向主体之间及能源行业部门监管机构内部实现综合协调、无缝对接,形成监管网络结构,各个部门共同履责,齐抓共管,实现监管成本最低、监管效果最优。同时,创新能源监管工作机制,实现协调综

合监管机制 "制度化"。

9.4.3 优化监管主体的职权配置与专业能力

1. 优化监管主体的职权配置

一般认为,中国的电力监管主体众多,职权分散,即使建立了独立的监管机构——电监会,也未能实现监管职能的集中化。目前,随着电监会的撤销,电力监管的职能整合到新组建的国家能源局,一方面有利于填补能源监管的真空,重建监管格局,另一方面有利于降低原电监会在监管中与国家发展和改革委员会之间的沟通协调难度,为提高监管的效率与效果打下了基础。同时,中国电力运行模式需要与之相适应的监管机构组织体系建设。例如,中国电力系统运行方式为统一调度和分级管理相结合的模式,目前国内调度运行实行五级调度管理系统,包括国家电力调度数据一级网、区域二级网、省级三级网、地市四级网和县级五级网,调度不仅仅是一种电力在物理上的流动,本质上反映的是一种电力交易行为,没有相应的监管机构设置,很难对电力市场主体进行监管。在职权的横向配置与纵向配置方面有以下内容可以完善。

在横向职权配置方面,当前最为关键的是如何使新组建的国家能源局发挥好能源综合监管及与国家发展和改革委员会高效协调的优势。应当建立各种监管职能的"闭环运行模式",如图9.5所示,不留真空,不脱节,高效协调配合。

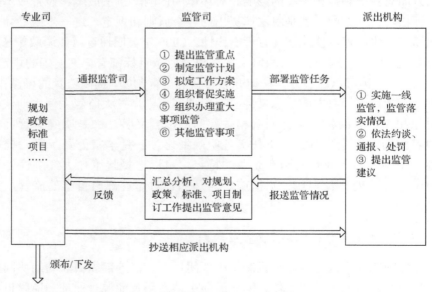

图 9.5 国家能源局闭环监管工作流程图

在派出机构建设方面,应该在综合能源监管改革的基础上,进一步加强监管主体建设，打造"强监管"的组织基础。中国地域辽阔，电力产业规模庞大，监管面临的问题复杂，电力体制市场化建设必然要坚持稳妥推进，因此，在很长一段时间内，中国建立的电力市场很可能是类似德国、法国的"弱市场"模式，即不会将发、输、配、售、调各个环节全部拆分，引入竞争，美国加利福尼亚州电力市场过于自由化的改革风险太大。在"弱市场"模式下的电力体制，必须要有强有力的监管，要建立适应当前电力体制的监管组织，特别是派出机构，构建四个层级：国家能源局、区域监管局、省（自治区、直辖市）监管局、市（地、县）监管机构。四个层级中的国家、省（自治区、直辖市）、市（地、县）和中央与地方的政府部门相对应，区域监管机构作为能源监管的特殊构成，主要负责建立区域电力市场，市级监管机构主要负责能源现场执法。

另外，在监管职权上，监管主体应当有强大的执法队伍和行政处罚权力，特别是对处于一线的监管机构。例如，可设立调查人员，使其具有警察身份，可以考虑设立"能源警察"，类似于中国的森林警察和铁路警察。

2. 提高对电网公司监管的专业能力

第一，针对目前电网公司的市场地位，要达到良好的监管效果、完成监管目标，监管主体必须具备以下领域的专业能力：①规划能力，即电网发展规划评估能力；②专业技术能力，包括电力调度、传输、电网可靠性等相关技术评估能力；③财务能力，即电网投资、财务成本核算专业能力；④执法能力，即电网监管执法专业法律裁判能力。

第二，监管机构需要大力配置专业型人才，实施"能源监管中长期人才发展规划"，加强人才队伍建设，形成专业监管能力。建设一支高素质、专业化的监管人才队伍是提升监管能力和水平、保障监管目标实现的重要基础。

第三，提高监管手段的专业化水平。国际上有很多针对电力行业及自然垄断环节的监管手段（工具）值得借鉴，在充分结合中国电力体制环境的基础上，将国际上通用的监管手段进行本土化，以期更加专业地作用于电网监管。从国际经验来看，对于电力监管，各国采用的电力市场的监管手段有：①信息披露；②罚款；③调整价格；④修改市场规则和参数；⑤诉讼（在有《反垄断法》或《反不正当竞争法》等规范竞争法律的国家和地区）。

第四，对电力行业、电网公司监管的内容进行制度化、法制化。建立各种操作性强、针对性强的规章制度，制定有关电网公司监管的规则。例如，可以尝试社会评价监管制度，一般来说，法律的完善相对滞后，现实中存在着"合理不合法""合法不合理"等情况，监管机构可以与社会一起站在改革和发展的高度，进行理性、客观的分析和论证，开展社会性、评价性监管。

9.4.4 优化监管程序与提高监管透明度

监管程序中加强各方参与，提高透明度，防止"监管俘获"，发挥社会舆论监督作用。市场监管的监管程序应当保护发电企业免受报复，激励发电企业自我监管。价格监管应做到输配电价确定程序透明公开，接受利益相关者监管，供电电价监管接受公众监管。为价格监管设定必要的参与程序与信息披露机制。例如，德国《可再生能源法》(EEG-2012)就设计了一些保障机制以更好地推动法律的实施，其中重要的保障机制有信息通报与公开机制、追踪评估机制。

信息公开制度应该要求可再生能源发电商、电网调度部门等按规定的详细内容和时间节点相互通报信息；也可要求电网调度部门向电力监管部门按时提供其对可再生能源收购、输配的详细信息等。

可考虑借鉴德国的追踪评估机制，对相关监管规定的执行情况进行评估，并定期向能源监管部门提交相关的进展报告。此外，还应该增加监测报告制度，要求相关部门每年向政府提交有关可再生能源发展现状、可再生能源目标实现情况、面临的挑战等问题的报告，从而加大对可再生能源发展的追踪评估力度。

通过信息通报与公开机制、追踪评估制度不仅可以提高监管的透明度，也有利于高层政策目标的落实，提高监管效果。

9.4.5 协调行业监管与所有权监管

正如前面所述，对电网公司的所有权监管与行业监管是两种不同性质的监管，不仅监管主体不同，而且其各自的监管依据、目标、内容、手段也不同。所有权监管是股东对其投资依法行使权利，而行业监管则是行业监管机构对行业依法进行监管，以维护行业健康发展及社会公共利益。例如，在财务监管上，国资委对电网公司的财务监管是为了维护出资人权益，确保国有电力资产保值增值。而国家能源局对电网的财务监管是从保证电力市场安全运行、公平、有效的角度出发，使电网公司维持具有持续经营的财务能力，同时可防止电网公司获取超出社会平均水平的垄断利润，维护电力市场秩序，保护电力投资者、经营者、使用者的合法权益。

由此可见，需要明确电网公司的所有权监管和行业监管的权责边界及彼此间的关系，协调行业监管与所有权监管，避免政策与实践发生冲突，从而提高监管效率，实现监管的顶层目标。

1. 明确权责边界及彼此间的关系

1）明确所有权监管和行业监管的权责边界

所有权监管与行业监管的权责不同。明确各自的权责界限，是建立协调监管的基础，可在出现"监管失灵"问题时进行问责。两者之间的权责边界具体见表 9.5。

表 9.5　电网公司所有权监管与行业监管的权责边界

监管类型	所有权监管	行业监管
监管职责	在当前国有资产监管体制下，所有权监管的主要职责是在保障电网公司的国有资产保障增值的同时，确保电网运营的安全	当前电力体制下行业监管主要是保障电网系统安全、电力供应稳定可靠，对电力企业遵守的行业法律法规、标准进行监管，确保电网遵守电力市场运行的规则
监管职权	所有权监管的职权包括制定所有权监管的政策，以出资人身份行使权力，同时依照法律规定行使社会性监管职能，如电网安全供应	而行业监管是根据法律的授权，制定电网公司经营的有关规范，对电网公司行使电网规划与投资审批、核定上网电价与销售电价、进行财务监管、对电网公司违法行为进行处罚并督促整改

目前，电网公司的所有权监管与行业监管的权责边界由法律明确规定，与有些国家不同，中国所有权监管与行业监管分别属于不同的政府部门，因此，除了明确各自的权责边界外，还需要明确相互之间的关系，才能实现行业监管与所有权监管的协调，确保高层目标的实现。

2) 明确所有权监管和行业监管的相互关系

所有权监管与行业监管在权责上有明显的界限，性质不同，但是在监管目标(任务)、监管内容、监管手段上存在密切的联系(表 9.6)。

表 9.6　所有权监管与行业监管的关系

项目	相互关系
监管目标	两者之间监管的具体目标是不同的，即各自承担的监管职责是不同的，但是双方的监管目标是为了实现更高层次的目标。电网公司的所有权与行业监管的具体目标，应当服从于更高层的政策目标，即两者监管目标并非是相互冲突的，而是相辅相成的。例如，电网公司只有资产实现保值增值，才能更好地满足电网的投资与技术进步，为电力市场参与主体提供更好的服务，提高系统的安全性与可靠性
监管内容	两者在监管内容上有一部分是相同的。例如，在财务监管上，两者都要求电网公司提供财务数据；在电网的规划与投资上，所有权机构有重大决策权，行业监管机构有审批权。但是行业监管的内容更为广泛，可具体到企业的具体经营行为，如电力调度，电力定价等
监管手段	所有权监管主要是通过建立国有资产保值增值指标体系与考核标准；负责国有资本经营预决算编制和执行；建设现代企业制度，完善公司治理结构；建立选人、用人机制及经营者激励和约束制度，具体实施有一部分需要通过委托董事会行使，具有间接性；而行业监管主要是运用行政手段直接干预电网公司的经验行为

当前，所有权监管与行业监管在权责上，需要有法律的进一步明确规定；在监管目标上，需要高层的目标协调；在监管内容方面，行业监管内容要更丰富，更加深入企业的经营层面与市场行为上；在监管手段上，目前都注重通过建立制度来约束企业行为，但是所有权监管更是一种间接监管，需要委托董事会行使相关权力，而行业监管手段更为丰富具体。

2. 建立协调监管机制

建立对电力企业(特别是电网公司)所有权监管与行业监管协调机制,应主要从以下几个方面入手(表9.7)。

表9.7 建立协调监管机制

项目	主要内容
监管信息共享	建立信息相互通报、实施共同专项监管行动
监管目标协调	要统一于监管的最高层目标之下,建议由国家能源委员会确定目标
激励考核共建	将行业监管的处罚与奖励等遵守行业监管规则的情况作为对企业董事会及企业负责人奖惩的重要因素

一是监管主体之间建立信息共享机制,包括财务信息、企业发展战略、投资并购、重大交易等。在此基础上,尽量降低监管者与电网公司之间的信息不对称问题,提高监管的效率。

二是建立监管目标的协调机制,本质上是使企业股东利益、行业利益与社会利益实现平衡统一,结合电网公司作为国有企业的特点,准确定位其国有企业的功能,需要突出其作为公用事业,维护社会公众利益的功能。

三是共建激励考核机制,在协调监管目标的基础上,所有权监管主体与行业监管主体应当建立方向一致的激励考核机制,并实现两种不同性质的激励考核机制协调配合,形成同向合力,共同作用于监管对象上。

总之,应通过所有权监管与行业监管的协调,实现"1+1>2"的监管效果,并实现"弱市场"下的"强监管"。

9.5 本章小结

无论是从电网公司的业务性质定位还是从国资委对电网公司的管理体制上来说,其与可再生能源发展之间都存在较大的冲突,同时也违背了十八届三中全会《决定》和《中华人民共和国可再生能源法》中的相关规定。在新定位下,电网公司的重新定位应更多地强调其公共服务的属性,体现促进可再生能源发电的责任。

中国电力体制改革的总体目标是打破垄断,引入竞争,提高效率,降低成本,健全电价机制,优化资源配置,促进电力发展,构建政府监管下的政企分开、公开竞争、开放有序、健康发展的电力市场体系。在电力体制改革背景下,应该从三个方面对电网公司进行重新定位:在业务结构上,首先实行主多分离,主辅分开,其次实行输配财务独立核算,最后实行输配业务实质性分开;在资产结构上,经营配电、售电业务的公司将逐步从国家电网公司剥离，电网只拥有全国范围内的特高压输变电资产，成立若干区域性电网公司和省级电网公司，使其分别拥有不同电压等级的输变电资产，国家电网公司可控股区域电网公司；在收入模式上，由购售电价差模式转为准许收入模式，电网不再靠销售电价与上网电价的价差获得收益，而是通过由政府核定的过网费来获得稳定但水平受控的收入。

在对电力改革路径模式进行分析与比较的基础上，鉴于当前可再生能源发电发展的问题，以及十八届三中全会《决定》的执行进展，在电力的"售电侧"实现突破成为可能，可以认为"网售分开，全国输配一体"的模式可以作为最近最有可能的电力体制改革情景。

在国资委改革背景下，应该将电网公司的可竞争性分离出去，突出电网公司的公共服务功能。建立适应电网公共服务要求的考核体系，对电网的考核更多侧重于其在保障供电、成本控制、执行国家能源政策等方面的绩效，将可再生能源消纳纳入电网公司公共性业务考核范围。

根据电网公司的新定位，将电网公司的责任体系及发展可再生能源的责任明确化和具体化，并使其实现可考核和可追责。新的责任体系包括保障市场竞争环境下的电力供应和电力设施安全；加强国内输配电网投资；执行国家能源政策，履行可再生能源发展的责任；履行环保和节能的职责；普遍服务义务；提供便利的公共服务六项责任。

以《公共服务合同》的形式促进电网公司公共服务责任的履行，合同中应体现电网公司在新定位下的六项责任，并由以多个国家机构为代表组成的监督委员会对电网公司的合同执行情况进行跟踪和评价，并将结果上报国务院。

建立公共服务的成本补偿机制。履行公共服务的成本从加收税费（公共电力服务税）、管制性售电价和过网费中提取。不同的公共服务项目有不同的补偿机制。

第 10 章　促进可再生能源发展的监管内容完善

10.1　有效电力监管体系的构成

10.1.1　制定明确的监管原则与政策目标

一个有效的监管体系，除了有法律法规、电力体制与电力市场的基础条件外，还需要有明确的监管原则与高层政策目标的配合。一方面，提高监管体系的权威性；另一方面，明确监管机构的体制框架，包括监管机构的职责、目标、独立性、可问责性等原则性问题。最重要的原则之一是关注监管机构的独立性，其要能够公正地依法平衡电力市场主体的利益。英国的法律对 OFGEM 及相应政府部门的职能有非常严格的界定，因此监管机构可以很好地抵制来自政府部门的各种压力或者直接进行干涉。在美国，尽管 FERC 是能源部的一部分，但是它的职能是依法明确界定的。FERC 通过对垄断环节价格进行控制或对竞争环节的市场价格进行监督，确保电力行业的价格是合理和公正的；能源部从不干涉 FERC 的程序或决定。

10.1.2　监管权限合理划分

监管权限的划分包括监管权限的纵向划分与横向划分，在高层设计的原则与政策目标下，明确划分监管权限才能有效实现监管。

在中央与地方权限划分上，取决于一国的政治体制与地域面积。在英国，其电力监管机构仅设国家一级，没有垂直方向的监管权力分配，其采用的是集中监管方式。在美国，在联邦和地方层面都设有监管机构。电力监管的具体职权主要由地方监管机构行使，联邦一级监管机构主要负责跨地区事务，或者负责制定政策或提出有关监管的一般方法。

在横向监管权限划分上，绝大多数情况下，电力监管机构对电力行业行使全面的监管权力。电力监管机构有内设于政府相关部门的，也有独立设置的，还有与能源或其他公用事业监管机构合并在一起设置的。这主要与各国政体、国土面积、文化传统及电力体制改革进展等因素有关。但其共同点是：电力监管的主要职能由同一机构承担，而不是分散在各个政府部门，但存在与其他部门的协调。

10.1.3　监管机构独立

欧美等国家和地区的经验表明，电力监管机构的设置模式取决于各自的电力市场模式、引入竞争的范围和程度、电力行业结构和特点。另外，还受国家的政治体制、法律制度、地域面积等的影响。监管机构的设置主要有两种典型的模式：独立模式与综合监管模式。

独立模式以英美为代表。这种模式下监管机构集电力监管的各种职能于一体，监管机构独立于政府部门，采用委员会制，有较强的权威性和中立性，目前的发展趋势是，由专门单一的电力监管逐渐与天然气及其他能源监管机构合并，实行能源的统一监管，以节省监管成本、提高监管效率。

另外一种是综合监管模式，也称政监合一模式。欧洲大陆法系国家（如法国、德国等）总体上采取这种机构设置方式，监管机构设置在政府部门。无论哪种模式，电力监管都逐渐向独立、专业化的方向发展。

10.1.4 监管程序合理

为了提高电力监管的独立性与专业化，具有代表性的国家都注重建设程序的设计与救济方式的安排。在决策过程和被监管主体的上诉权利方面，这些国家的监管体系有如下特征：对监管程序很少有特别限制。尽管有些国家确定了一些基本原则或一般的行政程序，但监管机构有权设置自己的程序和规则。另外，被监管者可以通过明确的正式途径对监管机构的决定进行上诉，有些是上诉到法庭，有些是上诉到部长，有些是上诉到指定的调解委员会。

10.1.5 监管对象明确

电力行业的电力企业都是监管的对象，研究发现，欧美等国家的监管机构负责电力行业所有环节的监管，即：①输电；②系统运行；③市场运营；④配电；⑤零售供电；⑥发电。但在不同的环节监管的目标会有所区别。

10.1.6 监管机构职责清晰

一般来说，监管机构的主要职责有以下几个方面：①有广泛的价格监管权力，尽管在有些国家中这项权力被联邦监管机构和地方监管机构共同享有；②拥有对投资的间接监管权力，但主要是配合控制价格和质量，而不把干预某个项目的投资决策作为主要目的；③拥有质量监管权。

10.2 电力行业监管的重点

10.2.1 对电网公司的监管是电力监管的重点

对具有代表性的国家的研究发现，无论采取哪种电力体制模式，输电环节，即处于自然垄断的电网公司都是电力监管的重点。在电网领域，针对输电网与配电网，各国根据不同的国情采用不同的模式，有的国家是维持原有的全国统一的输电电网结构，在配电网领域引入竞争，如英国、芬兰等；有的国家是全国形成几大区域性的输电网络，配电网络有众多竞争，如德国、美国。

无论是哪种电网结构，这些国家都将对电网的监管作为电力监管的重点和核心。例如，欧盟电力监管规定对电网公司的责任主要包括：①引进智能测量系统。即消费者有权通过获得客观透明的消费数据来获得他们的消费数额和价格及相应的服务成本，以此引导消费者行为。②透明度规则。从输送网络的可用容量的透明度延伸到其他方面，如配电/配气系统运营商负有尊重系统使用者、保证透明度，以及向使用者提供信息的责任；电力企业必须对其所有供电、输送和配电行为采用独立的账户，监管机构有权检查；欧洲输电运营商联盟(ENTSO)有义务发展数据交换、技术运营与交流及透明度等。③网络拥堵管理。ENTSO须设立信息交换机制来保证网络在拥堵管理情况下的安全；基础设施运营商须实行和公布非歧视和透明的拥堵管理程序，便于在非歧视的基础上进行跨境交易；网络拥堵问题须考虑建立在市场基础上的非歧视性解决方法；新的网络线路在一定期限内，免受拥堵管理一般条款的限制条件。

10.2.2 对电网公司发展可再生能源发电责任的监管

电网公司对可再生能源发电责任的监管，取决于法律法规对电网公司责任的明确规定。这种监管不是只实施单一的政策模式，而应是多种政策模式的组合。在这些政策模式下，电网公司的责任都是具体明确的，有严格监管措施，主要有以下几个方面。

1. 优先准入

应参考欧盟等地区的规定，给予可再生能源电力优先准入电网的权利。欧盟各成员国的 TSOs 和 DSOs 必须保证输送绿色电力，并有义务为此优先提供输电通道。此外，欧盟有关气候与能源方面的法规规定，推动公共采购中优先使用新能源。一些国家纷纷在最新的可再生能源法令中确立了优先准入原则。例如，2008年罗马尼亚《可再生能源法》规定"可再生能源发电优先准入"。

2. 强制入网

可再生能源电力在欧盟等各成员国一般均被赋予强制入网的权利。例如，在德国，以法律手段赋予风力发电商强制入网、优先出售和获取固定电价的权利。德国规定发电商有义务支付联网费用，而电网扩建费由电网公司承担，政府在此过程中提供补贴。欧洲共同体法院曾在"Preussen Elektra Vs Sehlesuag AG"案中裁定，以优先准入原则为核心的"强制入网法"（Feed-in Law）符合其电力市场规则；根据欧盟"RES-Directive（2009/28/EC）"的指令，成员国必须规定可再生能源发电的优先准入或保证准入电网系统。美国在2008年的《加利福尼亚州可再生能源法》便规定了可再生能源发电的优先准入和优先购买原则，使之成为公用电力企业的强制性义务。

3. 建立快速技术审查机制

在美国，《小型电源并网管理办法》（2006年发布）明确规定，分布式电源渗透率低于15%时，可对接入系统进行快速技术审查，审查内容仅包括电能质量、短路电流等几个方面，审查过程不超过30个工作日，无需再对电源、电网和负荷等多方面因素进行详细分析，因为分析显示当分布式电源渗透率超过30%时，才有可能会对现有配电网的运行、安全和可靠性产生显著影响。

4. 优先并网与调度的规则

欧盟、美国加利福尼亚州等地区在规定可再生能源电力优先并强制并网的同时，也规定了对这一权利进行限制的条件：德国《可再生能源优先法》对优先准入的限制只能基于"有关电网可靠性和安全维护的标准"；罗马尼亚《可再生能源法规定》对优先准入的适用条件是"优先不会影响国家能源系统的安全稳定"；保加利亚《可再生能源法》则将优先准入原则的前提设立为"电力系统管理和电网系统管理的规则"。可见，法定的电网标准和规则在优先准入的权利行使中十分关键。

10.3 电力体制改革过渡时期电网公司监管内容完善

电力体制改革过渡时期，中国可再生能源发电的发展模式是建立在电网公司有效履行法律责任基础之上的。如果监管不到位，电网公司难以有效履行责任，那么就无法促进可再生能源发展，无法实现可再生能源发展目标。如果无法实现对电网公司各个环节的监管，就会使整个链条断裂，各种机制也无法有效运行。

当然，一个有效的监管体系对电网公司承担可再生能源发电责任的监管起着保障性作用，如果没有有效的监管体系，即使电网公司的责任再明确，最终的监管效果也会大打折扣。在监管实践中，电网公司往往提倡用市场机制去解决可再生能源发电发展问题，从理论上说这是没有问题的，但是通过前面所述可知，电力市场的建设本身就是电网公司的一项责任，在没有有效的电力市场的情况下，市场机制如何有效发挥作用呢？因而，在当前的"弱市场"情况下，用"强监管"来弥补"市场失灵"是电力体制转型时期的必然选择。

10.3.1 电网公司促进可再生能源发电责任在行业监管中的体现

1. 电网规划与投资方面的责任

可再生能源发电的电源建设与传统发电的电源建设有着明显的差异，电网规划与投资环节必须加强其与电源建设规划的协调，必须改变传统的"轻规划管理、重项目审批""企业制定规划、政府审批项目"的电网规划与投资体制机制，应将规划作为监管着力点，将监管职能转变到"重规划管理、减少项目审批"上来。

中国未来很长一段时间内，可再生能源发电电源建设将是集中式与分布式并举，重点向分布式光伏发电倾斜的发展，电网规划与投资应该与之相协调，此外，为促进可再生能源的发展，电网公司应借鉴国际经验，进一步明确针对可再生能源发电的电网规划与投资规则。例如，德国《可再生能源法》(2012)规定，电网公司要以"经济的方式"满足光伏发电系统并网要求。德国联邦法院将"经济的方式"定义为：如果配套电网改造投资超过了分布式电源项目本体投资额的25%，则认为是不经济的，电网公司可拒绝该项目的并网申请。同时，也应当要求可再生能源发电项目业主在规划建设项目时，关注现有电网的接纳能力，科学选择项目容量和接入位置。

在未来的电网规划监管中，监管部门应创建包括可再生能源电源与其他电源主体在电源建设中的沟通协调机制，让利益相关方通过听证会等方式参与规划，实现利益平衡与充分沟通。

2. 输电环节的责任

输电环节电网公司的责任，主要是依法为可再生能源发电提供并网服务。电网公司作为自然垄断的输电环节，在为发电企业提供服务时必须严格遵守法律的规定，公平无歧视地提供服务。《中华人民共和国可再生能源法》规定，电网企业应当与按照可再生能源开发利用规划建设，依法取得行政许可或者报送备案的可再生能源发电企业签订并网协议，全额收购其电网覆盖范围内符合并网技术标准的可再生能源并网发电项目的上网电量。发电企业有义务配合电网企业保障电网安全。此外，2013年国家能源局发布了有效期为3年的《光伏发电运营监管暂行办法》（简称《光伏监管办法》），规定接入公共电网的光伏发电项目，接入系统工程及接入引起的公共电网改造部分由电网公司投资建设。接入用户侧的光伏发电项目，接入系统工程由项目运营主体投资建设，接入引起的公共电网改造部分由电网企业投资建设。另外，电网企业对分布式光伏发电项目应安装两套计量装置，对全部发电量、上网电量分别计量。电网企业对分布式光伏发电项目免收系统备用容量费和相关服务费用。

3. 通过全额保障性收购实现促进可再生能源发电责任

目前，已经制定了较为完善的收购监管办法，实践中的执行效果有待提高。《中华人民共和国可再生能源法》对中国可再生能源发电确立了"固定电价上网+全额收购"的法律模式；在 2007 年，原电监会制定了《全额收购监管办法》，在法律上，已经明确了电网公司的责任，同时也建立了监管规则，但是在实践中，出现了大量的弃风弃电问题。因此，对全额保障性收购的监管，除了包括对电量收购是否依法完成外，还需要对电量全额收购的条件进行检查，包括对上网电量、电费结算工作，严格执行国家价格政策等方面进行严格监管。

4. 电力调度方面的责任

在确保可再生能源发电上网之后，还需要调度的配合，才能实现可再生能源发电的最终消纳，可以说全额保障性收购与调度是一个硬币的两面，没有对可再生能源发电调度的监管，就无法实现可再生能源发电全额保障性收购的目标。调度与电网运营是一体化的，因此，调度也成为对电网公司可再生能源发电责任监管的重要内容，应当建立与《全额收购监管办法》相配套的可再生能源发电调度规则，才能实现监管无真空地带。

早在 2007 年，中国就出台了能够做到全额保障性收购的《节能发电调度办法》。针对光伏发电，前面提到的《光伏监管办法》进一步明确电力调度机构应当按照国家有关可再生能源发电上网规定，编制发电调度计划并组织实施。电力调度机构除因不可抗力或者有危及电网安全稳定的情形外，不得限制光伏发电出力。但该办法与传统的电力调度规则及原有的"发电配额制"等一系列旧体制机制有一定的冲突，在实施中困难很多。

因此，建议在地方制定发电量计划的时候，必须考虑一定比例的可再生能源发电量，作为当前电力体制下的一种过渡性安排。这种安排，为电网实施可再生能源发电的全额保障性收购创造了条件，实践中，发电量计划由电网公司编制上报给当地主管部门，本质上是要求电网公司履行可再生能源发电全额保障性收购责任的一种机制安排。在售电侧没有实现市场化，电网公司统购统销一体化垄断的"弱市场"情况下，采取这种机制的效果是最明显的。具体如何确定发电配额制中可再生能源发电的额度问题，可以根据当地 GDP 能耗与碳排放水平确定，因为节能减排是每个公民的义务，享受绿色电力也是每个公民的权利。

5. 供电环节的责任

目前中国是输配售一体化体制，可再生能源发电的责任以整个电网公司的形式承担，而实际上供电环节连接着消费者，应当承担促进用户智能灵活用电的责任。这种用户侧的改进提升，能够更好地适用于未来可再生能源发电的发展，实现电网与用户能量流、信息流、业务流的灵活互动。监管机构应当在这些领域制定相应的规则，并实施监管，实现电网系统的灵活性，促进可再生能源发电的发展。

10.3.2 电网公司促进可再生能源发电责任在所有权监管中的体现

可再生能源发电是改变中国能源消费结构，实现能源转型战略的重要能容。十八届三中全会提出："国有资本投资运营要服务于国家战略目标，更多投向关系国家安全、国民经济命脉的重要行业和关键领域，重点提供公共服务、发展重要前瞻性战略性产业、保护生态环境、支持科技进步、保障国家安全。"因此，促进可再生能源发电发展是国有资本的责任之一。

因此，除了国有资本要实现保值增值外，还需要履行其与私人资本不同的责任。电网公司作为中央直属国有企业，国资委作为其监管主体，应当从以下几个方面监管体系中电网公司发展可再生能源发电的责任。

1. 准确界定电网公司的功能

目前电力体制下，电网公司既有处于自然垄断的输配电环节，又垄断着售电环节，还负责电力调度，很难科学地对其功能进行单一定位，需要综合来看。首先，在电网公司的电网输电环节方面，电网是国家实施宏观调控的有力手段和优化调整产业结构、促进经济增长方式转变的重要载体，是实现国家能源安全的重要保障，是创造社会和谐的物质基础；其次，在电力调度环节方面，电力调度机构负责组织、指挥、指导和协调电力系统运行，在保障电力系统安全稳定运行和可靠供电方面，具有不可替代的作用，电力调度职能具有公共属性，隶属于电网公司的电力调度机构，自觉或不自觉地成为电网公司实现经营战略目标的工具；最后，在电力销售环节方面，电力销售具有可竞争的商业性与公共产品的属性。在这三重不同属性环节结合在一起的电网公司，应当建立多层次的功能定位体系，才能有效解决当前电网定位的难题。

2. 建立多层次的考核指标体系

在界定了电网多层次的功能体系后，所有权监管应建立多层次的考核指标体系，并将可再生能源发电发展的责任纳入考核体系之中，形成清晰明确的考核目标。对可再生能源发电发展中电网责任的考核，法律已经明确由行业监管监督执行；但行业监管还没有规定或者规定不完善导致缺乏可操作问题，所有权监管部门应当通过考核来补充，见表10.1。

表10.1 在多层次的电网公司考核体系中体现可再生能源发展责任

考核环节	涉及可再生能源发电责任的关键内容
电网规划与投资	可再生能源电网规划与电源规划协同情况
输电环节	可再生能源发电并网速度、并网服务质量评价、全额收购完成情况
电力调度	可再生能源优先调度执行情况
售电环节	灵活的用户用电信息互动情况

3. 披露可再生能源发电责任履行专项报告

电网公司作为中央国有企业，所有权监管部门要求董事会披露可再生能源发电责任履行专项报告，作为对国家所有权执行进行监督的重要内容。

10.3.3 加强电网公司信息披露

信息披露是国外对电网公司监管的重要内容，也是监管的重要手段，在中国当前输配售一体化的电力体制下，应当更加重视对电网公司信息披露的监管。

在国外，很多电网公司都是上市公司，如英国国家电网公司。如果监管机构认为某个公司有违反市场规则的行为，监管机构向社会公布调查意见和处理意见后，一般通过新闻媒体的传播，很快为公众所知晓。因为公司的违规行为属于负面消息，一般将导致其股价下跌，这将损害股东的利益，尤其是损害对公司有重大决策权的大股东的利益，所以，相关的责任人员将受到惩罚。信息披露对市场成员的约束力和震慑比较大，因此信息披露是国外电力市场最基本的监管手段之一。国外电力市场监管规定需要披露的信息内容主要包括以下几点。

(1) 评估电网规划建设合理性时，应提交的信息：①下一年度计划改扩建的线路；②上一年度各主要输电断面的阻塞情况(阻塞次数、受阻电量、平均阻塞容量、阻塞累计时段数)；③改扩建线路两端的电源构成、供需情况，线路改扩建的效益分析；④线路改扩建的成本(输电走廊、设备、施工成本等)；⑤线路改扩建的工程难度与实施时间等。

(2) 评估电网互联通道时，电网企业应提交的信息：①输电走廊的基本信息(起点、终点、电压等级、线路材质、布线方式、经过地区的气候条件等)；②输电走廊传输容量受到的约束条件；③在计算输电走廊传输极限时使用的稳定计算模型；④输配电企业计算出的稳定极限，以及在实际运行中保留的裕度等。

(3) 在发生电网阻塞时，电网企业应提交的信息：①阻塞线路的极限传输容量；②发生阻塞的时段；③各阻塞时段的实际潮流与受阻容量；④发生阻塞当天传输的总电量；⑤同一断面其他线路的传输容量和实际潮流等。

(4) 评估输电线路检修计划的合理性时，电网企业应提交的信息：①检修线路在检修前的运行状态；②检修的原因；③检修计划持续时间与实际持续时间；④检修线路同一断面其他线路的运行情况；⑤线路检修是否导致或者加重阻塞。

在中国对于电力市场的信息披露监管方面，监管机构应根据实际情况，整合行业监管与所有权监管的信息披露手段，合理地界定电网公司商业机密的范围和密级，在维护公众利益的同时保护市场成员的商业机密，促进市场健康发展。

强化信息披露的内容需要扩大并明确范围，主要包括以下几个方面：电网规划与投资情况、电力市场建设情况、电网无歧视开放、电网公司财务信息、电力调度信息、电网可靠性信息等。监管机构通过建立信息披露的规则，让电网公司定期、不定期地向社会或监管部门报送相关信息。

明确信息披露的范围与方式，提高威慑力。对于发现、检查出来的电网公司的问题，不仅要进行内部通报处理，而且要采取更广泛的社会性公开通报、综合评价排名社会公布、有影响力的行政处罚等措施进行处理，以此不断提升对电网公司的信息披露的监管力度。

在促进电网公司履行优先输送可再生能源电力的责任方面，应该通过建立有关信息通报与公开机制、追踪评估机制等，加强电网公司对促进可再生能源发展的信息披露方面的监管。

10.3.4 完善许可证监管

许可证是国际上对电网公司监管的重要手段，但是在中国，目前这一手段没有发挥好其应有的作用。首先，要将许可证制度做实，而不应成为一种形式。应当完善许可证的内容，明确发放许可证的条件与义务；其次，在明确了发放电力许可证的条件与义务后，应当加强对电网企业发证后的监管。对于电网公司的监管，目前只能依据《电力业务许可证(输电类、供电类)监督管理办法(试行)》，对企业开展年检，亟须寻找更加有效的办法。

一方面，可以修订许可证的颁发条件，将履行可再生能源发电保障性收购法律责任纳入其中；另一方面，可以在许可证中建立与"业绩合同"衔接的机制，作为许可证监管的基础内容。

10.3.5 对电网规划与投资建设加强监管

对电网规划与投资建设的监管主要包括两个方面，盲目扩大投资(A-J 效应)和消极规划，国际上主要的手段是对电网规划和投资进行后评估，或者在电网建设中引入市场竞争。电网规划评估的关键内容是电网主要设备的利用率，如容载比。

在电网公司消极规划与投资方面加强监管。一般来说，电网必须适度超前建设，以应对输电需求的不确定性增长，然而这种投资是根据预测做出来的，因此，时常会导致规划与投资风险，电网公司可能为了规避这些投资风险，进行消极规划和投资，造成输电网投资不足、规划和电力输送供应与需求脱节，最终使公共利益受损。

输配电监管还要防止另外一种倾向,即盲目扩大投资。A-J 效应是指被管制企业的回报率受到管制时,一旦被管制的回报率高于社会平均投资回报率,企业将具有盲目扩大投资的倾向。从美国、英国、欧盟等国家和地区电力市场化改革的实践来看,过度投资的情况较少,这可能与所有权私有化有关,作为私人产权的电网,通过过度投资来降低回报率的做法比直接通过关联交易或者交叉补贴等方式的风险要大得多。

中国目前对电网规划与投资建设监管的重点应该是在促进可再生能源发电方面的电网建设规划和投资是否存在不足,是否具有超前建设规划等。同时,应增强电网规划的强制性、协调性与经济性,并建立各种电源规划、电力消纳及电网规划协调机制,增强规划的权威性与强制性。

10.3.6 电网无歧视公平开放

电网无歧视公平开放是电网公司监管的中心任务,其他国家的经验表明,没有电网公平开放,就没有统一的电力市场。因此,应该加强对电网无歧视公平开放的监管执法力度,建立电网无歧视公平开放的运行规范。

10.3.7 电网公司财务监管

电网公司财务监管包括两个方面:一个是市场行为监管。加强对电力企业之间价格行为(上网电价、输配电价)的监督检查,定期发布电价监管报告。结合区域电力市场建设,研究出台辅助服务标准和收费管理办法。实施《输配电成本核算办法(试行)》,对电网公司输配电成本核算行为进行监管,真实完整地掌握电网公司输配电成本信息。加强对电力交易财务结算、电费清算行为的监管,维护市场主体的合法权益和交易结算的正常秩序。另一个是对电网公司内部财务情况进行监管,并要求电网公司进行充分的财务信息披露。

10.3.8 电力调度监管

加强电力调度监管:一方面,对电网公司是否实行了公开、公平、公正的调度秩序,切实维护各市场主体的合法权益进行监管。另一方面,在保障电网安全、稳定运行的前提下,对其是否对可再生能源发电实施了优先调度进行监管。并对电力调度机构是否按照有关规定及时报送和披露调度信息,并保证信息的真实性、完整性和准确性进行监管。

对电力调度的有效监管,有利于督促电网加强统筹协调系统内调峰电源配置,严格执行风电、光伏发电等清洁能源与传统化石能源发电之间的调度次序的有关规定,深入挖掘系统调峰潜力,确保风电等清洁能源优先上网和电网公司履行全额收购可再生能源的法律义务。

10.4 电力体制改革情景下电网公司监管改革

本节的电力体制改革情景是指"网售分开、输配一体"的方案。该方案在综合考虑改革的风险、成本、效果的约束下，能确保推进改革对电力系统运营与企业管理的影响风险最小，适合中国国情。另外，从国际经验来看，德国、法国的电网并未进行彻底拆分，也形成了有效运转的电力市场，彻底拆分并非是电力市场的必要条件。

在"网售分开、输配一体"的电力体制改革情景下，电网公司的市场地位与功能定位会发生变化，将重点提供"公共服务"，并将成为依靠输电业务获得收入的公益性企业，因此，其行业监管与所有权监管将会发生较大的变化。在行业监管方面，针对电网公司监管的内容会减少，主要将集中在电网规划、输配电价、信息披露、调度等方面，监管的方式也会做出适当的调整，采取激励性监管措施，协同监管；在所有权监管方面，主要是对电网公司履行公共服务责任的监管，并根据行业监管情况进行考核。

10.4.1 行业监管的主要内容

在"网售分开"的电力体制下，电力产业结构将发生根本性改变，当前电网公司"独买独卖"的垄断市场结构将被打破，对电网公司的监管将更加着眼于解决其自然垄断性与市场及社会公众利益的关系问题，并通过相应的机制建设防止监管失效，形成有效运转的电力市场体系。英国电力市场化改革较早，但在可再生能源发电的环境下，其电力实施了新的改革，主要目标是保障未来的电力供应安全、推动电源的去碳化、保证电力用户成本的最小化。这次改革集中解决促进可再生能源发电的各种体制机制障碍，具体在监管方面，监管机构通过加强市场监管，增强市场的流动性，改革对电网公司的监管方式，激励智能配电网、跨国互联输电网等方面的建设，颁布新的电网投资与价格监管体系，促进电网长期投资和技术进步。

1. 监管目标

监管目标需要适应监管转型。当下电力系统发展所面临的外部环境相比于十几年前已大不相同，原有的电力体制改革方案确定的目标，已无法满足当前电力低碳化发展的需要。未来电力监管要促进而不是削弱低碳电力系统的建立与高效运作。同时，还要兼顾传统电力产业系统的持续维护，通过对输电环节的电网公司进行监管，保证电网系统运行安全，维护电力市场的公平竞争，保护公共利益，促进电力产业健康发展。

2. 监管主体及职权

以国家能源局为主体，整合其他部委的相关职能，成立行业管理和专业监管职能二合一的独立的综合能源监管机构，负责能源行业发展战略、产业规划、产业政策，以及市场准入、市场规范、技术标准、电价检查、行政执法等行业内所有监管事项。对电网公司的监管应当实行监管职权的集中化，包括规划、许可、价格控制、财务审计、制定市场规则及信息披露，并统一由国家能源局行使。适时引入第三方机构参与监管，第三方机构在综合能源监管过程中提供监管建议。

3. 监管范围

在"网售分开"的电力市场结构中，电网公司不参与直接的电力交易，发电侧与用户侧都实现了市场主体的多样化。在发电侧，目前中国已经形成了以国有资本为主体的五大发电集团及其他民营发电企业；在用户侧，有大用户直购电的主体，还要有其他普通用户。值得一提的是，在发电侧，随着可再生能源发电的发展，分布式可再生能源电源将大大增加。

在这样的电力体制下，监管的主要对象是输电和配电电价，以及市场行为，包括对缔约行为的监管。从对电网公司的监管作用来看，主要包括以下几个维度：①为输电和配电垄断业务制定合理的价格。②电网系统公平使用，保障电力市场依法有效运作，以控制发电成本。③透明的电网公司信息披露包括投资、负荷预测、调度、电网阻塞等。④确保电网公司的投资水平与电力输送服务需求平衡。⑤保障电力在全网范围内的系统平衡，促进电力市场的发展。⑥监督电网公司的服务质量，包括并网、调度等。

4. 监管内容

1) 无歧视公平接入电网

"网售分开"的电网公司，其定位为输电系统运营商，确保非歧视性输电和配电电网使用条件，是建立竞争性电力市场的基础条件。确保无歧视公平接入电网，不仅是发电企业，还包括电力用户和售电企业公平无歧视使用电网系统。

监管的主要内容包括：第一，制定发电企业并网和系统接入规则。第二，制定系统维护和运行的监管规则，确保发电企业不会受到歧视。第三，建立输电和配电公司的成本会计制度，尤其是要确立财务分离，确保输电和配电之间不存在交叉补贴。第四，对投诉进行调查。第五，加强对输电企业公平开放电网情况的监管，制定具体监管指标，定期发布输电监管报告，保证电网接入的公平公正。

2) 制定输配电价

在这种体制下,电网公司直接取得收入的方式是收取过网费,应由能源监管机构行使价格监管职能,制定输配电价。输配电价的结构随国家的不同而不同,因为需要运用不同的方法来反映各国市场类型的不同,并需要考虑不同国家的其他特殊环境。另外,根据运行成本和资本成本来确定允许收入的基本方法已经得到越来越多的认同。不同国家在制定输配电价方面的一个重要区别还在于是进行回报率监管,或者是进行制定价格上限监管。在中国,电网公司规模大、信息不对称问题较为严重的情况下,应采取激励性监管措施,借鉴其他国家采取最高限价,并制定调整规则,定期进行调整的方式进行监管。

3) 电力市场运行监管

加强市场运行监管包括并网与调度及交易的执行情况。具体的做法针对具体事项而定。例如,进一步推行和完善《购售电合同(示范文本)》和《并网调度协议(示范文本)》,建立合同、协议备案制度。加强电网公司的调度监管工作,定期公布调度监管报告。规范厂网协调、协商制度。加强对市场运行情况的跟踪和分析,定期发布市场运行监管报告。

4) 电网规划与投资

"网售分开"的电力体制,在一定程度上降低了电网公司的财务能力,原来的运营售电补贴电网建设的条件已经不存在,电网公司在考核下面临着各种财务压力。需要监管电网公司根据输电需求规划电网,并且提前公布计划。针对财务困难,可以考虑采用激励性措施,如在电网建设投资中引进社会资本,电网公司负责运营的模式。另外,监管部门制定相应的电网公司电网规划投资标准和责任的规则也十分重要。

5) 电网公司信息披露

电网公司信息披露不仅面向监管者,还需面向所有市场参与主体。借鉴欧盟统一电力市场监管的经验,将这种信息披露的责任从输送网络的可用容量的透明度延伸到其他方面,包括配电系统运营商负有尊重系统使用者、保证透明度,以及向使用者提供信息的责任;规定电网公司有义务发展数据交换、技术运营与交流及透明度等方面的规则。特别是在大数据时代,电力用户侧的信息对于发电企业投资决策和售电方面如何建立灵活的价格机制、更好地提高电网效率和电力供应的灵活性有着重要意义。

10.4.2 所有权监管的主要内容

在"网售分开"体制下,电网公司分别拥有不同电压等级的输变电资产,其收入模式是依靠过网费来获得稳定的收入,企业功能转变为以提供公共产品为主。

因此，所有权监管，应当建立适应提供公共产品与相应收入模式的公司治理模式与激励考核体系。应当注意以下几个问题：

首先，电网公司作为提供公共产品的国有企业，其公司治理模式应当适应其属性，如董事会成员选任、企业负责人的任命、绩效考核、薪酬决定等。

其次，电网公司的收入是按行业监管主体设定的规则获得的，收入规模和利润是受控的，那么国有资本的目标也应当调整。如果行业监管部门采取的是激励性监管措施，那么所有权监管部门也应当采取同样的考核方向，即以行业监管为基础，而不是单独采取其他手段，以避免与行业监管冲突，导致所有权监管与行业监管效果抵消。

最后，在具体的激励方式与考核内容上要符合国有资本目标。在手段上，需要市场化与其他手段相结合；在考核内容上，核心在于提供公共产品的经济效率及社会评价。

10.4.3 电网公司发展可再生能源发电责任在行业监管中的体现

在"网售分开、输配一体"电力体制下，电网公司发展可再生能源发电的责任主要体现在以下几个方面：①保障电网的输电容量。适度地进行电网规划与建设投资。②提高电网灵活性。③促进可再生能源发电电源规划建设与电网规划建设协调。④提供可再生能源发电电站投产与电网并网服务。⑤履行全额保障性收购可再生能源发电电量的责任。⑥购买为调度可再生能源发电系统平衡责任的辅助服务。

从上面的论述可以看出，"网售分开、输配一体"电力体制下，电网公司的功能定位更为单纯，收入来源发生根本性变化，使其"公用事业"属性可以得到更好地回归，即可以更好地提供输电服务。因此，应由独立的综合能源监管主体实施专业化的监管。其监管重点主要体现在以下六个方面。

1. 加强电网规划与投资监管

电网规划与可再生能源发电电源规划要协调，明确电网拥有充足输电容量的责任，电网投资与可再生能源发电电源投资实现协调。监管机构协调出台全国电网发展规划，加强配套电网和跨省区输出通道建设，提高可再生能源电力消纳、输送能力。强化规划权威性和宏观调控作用，统筹国家和地方可再生能源规划，确保各级规划协调一致，发展目标、发展任务和保障措施相互配套。

2. 开展可再生能源发电并网专项监管

可再生能源发电的并网是电网公司责任的一个重要方面，只要完成了并网，可再生能源发电的电力才能进入电力市场进行交易；并网效率的高低，直接影响着可再生能源发电的发电量,也影响投资者的效益。应该设立相应的机制,如优先并网可在能源发电,即电网有义务按照法律明确规定的具体程序和时间节点处理并网要求,并将可再生能源发电设施优先接入电压等级适合的电网接入点。监管部门应重点针对以下问题进行检查:一是已核准建成风电项目并网情况;二是风电项目办理接入电网业务全过程的管理情况;三是风电场及配套送出工程的协调建设情况;四是风电消纳及相关政策的执行情况;五是分布式光伏发电项目并网业务流程,办理接入服务、时限等情况;六是电网公司针对分布式光伏发电项目提供并网咨询和相关查询服务等情况。

3. 可再生能源发电全额保障性收购责任监管

可再生能源发电全额保障性收购责任监管的主要内容是:除了依法开展对电源的并网工作之外,电网公司在发电调度运行及发电费用结算等方面也应当及时配合,最终保障可再生能源发电被市场消纳。

在电力体制改革后实现供电环节市场化竞争后,其销售的电力中应当承担一部分比例的可再生能源电力。例如,英国《可再生能源义务法》规定供电商在其所提供的电力中,必须有一定比例的可再生能源电力,可再生能源电力的比例由政府每年根据可再生能源的发展目标和市场情况等来确定。

4. 优先调度可再生能源发电

首先是落实相关法律要求,协同其他部门开展监督检查。2007年8月起实施的《节能发电调度办法(试行)》规定,优先调度风能、太阳能、海洋能、水能、生物质能、核能等清洁能源发电,但在实践中,长期处于试点阶段,没有在全国范围推广,监管部门应推动并制订可再生能源并网运行和优先调度管理办法,使可再生能源发电实现全国范围的优先调度。

5. 智能电网与电网灵活性监管

智能电网问题的提出,就是随着电力能源革命发展而来的,在未来的电源结构中,可再生能源发电将占据很大的比例,而这类电源产生的电力与传统的电源有着巨大的差异,需要提高电网的灵活性,才能满足需要。智能电网的发展不仅仅是一个技术问题,其涉及电力系统的整体变革,涉及巨额投资,以及国家的能源战略、技术标准、电力市场和电价政策、电力监管、多行业协同等诸多问题,因此应当将此纳入监管范围,开展专项监管,协调智能电网与可再生能源发电发展。

6. 输配电价监管

在"网售分开"的电力体制下,电网公司收入来源主要是向电力市场主体收过网费,即"输配电价"。在传统的电力产业中,其增长方式是渐进式的,即整个社会的用电量需求与经济增长是同步的。以清洁能源开发利用为特征的新一轮能源革命正在兴起,打破了传统电力产业发展的节奏,能源结构正发生剧烈的变化,电网的投资需求大大增加,因此,在输配电价的监管上应当考虑可再生能源发电发展的因素,制定出合理的输配电价水平,建议采取激励性监管措施,综合评估电力产业与社会对电价的承受度,分摊投资。

10.4.4 电网公司发展可再生能源发电责任在所有权监管中的体现

在"网售分开"电力体制下,电网公司功能定位清晰明确,即在自然垄断领域提供公共产品的输电企业。建立符合其功能特点的考核、评价体系并强化协调行业监管是其重点内容。提供公共产品的国有企业需要实现的监管目标是公益性和运营效率的均衡,但是如何建立一整套基于公益性和运营效率的价值传导机制是一个重要挑战。其中,以下几个方面是电网公司发展可再生能源发电责任在所有权监管中的重点。

第一,所有权监管需要以行业监管报告(年度监管报告)和长期监管报告(五年期监管报告)为基础,重点关注的内容包括电网公司的经济发展责任监管评价、公共责任履行情况监管评价、价格监管评价、公共服务监管评价等,其中,可再生能源发电发展责任应成为重要的监管内容之一。

第二,电网公司董事会构成与运作需要改革调整。在当前国资管理体制下,董事会决策机制和效率受到影响,行业监管手段比董事会决策更有效率,可在董事会中引入具有行业监管专业背景的董事成员,让董事会充分理解行业监管要求,作出有效决策。同时,应该建立一个具有洞察未来可再生能源发展趋势的董事会,为电网建设提供战略指导,从而间接协调行业监管与所有权监管。

第三,在考核方式上,新的电力体制下的电网公司具有固定收益资产特征,利润维持在相对较低的水平才能体现社会福利最大化。当前的国资经济增加值(economic value added, EVA)考核,作为业绩考核指标未必完全适用这一领域的企业。在考核中,电网公司作为公共服务产品提供者,应该引入社会评价机制,包括第三方评估组织,针对电网公司绿色发展责任进行评估。对所有权机构进行考核时,应充分参考第三方评估意见。

10.5 本章小结

本章分析了电网公司的市场地位与责任。在此基础上提出了在当前电力市场体制与电力体制改革情景下如何在电网监管中体现其发展可再生能源发电的责任,并提出了如何优化整个电网监管机制与监管内容的具体措施。

国际经验表明，电网监管与促进可再生能源发电发展的一般规律有：一是有效监管的电力监管体系是以对电网监管为核心，监管主体职能明确、具备专业监管能力、有明确的与电力行业发展相适应的监管目标。二是市场化的电力市场体制是有效监管的重要基础。在非市场化的电力体制下，促进可再生能源发电发展的各种机制的效果将难以发挥作用，必须加大监管才能弥补机制的缺陷。三是电网公司监管在促进可再生能源发电发展中发挥着重要作用。电力监管能够为可再生能源发电发展制定的价格机制、市场机制及电网运行机制的有效运作提供保障，通过监管介入，弥补市场机制的失灵。针对中国电力监管，为促进可再生能源发电发展，可在以下几方面进行优化。

第一，需要对现行的促进可再生能源发展的政策与法律法规进行优化，主要完善法律的相关配套法规，形成能够在实践中运行的行为准则，以提高监管规则的可操作性与目的性，让监管更有效。

第二，政府公共政策职能运行机制需要与促进可再生能源发展机制相协调，避免与监管目标的冲突。例如，完善综合能源发展规划制度，建立电网规划与能源规划有效协调。

第三，加强综合能源监管体系中的电力监管建设。明确监管目标、优化监管主体及其职能配置、提升监管能力（执法水平）、创新监管方式与机制（解决监管信息不对称的激励性监管机制）。

第四，发挥电网监管的核心作用，明确不同电力体制下的电网责任，解决电网公司零售环节依托电网实现对电厂和用户的双重垄断或者对用户的垄断问题，协调行业监管与所有权监管，改进对电网公司的考核激励机制，体现电网公司的可再生能源发电发展责任。

第五，在电力体制改革与国资体制改革背景下，协调电网公司的行业监管与所有权监管，在监管目标、内容与手段上协调配合，对电网公司的垄断环节加大监管力度，增进社会的总体效益，促进经济平稳增长与发展。

第六，完善信息披露机制，提高监管透明度与公众参与度。建立监管机构、行业协会、公众、监察和审计机构等多种主体参与的社会监管体系。

第 11 章 促进可再生能源发电的电网公司绩效考核制度设计

11.1 考核制度设计的基本思路和总体原则

11.1.1 考核制度设计的基本思路

对中央企业实施经营业绩考核是国资委落实中央企业国有资产保值增值责任、保障国有资产在国民经济中的统领地位的关键机制设计。随着国有资产监督管理体制的改革,国有企业的公共责任将逐步成为中央企业责任体系的关键组成部分。因此,中央企业绩效考核机制必须与国资监管方式变革同步作出调整,以促进国有企业公共责任的落实。

电网公司是典型的提供"公共服务"的国有企业。但是在当前"中枢能源服务公司"的定位下,特别是在未形成受政府管制的独立输配电价机制的政策环境下,电网公司的逐利属性被人为放大,而其公共服务责任未能得以充分彰显。随着电力体制改革的深入和电网公司"公用事业"属性的回归,对电网公司的业绩考核机制也应做出相应调整,以适应和强化电网公司公共服务责任的落实。

节能减排与绿色低碳发展是中国的基本国策,是中国应对能源经济环境可持续发展和全球气候治理议题的必然选择。大力发展可再生能源、促进能源结构持续优化、降低对化石能源的过度依赖,是中国低碳发展战略的关键环节之一。中央企业作为国家战略落地的主要载体和执行工具,践行与落实绿色低碳发展是使命所归,责无旁贷。

本章"促进可再生能源发电的电网公司绩效考核制度设计"问题,正是在这样的背景下,以电网公司的清洁发展责任为突破口,进行经济责任与公共责任平衡一致的电网公司绩效考核新机制构建的思路设计。

11.1.2 电网公司绩效考核制度设计的基本原则

电网公司绩效考核制度的设计应遵循以下基本原则。

(1)在电网公司绩效考核指标与目标体系的设计上,坚持"资产经济责任与公共责任"平衡一致原则。具体来说,一是要在当前的单一资产经营维度的业绩指标体系中加入体现公共责任维度的关键指标,并逐步加大其权重,最终达到"资产经济责任与公共责任"相平衡的状态;二是在加入公共责任指标后,要统筹考虑电网公司履行与承担公共责任指标对其资产经营指标的影响,保证两个维度指标的考核"逻辑一致、公平有效"。

(2) 在电网公司绩效考核方案改革的总体路径上,坚持与"电力体制改革和国资监管改革"协调一致原则。国资监管对中央企业定位的明晰与差异化分类管理,以及电力体制改革对电力产业结构和电网公司功能的重新调整,是电网公司业绩考核机制设计的"制度背景"。因此,对电网公司业绩考核机制的研究,必须与电力体制改革和国资监管改革路径协调一致。唯此,才能保证方案设计的科学性和可操作性。

(3) 在电网公司业绩考核方案实施程序的设计上,坚持"与国家治理体系改革一脉相承""行业监管与国资监管"统筹一致的原则。党的十八大报告中"五位一体"的总体布局,呼唤国家治理体系的深刻改革。体现在电网公司业绩考核方案的实施程序上,具体表现为必须坚持"行业监管与国资监管"统筹一致的原则。行业监管体现的是能源监管部门对电网公司履职和经营行为的基本要求和规范,而国资监管体现的是国资监管部门对电网公司在国有资产保值增值方面的要求,因此行业监管是基础和底线,国资监管是要求和目标。这就要求在电网公司业绩考核的实施程序设计上,要根据行业监管和国资监管的功能定位科学配置行业监管部门和国资监管部门的职责分工和管理界限,确保二者有效衔接,在业绩考核中实现行业监管与国资监管的有机融合。

11.2 电力体制改革和国资监管方式改革对电网公司考核的影响

11.2.1 电力体制改革对电网公司绩效考核的影响

1. 剥离竞争性业务对电网公司绩效考核的影响

电力体制改革的主要方向之一是剥离竞争性业务,即实现电力体制中输配电与售电的有效分离。这意味着将电网公司重新定位成"只负责电力传输,不参与买卖电力"的企业主体。

在这种情况下,针对电网公司的绩效考核必然要出现相应的变化,考核指标必须对电网公司公共责任的履行给予充分倾斜;如果继续对电网公司施行以经营业绩考核为主的绩效考核方案,必然会强化电网公司重视经济利益、而忽视社会责任的履行的意识。在现有情境下,承担售电业务的电网公司可以获得较高的经济收益,而一旦售电业务被剥离,电网公司的收益主要来源于输配电服务,而输配电价格将受到国家的严格监管与核准。如果继续施行单一的经营业绩考核,电网公司将缺乏对农村电网项目进行投资的积极性。农村电网相对于城市电网而言,其成本收入比相对偏高,加大对农村电网的投资必然会降低电网公司的经济效益和考核成绩等级。同时电网公司投资于新能源发电并网项目的积极性也会大大降低,新能源发电项目一般远离负荷区,电网架设的成本相对更高,而新能源发电受不确定性出力的影响,一般年利用小时数较低,导致接入新能源发电的输电资产利用率偏低,必然会降低电网公司的经济效益。另外,电网公司在偏远地区的电网建设投资积极性也会大大降低,偏远地区的经济发展水平一般较低,在该类地区投资电网建设往往会拉长电网公司的投资回收期,更有甚者会导致电网公司在该类地区的投资入不敷出。结合以上分析,一旦电网公司的竞争性业务被剥离,针对电网公司的绩效考核方案必须向其公共责任履行情况做出更大的倾斜。

2. 电价制定机制改革对电网公司绩效考核的影响

电力体制改革的另一重点是实现电网公司输配电价格的独立,电网公司进行电力传输只收取一定的过网费,不再是"双边垄断、统购统销"的独家电力供应。在这样的环境下,输配电价水平一经确定,电网公司的营业利润将主要取决于上网电量的大小和服务成本的高低,继续对电网公司进行利润导向的经营业绩考核的意义将大打折扣。另外,由于实现了独立的输配电价机制,输配电价成为监管机构对电网公司进行激励的一项重要举措。电价机制改革必然会涉及如何确定合适的奖惩电价才能体现出监管层对于电网公司发展新能源、提高普遍服务水平等公共服务职能的激励导向作用,这也将是下一步电价机制改革及监管机制改革的重点问题。

3. 完善电力行业法律规范对电网公司绩效考核的影响

伴随着电力改革的逐渐完善,电力行业各部门的权力与义务逐渐明晰,为了明确规范各部门的职责,相应的法律法规必须予以明确。因而可以认为伴随着电力体制改革的深入,电力监管立法必须不断加强,监管原则也须得到进一步明确。

4. 调度机构职责的明确对电网公司绩效考核的影响

在电力体制改革完成后,调度机构的权责与归属权问题都得到了明确,中长期电力、电量平衡主要是通过市场机制来调节,而电网调度机构只对电力的实时平衡进行微调。与此相对应,针对调度机构的绩效考核原则也将做出相应调整。

11.2.2 国资监管改革对电网公司考核的影响

1. 国有资产管理体制改革的影响

党的十九大报告指明了下一步国有资产管理改革的方向是:"完善各类国有资

产管理体制,改革国有资本授权经营体制要完善各类国有资产管理体制,改革国有资本授权经营体制,加快国有经济布局优化、结构调整、战略性重组,促进国有资产保值增值,推动国有资本做强做优做大,有效防止国有资产流失。深化国有企业改革,发展混合所有制经济,培育具有全球竞争力的世界一流企业。全面实施市场准入负面清单制度,清理废除妨碍统一市场和公平竞争的各种规定和做法,支持民营企业发展,激发各类市场主体活力。深化商事制度改革,打破行政性垄断,防止市场垄断,加快要素价格市场化改革,放宽服务业准入限制,完善市场监管体制。"在这种改革方案下,电网公司具有竞争性质的业务,如购电和售电业务,将会逐渐被剥离,因此,对电网公司的考核将主要集中于具有自然垄断性质的输电业务,考核重点也将逐渐向公共服务提供质量,包括促进可再生能源等清洁能源供给和利用绩效方面转变。此外,《国务院关于推进国有资本投资、运营公司改革试点的实施意见》(以下简称《意见》)指出,"通过改组组建国有资本投资、运营公司,构建国有资本投资、运营主体,改革国有资本授权经营体制,完善国有资产管理体制,实现国有资本所有权与企业经营权分离,实行国有资本市场化运作。"这表明在电网公司定位和业务范围改革的过渡期内,针对电网公司的国有资产监管将为以管资本为主要内容。

2. 加大国有资本在国家战略性目标方面的影响

《意见》指出,"国有资本投资公司主要以服务国家战略、优化国有资本布局、提升产业竞争力为目标,在关系国家安全、国民经济命脉的重要行业和关键领域,按照政府确定的国有资本布局和结构优化要求,以对战略性核心业务控股为主,通过开展投资融资、产业培育和资本运作等,发挥投资引导和结构调整作用,推动产业集聚、化解过剩产能和转型升级,培育核心竞争力和创新能力,积极参与国际竞争,着力提升国有资本控制力、影响力。"未来,国有资本还将进一步加大对公益性企业的投入,在提供公共服务方面做出更大贡献。在这种情景下,更有利于电网公司被定义为提供公共服务的国有企业,有利于对电网公司监管考核制度改革目标的实现。

3. 健全选人用人机制的影响

《意见》对于国有企业经理人的选聘也给出了具体指导意见。"国有资本投资、运营公司应积极推动所持股企业建立规范、完善的法人治理结构,并通过股东大会表决、委派董事和监事等方式行使股东权利,形成以资本为纽带的投资与被投资关系,协调和引导所持股企业发展,实现有关战略意图。国有资本投资、运营公司委派的董事、监事要依法履职行权,对企业负有忠实义务和勤勉义务,切实维护股东权益,不干预所持股企业日常经营。""国有资本投资、运营公司要建立派出董事、监事候选人员库,由董事会下设的提名委员会根据拟任职公司情况提出差额适任人选,报董事会审议、任命。同时,要加强对派出董事、监事的业务培训、管理和考核评价。"今后,在职业经理人制度得到完善的情况下,针对电网公司的任期监管绩效考核结果,如果能直接反映职业经理人履行公共责任及可再生能源发电责任的情况,将对电网公司的行为形成更加有效的激励。

11.3 电网公司绩效监管体系改革方案设计

11.3.1 改革阶段划分与总体目标模式分析

与电力改革和国资监管改革进程相对应,针对电网公司的绩效考核监管模式也需要进行同步改革,图 11.1 展示了与电力体制改革进程相对应的电网公司监管体制改革方案。改革过程可以划分为两个主要阶段:阶段一,电力体制改革过渡期对电网公司的考核模式;阶段二,电力体制改革完成后对电网公司的考核模式。

阶段一:电力体制改革过渡期对电网公司的考核模式	阶段二:电力体制改革完成后对电网公司的考核模式
国资委负责针对电网公司的国资监管并进行经营业绩考核 国家能源局负责针对电网公司的行业监管并进行绩效考核 国家发展和改革委员会负责电价决策	形成统一独立的综合能源监管机构负责针对电网公司的综合监管 制定监管计划并进行综合业绩考核及电价制定与决策
国资委负责制定针对电网公司经营业绩的考核指标 国家能源局负责制定针对电网公司公共服务的绩效考核指标	由第三方组织提出参考意见,由独立的能源监管机构制定并最终决定公共服务考核指标

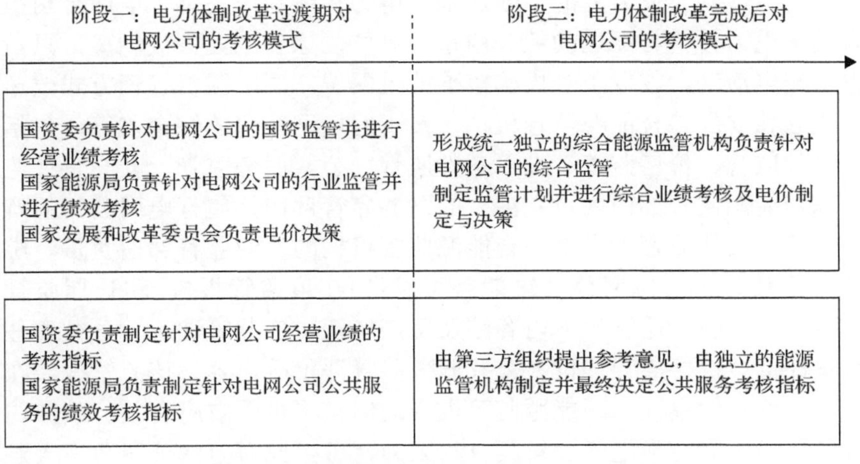

图 11.1 电力体制改革阶段划分与总体目标模式

1. 电力体制改革过渡期电网公司绩效考核体系设计的总体目标

在电力体制改革过渡期,电网公司将被重新定义为提供公共服务的国有企业,因而在该阶段,针对电网公司的绩效考核体系改革的总体目标是平衡电网公司的资产经营责任和公共责任。

在本阶段,电网公司的绩效考核将向多部门协同治理的方式转变。其中,国资委主要负责对电网公司资产保值增值情况的考核,出具最终考核意见;国家发展和改革委员会主要负责电力价格政策的制定和电价水平的调整；国家能源局负责针对电网公司的行业监管，主要针对电网公司的公共责任履职考核。各监管责任主体之间需进行有效的沟通协调，国资委、国家发展和改革委员会、国家能源局三部门间有效的信息交流，可以使针对电网公司的业绩考核更加有效。

其中，国资委现有的国资经营考核指标不发生变化，重点及目标依旧是考核电网公司对于所持国有资产的保值增值能力，该部分指标的设定与考核模式与其他中央企业相同；国家能源局负责针对电网公司的行业监管，监管内容包括供电安全监管、服务质量监管、社会责任监管、行业影响监管、环境影响监管、价格监管、准入条件监管等内容，其中环境影响监管作为一级考核指标，下设的新能源发电上网电量所占比例等反映电网公司在促进新能源发展责任的履行情况的二级指标；国家发展和改革委员会对于国家能源局提出的电价调整建议保留最终决策权。

2. 电力体制改革完成期电网公司绩效考核体系设计的总体目标

随着电力体制改革力度的不断加强，电力体制趋于完善，电网公司被重新定位为负责电力传输与配送的纯公用事业单位，原售电业务被剥离，只负责进行输电与配电活动，收取监管机构核准的过网费。同时国资管理方式改革也已完成，成立独立的综合能源监管机构，负责对电网公司的综合监管，包括电网公司的财务监管、价格监管、准入条件监管、公共服务监管、社会责任监管等内容。综合能源监管部门内设立独立的财务监管部门，履行电网公司的资产经营责任监管，其他监管内容由综合能源监管机构的行业监管部门负责。综合能源监管机构负责出具电网公司短期监管报告（年度监管报告）和长期监管报告（五年期监管报告），监管报告内容涉及资产经营责任监管评价、公共责任履行情况监管评价、价格监管评价、公共服务监管评价等内容。该监管报告在出具时具有独立性和约束性，即能源监管报告的出具不再受政府有关行政部门的干预；报告一经出具对于电网公司具有约束力，可据此对电网公司负责人进行任免和绩效奖惩，对电网公司的输配电价水平进行调整。指标体系的权重设定应反映出电网公司的特性，突出其公共责任，以提升电网公司在履行公共责任上的积极性和参与度。

11.3.2 不同改革进程下电网公司绩效考核机制设计

1. 电力体制改革过渡期电网公司绩效考核机制设计

与现有国资委经营业绩考核流程不同，电力改革过渡期情景下的考核主体及考核机制可以用图 11.2 表示。图 11.2 显示，在新的绩效考核模式下，国家能源局、国家发展和改革委员会、国资委三者对于电网公司的绩效进行协同监管。

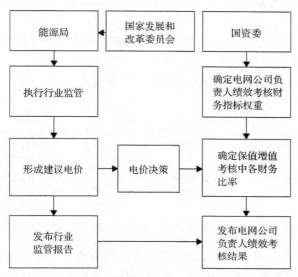

图 11.2　电力体制改革过渡期情景下的考核主体及考核机制设计

国家发展和改革委员会主要负责电价的制定与最终决策，原有的电力行业价格长期固定的形式将会改变，电力价格会在综合考虑市场监管的结果和上一年经营业绩考核结果的基础上进行调整。建议的电价政策至少包括两部分：一部分是基础电价，由国家发展和改革委员会根据电网公司运营成本与合理收益进行核算；另一部分是在综合考虑上一年的行业监管和绩效考核结果的基础上形成的奖惩电价。奖惩电价的制定由国家能源局根据电网公司的行业考核结果给出建议，由国家发展和改革委员会做最后决策。

国资委主要负责针对电网公司的经营业绩考核。在制定各项经营业绩考核指标的目标值时，要综合考虑电价水平和公共责任履行对经济效益的影响，合理制定经营业绩考核的目标值。国家能源局负责对电网公司的公共责任考核。考核指标包括消费者满意度指标、供电安全性指标、电网建设、信息披露、绿色发展责任指标、普遍服务指标及无歧视接入指标等可以反映电网公司履行公共服务责任努力程度的指标。国家能源局对电网公司的公共责任绩效监管结果的用途有两点：一点是直接体现在国资委央企负责人绩效考核结果中的公共责任绩效结果部分；另一点是为国家发展和改革委员会确定奖惩电价提供依据。

在该情景下，针对电网公司的绩效考核办法依旧实行年度绩效考核和任期绩效考核相结合的形式，二者均采取由国资委主任或者其授权代表与电网公司签订经营业绩责任书、由国家能源局负责人或者其授权代表与电网公司签订行业绩效评价责任书的方式进行。原有国资委经营业绩考核的权责不发生变化，赋予国家能源局对电网公司进行行业绩效考核的职权。

1）年度绩效考核

年度绩效考核指标可以进一步划分为经营业绩考核指标和公共绩效考核指标，均采用签订考核责任书的方式进行。

该阶段年度绩效考核责任书按照如图11.3所示的程序签订。

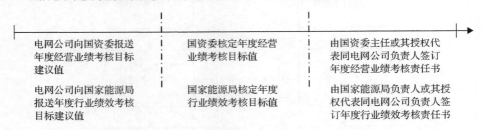

图 11.3　电力体制改革过渡期国家电网公司年度绩效考核责任书签订程序

第一，电网公司向国资委报送年度经营业绩考核目标建议值，向国家能源局报送年度行业绩效考核目标建议值。考核期初，电网公司按照国资委本年经营业绩考核要求、国家能源局行业绩效考核要求和电网公司发展规划和经营状况、可再生能源发展状况，对照同行业国际国内先进水平，提出本年度拟完成的年度经营业绩考核目标建议值、年度行业绩效考核目标建议值，并将考核目标建议值和必要的说明材料报送国资委和国家能源局。

第二，国资委和国家能源局分别核定年度经营业绩考核目标值和年度行业绩效考核目标值。国资委和国家能源局按照"同一行业、同一尺度"的原则，结合宏观经济形势、电力行业发展周期、电网公司实际经营状况、国内可再生能源发展状况、国内新能源资源富裕度、国际相关行业考核指标等级等，对企业负责人的年度经营业绩考核目标建议值和年度行业绩效考核年度目标建议值进行审核，并就考核目标值和有关内容同企业沟通后予以确定。原则上，行业考核指标等级不得低于上一年实际完成值和前三年企业实际完成值的平均值的较低值。

第三，由国资委主任或者其授权代表、国家能源局负责人或者其授权代表同电网公司负责人分别签订年度经营业绩考核责任书和年度行业绩效考核责任书。

该情境下，年度经营业绩考核责任书和年度行业绩效考核责任书完成情况按照下列程序进行考核。

第一，电网公司负责人依据经审计的企业财务决算数据、经审核的行业指标执行情况统计数据，对上年度经营业绩考核目标的完成情况进行总结分析，并将本年度总结分析报告报送国资委和国家能源局，同时抄送给电网公司的监事会。

第二，国资委依据经审计或者审核的企业财务决算报告和经审核的行业指标执行情况统计数据，结合本年度总结分析报告并听取监事会意见，对企业负责人年度经营业绩考核目标的完成情况进行考核；国家能源局依照经审核的行业绩效考核指标完成情况的统计数据，结合本年度国内可再生能源资源禀赋和国内实际情况、本年度总结分析报告并听取监事会意见，对企业负责人的年度行业绩效考核目标的完成情况进行考核，形成行业绩效考核报告与奖惩意见，报送国资委；国资委结合年度经营业绩考核结果和国家能源局报送的年度行业绩效考核评价结果，形成统一的电网公司年度绩效考核指标评价结果与奖惩意见。

第三，国资委将最终确认的电网公司负责人年度绩效考核结果与奖惩意见反馈给电网公司及其负责人与国家能源局，如果电网公司及其负责人对考核与奖惩意见有异议的话，可及时向国资委反映。

第四，国家能源局根据电网公司本年度的年度绩效考核评价结果制定建议电价并报送国家发展和改革委员会，国家发展和改革委员会根据国家能源局的建议电价制定下一年度的电价，并反馈给国家能源局和国资委。

在该情景下，针对中央企业的绩效考核方案不再单纯采用 EVA 考核评价办法，而是根据不同中央企业的实际情况分别设定不同的考核方案。国资考核不再单纯局限于对企业经营业绩的考核，应进一步增加针对企业公共责任等内容的考核指标。在这一阶段的中央企业绩效考核指标体系中，绩效考核方案按照考核期限划分为年度绩效考核与任期绩效考核，二者均采取经营业绩考核指标体系和行业绩效考核指标体系相结合的形式。经营业绩考核指标体系主要反映中央企业对于国有资产的保值增值能力，行业绩效考核指标主要反映中央企业社会责任履行情况，二者权重相当，可以充分体现出绩效考核对于企业非经济价值，即企业公共责任的重视。在新的考核指标体系下，年度经营业绩考核指标体系所包含的国资考核指标体系不发生变化，公共责任考核所要监管的内容包括无歧视接入情况监管、电力市场运行监管、电网规划与投资监管、电网公司信息披露情况、电网公司发展可再生能源发电责任的履行情况等内容。据此制定针对电网公司考核的一级考核指标体系，包括无歧视接入执行情况指标、消费者满意度指标、普遍服务责任履行情况指标、供电安全性指标、电网建设情况指标、信息披露情况指标、绿色发展责任履行情况指标。公共责任考核指标体系一级指标的设定使消费者作为电网公司行业监管考核的参与方加入进来，从消费者的角度评价电网公司社会责任的履行情况；供电安全性、电网建设情况、无歧视接入执行情况和普遍服务责任履行情况的指标设定可以有效反映能源局的主体监管责任；绿色发展责任履行情况指标不再单独考察电网建设和运行对于环境的影响,同时还会加入电网公司的调度体系导致的可再生能源发电上网比例变化对于环境的影响评价;信息披露情况指标是反映电网公司对于信息的披露程度的指标。

电力体制改革过渡期电网公司年度绩效考核指标体系设计如图 11.4 所示。

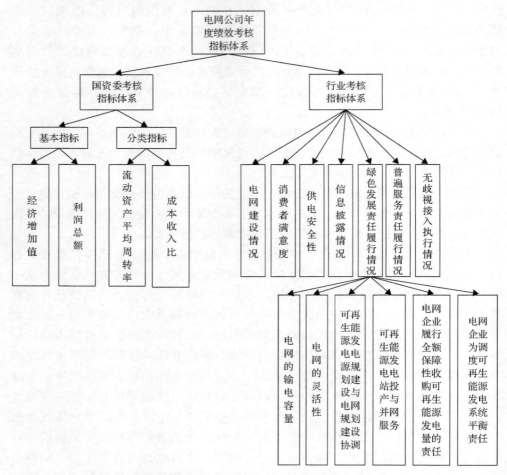

图 11.4　电力体制改革过渡期电网公司年度绩效考核指标体系

2) 任期绩效考核

任期绩效考核指标包括任期经营业绩考核指标和任期行业绩效考核指标。任期经营业绩考核指标体系由国资委负责制定并进行考核,任期行业绩效考核指标体系由国家能源局负责制定并进行考核。该情景下任期绩效考核责任书按照如图 11.5 所示的程序签订。

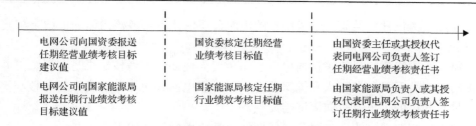

图 11.5 电力体制改革过渡期任期绩效考核责任书签订程序

电力体制改革过渡期任期绩效考核的主要程序如下所述。

第一，电网公司向国资委报送任期经营业绩考核目标建议值，向国家能源局报送任期行业绩效考核目标建议值。考核期初，电网公司按照国资委本任期经营业绩考核要求、国家能源局行业绩效考核要求和电网公司发展规划、国家能源发展规划，对照同行业国际国内先进标准，提出任期经营业绩考核和任期行业绩效考核目标建议值，并将考核目标建议值和必要的说明材料报送国资委和国家能源局。

第二，国资委和国家能源局分别核定任期经营业绩考核目标值和任期行业绩效考核目标值。国资委和国家能源局按照"同一行业，同一尺度"原则，结合宏观经济形势、电力行业发展周期、电网公司实际经营状况、国内可再生能源发展状况、国内新能源资源富裕度、国际相关行业考核指标等级等，对企业负责人任期经营业绩考核目标建议值和任期行业绩效考核目标建议值进行审核，并就考核目标值和有关内容同企业沟通后予以确定。

第三，由国资委主任或者其授权代表、国家能源局负责人或者其授权代表分别同电网公司负责人签订任期经营业绩责任书和任期行业绩效考核责任书。

该情境下任期经营业绩考核责任书和任期行业绩效考核责任书完成情况按照下列程序进行考核。

第一，电网公司负责人依据经审计的企业财务决算数据、经审核的行业指标执行情况统计数据，对上一任期经营业绩考核目标的完成情况进行总结分析，并将本年度总结分析报告报送国资委和国家能源局，同时抄送给电网公司的监事会。

第二，国资委依据经审计或者审核的企业财务决算报告和经审核的行业指标执行情况统计数据，结合本任期总结分析报告并听取监事会意见，对企业负责人任期经营业绩考核目标的完成情况进行考核；国家能源局依照经审核的行业绩效考核指标完成情况的统计数据，结合本任期内国内可再生能源资源禀赋和国内实际情况、任期内总结分析报告并听取监事会意见，对企业负责人任期行业绩效考核目标的完成情况进行考核，形成行业绩效考核报告与奖惩意见，报送国资委；国资委结合任期经营业绩考核结果和国家能源局报送的任期行业绩效考核评价结果,形成统一的电网公司任期绩效考核指标评价结果与奖惩意见。

第三,国资委将最终确认的电网公司负责人任期绩效考核结果与奖惩意见并反馈给电网公司及其负责人和国家能源局,如果电网公司及其负责人对考核与奖惩意见有异议的,可及时向国资委反映。

电力体制改革过渡期电网公司任期绩效考核指标体系如图11.6所示。

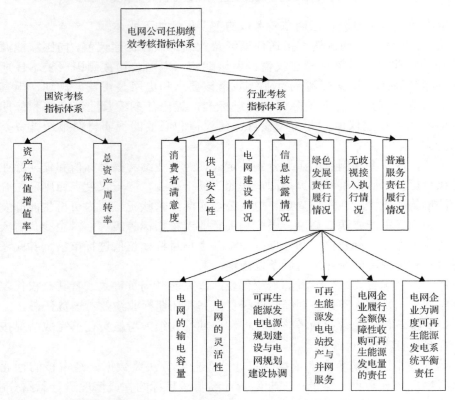

图 11.6 电力体制改革过渡期电网公司任期绩效考核指标体系

2. 电力体制改革完成期电网公司绩效考核机制设计

在电力体制改革完成的情景下,电网公司进行了有效拆分,供电业务被有效剥离,电网公司只负责电力的传输和配送,收取一定的过网费。国资监管方式改革也已完成,统一的综合能源监管部门得以成立,承担对于电力服务的综合监管。

在新的监管体系下,针对电网公司的绩效考核依旧采取年度绩效考核与任期绩效考核相结合的形式,以任期考核为主,并使考核周期与国家整体发展规划的制定周期同步。基于新的考核周期的任期绩效考核流程如图11.7所示。

第 11 章 促进可再生能源发电的电网公司绩效考核制度设计

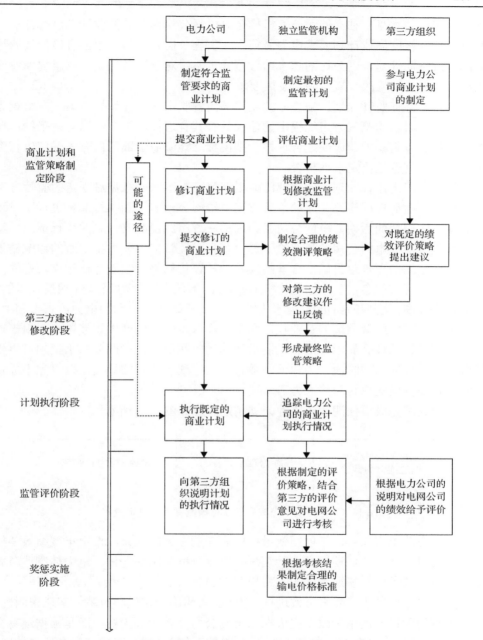

图 11.7 电力体制改革完成后电网公司监管体系与考核体系

第一，商业计划和监管计划制定。在任期绩效考核初期，独立能源监管机构会根据上一任期电网公司的表现制定最初的监管计划，同时要求电网公司根据国家的整体发展规划制定合理的商业计划，在商业计划的制定过程中必须充分考虑第三方组织的意见。独立能源监管机构会对电网公司提交的商业计划进行评估，对于评估合格的商业计划要求电网公司有效实施，监管部门会根据合格的商业计划制定最终的针对电网公司的综合绩效监管策略；对于评估结果不满意的商业计划要求电网公司修改，直至满足发展要求为止。

第二，修订监管计划。独立能源监管部门就既定的监管计划向第三方组织寻求建议，如果认为第三方组织提出的建议具有其合理性，则会予以有效采纳；如果认为第三方组织的建议缺乏合理性，则由独立能源监管部门向有关部门进行咨询，根据咨询意见决定采纳与否。

第三，确定监管计划。监管部门会根据第三方组织的意见对既定的监管方案进行修订，而后根据修改完成的监管方案对电网公司的计划执行情况进行实时跟踪。在监管周期的后期，电网公司必须向第三方组织说明其计划的执行情况，第三方组织要根据电网公司的说明给予评价意见，监管部门要根据实时的跟踪结果及第三方组织的评价意见确定合理的绩效考核评价结果。绩效考核结果较好的，独立能源监管部门会在基本输电价格的基础上给予一定的激励价格；相反较差的，则会设定较高强度的惩罚价格，电价调节结果会反映在下一期的电力监管过程中，对电网公司下一经营周期的营业收入和员工收入水平增长产生直接影响。报告理论模型定量评估证据显示，这一机制设计的逻辑在于，在电网公司承担的可再生能源发展目标较高的阶段，为保证绩效目标的实现，监管的导向是以"完不成目标给予较高强度的惩罚为约束力"。

电力改革完成后任期考核监管计划制定流程如图 11.8 所示。

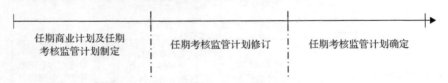

图 11.8　电力改革完成后任期考核监管计划制定流程

在电力改革完成后，年度绩效考核成为任期考核的补充。设定年度绩效考核的目的是对电网公司任期的商业计划进行年度分解和跟踪评估。电力体制改革完成后年度绩效考核与任期考核的关系如图 11.9 所示。

由于电力体制改革尚未有效进行，电网公司明确的定位和改革方案还未明确，本书没有明确提出适用于改革完成期的电网公司绩效考核指标，而是根据现有文献的研究结果，提出表 11.1 中的电力改革完成后针对电网公司的绩效考核指标库，监管部门可从指标库中选取适当的考核指标作为电力体制改革完成期的电网公司绩效考核指标。

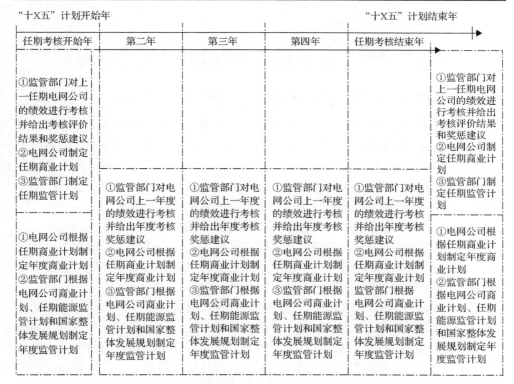

图 11.9　电力体制改革完成后任期绩效考核与年度绩效考核的关系

表 11.1　电力体制改革完成后针对电网公司的绩效考核指标库

电网公司责任	责任指标							
经济发展责任	资产保值增值率	资产总额	利润总额	经济增加值	流动资产平均周转率	成本收入比		总资产周转率
公共服务责任	消费者满意度	供电安全性	电网建设情况	信息披露情况	绿色发展责任履行情况	无歧视接入执行情况		普遍服务责任履行情况

电力体制改革完成后相应的年度绩效考核监管计划制定流程如图 11.10 所示。

图 11.10　电力体制改革完成后年度绩效考核监管计划制定流程

在该情景下,针对电网公司的监管不再按照经营业绩和行业考核绩效进行评估,而是由独立的综合能源监管部门按照既定的监管计划和电网公司提交的商业计划,对于电网公司的表现进行考核。在新的电力监管体系中,独立的综合能源部门具有监管电网公司各项业务和表现的权责,并能根据监管结果制定奖惩过网费和额外的奖励或者惩罚措施。

11.4 改革方案的分阶段实施计划与配套措施

11.4.1 电力体制改革过渡期的电网公司考核实施计划与配套措施

在电力体制改革过渡期内,针对电网公司的绩效考核体系的修改主要是为了平衡电网公司的经济责任和公共责任,不再单纯侧重于经营业绩考核。该阶段考核的主要形式是将针对电网公司的绩效考核分为经营业绩考核和行业绩效考核,其中经营业绩考核由国资委负责,行业绩效考核由国家能源局负责。在该阶段,实现该考核方案的修改计划需要顶层的政策设计发生一定程度的变化。

首先,电网公司被定义为一类公共服务企业,而非单纯追求经济利益的企业。这意味着电网公司的主要责任既包括实现其所持有的国有资产的保值增值,还包括履行其公共服务责任。这要求顶层政策制定者对电网公司的定位进行适当程度的修改,真正实现电网公司服务社会的公司定位。

其次,由于行业绩效考核由国家能源局负责,这必然要求政策制定者在顶层设计时赋予国家能源局相应的权责。从现有情境来看,国家能源局与国家电网公司地位相当,不具有对于电网公司进行考核的行政级别与职权,因而下一步首先必须赋予国家能源局这种职权,使得国家能源局能够针对电网公司进行相应的行业绩效考核。

再次,在现有体制下,国资委对于电网公司的考核中既有经营业绩考核,又包含部分社会责任的考核,在改革过渡期内,国资委的考核导向必须进行一定程度的明确,即其只负责针对电网公司的经营业绩考核,不涉及针对电网公司的行业绩效考核内容。由于改革涉及责权调整,要求顶层政策制定者首先明确划分国资委的权责范围。

最后,新的监管体系要求国家发展和改革委员会在制定电价时要设定部分奖惩电价,而奖惩电价的制定要参考国家能源局对电网公司的公共责任绩效考核结果,这必然要求国家发展和改革委员会与国家能源局就电价制定进行有效协同。国资委负责出具最终年度绩效监管报告,其中的行业绩效考核采用国家能源局的行业绩效考核结果,这必然要求国家能源局和国资委就行业绩效考核结果进行有效协商。

11.4.2 电力体制改革完成期电网公司考核实施计划与配套措施

电力体制改革到位后,针对电网公司的绩效考核由独立统一的能源监管机构进行监管。因而要实现该阶段电网公司的有效监管,首先要求设定独立的综合能源监管机构。独立的综合能源监管机构负责针对电网公司最初监管计划的制定、商业计划的评估、最终监管及计划的确定、协调第三方的监管意见、跟踪监管等内容，负责针对电网公司的经营业绩考核和行业绩效考核。

其次，在该阶段，针对电网公司的监管计划的制定过程和电网公司自身的商业计划的制定都要求第三方组织的参与。因而在该阶段，要实现目标的考核模式，必须先建立由独立的自由人负责的独立的第三方组织，该组织主要代表社会大众的整体意见，收集社会公众关于电网公司发展和监管的建议，并将其反映到电网公司的监管体系中和电网公司的商业计划中。

最后，独立的能源监管机构必须拥有制定电价和奖惩电网公司的权力。在该情境下，电网公司的业务已经进行了有效的剥离，电网公司输电只收取部分过网费用，因而此处的电价指输配电价。独立的综合能源监管机构必须对于电网公司的过网费率拥有一定程度的决策权，即电网公司的过网费率应有一定的弹性，包含电网回收折旧成本、电网动态运行成本、电网公司收益，其中电网公司收益部分由独立的综合能源监管机构通过设定奖惩电价来确定。

11.5 本章小结

随着电力体制改革和国资监管体制改革的深化，针对电网公司的绩效监管体制改革也应进一步推进。本章明确了对电网公司业绩考核机制设计的三个基本原则：在电网公司业绩考核指标与目标体系的设计上，坚持"资产经营责任与公共责任"平衡一致原则；在电网公司业绩考核方案改革的总体路径上，坚持与"电力体制改革和国资监管改革"协调一致原则；在电网公司业绩考核方案实施程序的设计上，坚持"与国家治理体系改革一脉相承""行业监管与国资监管"统筹一致的原则。

本章的重点是按照电力体制改革和国资监管体制改革进程划分了电网公司业绩监管体制改革的"两个情景"，并分别展望了电网公司业绩考核机制设计的主要内容。

在电力体制改革和国资监管体制改革过渡期内，现有国资监管体制不发生变化，业绩指标体系向着平衡电网公司的公共服务责任和促进国有资产保值增值的责任转换，各监管主体之间的联系进一步加强，依靠各部门的有效协作使电力体制监管更加高效。在电力体制改革完成期内，独立的综合能源监管机构得以成立，负责针对电网公司的全面监管，其监管模式的制定具有充分的灵活性，可以根据电网公司的整体商业计划制定监管策略，不拘泥于某种监管模式本身。在电力体制改革情景下，无论是电网公司还是监管主体，其责任的履行都必须考虑将第三方组织加入在内，进一步加强了社会参与度。

为保障电网公司绩效监管机制充分落地，需要统筹顶层设计与技术操作要点。

在现有电网公司绩效指标体系中纳入体现新能源发展责任的分类指标，以及在实际操作中明确电网公司落实新能源发展责任对其经济效益的影响，并对 EVA 和利润这样的财务绩效指标的目标值和考核标准做出相应的调整；将以电网公司的绩效考核体系为主的目标和标准调整为以电网公司的经济责任和社会责任相平衡的目标和标准，因此需要在顶层设计上明确电网公司的公用事业单位属性和公共服务功能，在监管程序上必须实现国资委、国家能源局和国家发展和改革委员会等相关部门的高效协同。在电力体制改革到位后，电网公司绩效监管的顶层设计是形成综合能源监管机构，以闭环监管的方式对电网公司的电网规划、商业计划、资产形成与成本核定、公共服务合约与业绩目标、输配电价费率与收入核定实施统一、综合监管。

第 12 章　促进可再生能源发展的市场交易机制完善

12.1　电力市场化改革对可再生能源发电的影响

12.1.1　电力市场化改革对可再生能源发电影响的理论分析

中国的电力市场化改革大致经历了"政企合一、国家垄断经营"阶段(1949~1985年)、"政企合一、发电市场逐步放开"阶段(1986~1997年)、"政企分开、部分省(自治区、直辖市)市场化改革试点"阶段(1998~2002年)、"独立监管、电力市场化改革全面推进"阶段(2002年至今)四个阶段(李虹，2004)。目前，中国正处于第二次电力改革历程(图12.1)。

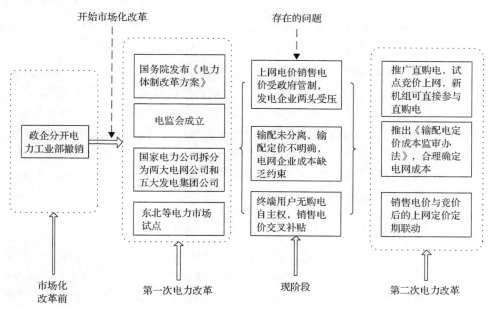

图 12.1　中国电力体制改革历程

在当前的电力体制下，形成了一种特殊的电力市场结构，在该市场结构下，发电环节独立，输配售环节一体化(图12.2)。多家发电厂将电卖给两大电网公司，两大电网公司再通过地方供电局将电能分配给电力用户，电网公司在发电侧市场是垄断买方，在售电侧市场是垄断卖方，在整个电力纵向产业链上，两大电网公司有绝对的市场控制力。

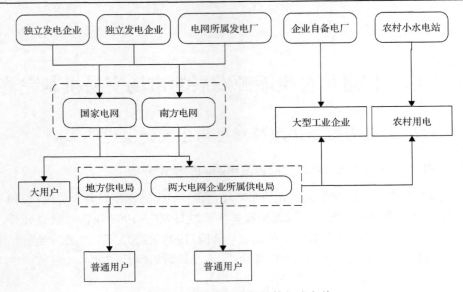

图 12.2 中国电力市场结构组成主体

中国输电企业主要由国家电网有限公司和南方电网公司构成，内蒙古电力集团有限责任公司为地方国有输电企业，主要负责内蒙古西部地域输电业务

中国的电力市场经历了两次里程碑式的改革：第一次是在1997年，电力工业部解体，成立了国家电力公司，打破了电力行业长期以来实行的行政性管理体制；第二次是在2002年，国家电力公司解体，成立了两家电网公司和五家电源集团公司国家电网有限公司、南方电网公司、中国华能集团公司、中国大唐集团公司、中国华电集团公司、中国国电集团公司、中国电力投资集团公司。这标志着电力产业垂直一体化的模式被打破。这两次电力体制改革对可再生能源发电的影响主要体现在以下三个方面。

1. 有利于更多投资主体进入可再生能源发电领域

电力产业在打破行政性管理体制及垂直一体化垄断体制之后，电网公司和发电企业业务分离，这样更有利于实现电网公司对各发电主体发电出力的公平调度，从而有利于吸纳更多投资主体向电源领域投资，这也在一定程度上为更多投资者进入可再生能源发电领域提供了有利条件。

2. 有利于提高可再生能源发电企业的经营效率

中国电力体制改革的主要成效之一是在发电侧市场引入了竞争，在实施标杆性上网电价的情况下，发电企业，包括可再生能源发电企业只有通过改进管理水平、提高技术进步能力，才能扩大企业利润。即中国的电力体制改革有利于提高可再生能源发电企业的经营效率。

3. 有利于加强对电网公司吸纳可再生能源发电的监管

可再生能源发电相对于传统化石能源发电，出力不够稳定，因此，在同样的并网电价情形下，电网公司不愿意调度可再生能源。如果电力产业没有实施打破垂直一体化垄断体制的改革，那么电网公司是否优先调度可再生能源属于公司内部业务，很难对其进行监管；而在垂直一体化垄断体制打破之后，才有可能成立社会监管机构，才能对电网公司是否对可再生能源发电进行了优先调度进行监管。

2015年3月颁布的《中共中央国务院关于进一步深化电力体制改革的若干意见》，标志着新一轮电力市场化改革的启动。这次改革的主要内容是"四放开、一独立、一加强"。"四放开"是指有序放开输配以外的竞争性环节电价、逐步向符合条件的市场主体放开增量配电投资业务、有序向社会资本放开配售电业务、有序放开公益性和调节性以外的发用电计划。"一独立"是指建立相对独立的电力交易机构。"一加强"是指加强电力统筹规划和科学监管。此次电力改革重点要解决七大任务：①有序推进电价改革，理顺电价形成机制；②推进电力交易体制改革，完善市场化交易机制；③建立相对独立的电力交易机构，形成公平规范的市场交易平台；④推进发用电计划改革，更多发挥市场机制的作用；⑤稳步推进售电侧改革，有序向社会资本放开配售电业务；⑥开放电网公平接入，建立分布式电源发展新机制；⑦加强电力统筹规划和科学监管，提高电力安全可靠水平。在该文件的基础上又进一步颁布了六个配套文件，分别是《关于推进输配电价改革的实施意见》《关于推进电力市场建设的实施意见》《关于电力交易机构组建和规范运行的实施意见》《关于有序放开用电计划的实施意见》《关于推进售电侧改革的实施意见》《关于加强和规范燃煤自备电厂监督管理的指导意见》。

新一轮电力市场化改革对可再生能源发电的影响主要体现在以下三个方面：第一，改革电价形成机制，即未来将实行竞价上网的电价机制。竞争上网电价的形成，有利于发挥可再生能源边际成本低的优势，以及促进其并网发电。第二，多家售电公司的形成，将有利于可再生能源并网发电。这是由于在只有电网公司一家售电公司的情况下，可再生能源发电企业只能将发电量卖给电网公司，在电网公司不愿接纳可再生能源电力时，只能弃风、弃光、弃水；而在允许多家售电公司存在的情况下，可再生能源发电企业可以将电力卖给其他售电公司，甚至可以自己成立售电公司，直接把电力卖给用户。第三，市场环境有利于解决可再生能源对传统化石能源替代中所产生的利益冲突。在可再生能源发展过程中，每一环节都是不同利益集团博弈的结果。既得利益者、路径依赖、锁定效应仍然共同控制着当今的能源系统(Lovio et al., 2011)。运用行政手段解决这些利益冲突将面临巨大阻碍,而基于市场机制,通过价格手段,可以使企业自主实现投资和生产决策的调整,有利于解决可再生能源发展过程中产生的各种冲突。

综上,可以认为电力市场化改革将有利于促进可再生能源发电的增长。

12.1.2 电力市场化改革对可再生能源发电影响的定量化分析

1. 研究方法

中国电力市场模式发展变迁可以简化为三种模式,分别是垂直一体化垄断模式(2002年以前的情况)、完全竞争模式(政府定价,企业是价格接受者,中国目前的情况)和垄断竞争模式(电力市场化改革完成后)。为了分析电力市场化改革对可再生能源发电的影响,需要对上述三种不同市场结构下可再生能源发电情况进行对比。因此,本书将构建垂直一体化垄断模式下考虑电网约束条件的可再生能源发电量分析模型。

在垂直一体化垄断模式下,电力发输配售一体,调度的目标是使系统的总利润最大,因此可以得到如下目标函数:

$$\max \sum_{t=1}^{T} \sum_{i=1}^{N+1} U_{i,t}[\text{mcp}_t P_{i,t} - (a_i P_{i,t}^2 + b_i P_{i,t} + c_i)], \quad i \in (1, 2, \cdots, N, w) \quad (12.1)$$

式中,$P_{i,t}$ 为火电机组 i 在 t 时刻输出的有功功率;i 为发电企业,其中 $1 \sim N$ 为传统发电企业,w 为风电企业数;mcp_t 为在 t 时刻的市场出清价格;$U_{i,t}$ 为一个二元变量,表示发电企业 i 在 t 时刻的开关机状态,1 表示开机,0 表示关机;a_i、b_i、c_i 为系数。

成本方面,当火电机组以额定功率工作时,其单位发电的燃料消耗率是最低的,但是随着出力的降低,单位燃料效率会增高,因此火电机组的燃料消耗总量是个 U 形曲线,而机组的固定成本可以通过一定方法和燃料成本一起折算,具体折算方法在下面再详细介绍,因此火电机组的总成本情况可以表示为一个和出力功率相关的二次函数,二次函数的系数 a_i、b_i、c_i 为发电企业 i 的成本系数。成本最小化的目标函数如式(12.2)所示:

$$\min \sum_{t=1}^{T} \sum_{i=1}^{N+1} U_{i,t}(a_i P_{i,t}^2 + b_i P_{i,t} + c_i), \quad i \in (1, 2, \cdots, N, w) \quad (12.2)$$

约束条件同 3.2.1 节中的约束条件。

中国在 2002 年进行了厂网分开的电力市场改革,打破了电力行业垂直一体化垄断模式。在这之后一直实行以政府为主导的定价模式,单个的发电企业对电力价格难以发挥影响,这种情形类似于完全竞争的市场模式。此时,政府为了降低电价，将尽可能实行以经济成本最小化为目标的调度模式。遵循以单位发电成本最小化的方式进行调度，即目标函数如式(12.2)所示。

约束条件和垄断模式保持一致。发电商获得的电力价格和消费者获得的电力价格均固定，且由政府制定。这种模式也比较类似于中国现有电力市场调度模式。

分析电力市场改革后，在垄断竞争情形下，考虑电网约束条件的可再生能源发电量分析模型。研究中将运用古诺模型进行分析。古诺模型中发电商通过报电力进行竞争，而调度机构的职责只是保持电量平衡。

古诺模型可以很好地刻画出一个简单的电力市场，即所有的发电商都可以通过优化使自己的利润最大来决定自己的发电量，而电力价格由不同发电商报发电量的总和及市场的需求情况来决定。

古诺模型中，发电商的支付函数如式(12.3)所示，公式的前一部分表示发电企业的收入，而后一部分表示发电企业的成本。

$$\max \sum_{t=1}^{T} U_{i,t} P_{i,t} \mathrm{mcp}_t - U_{i,t}(a_i P_{i,t}^2 + b_i P_{i,t} + c_i), \quad i \in (1, 2, \cdots, N, w) \quad (12.3)$$

约束条件：

$$L_t - \mathrm{ed} \cdot \mathrm{mcp}_t = \sum_{i=1}^{N+1} P_{i,t} \quad (12.4)$$

式(12.4)表示市场出清机制，是由用电需求曲线确定的。式中，L_t 为 t 时刻最大用电量，即电价为 0 时的用电量；ed 为需求曲线的斜率。

其余约束条件同 3.2.1 节中的约束条件。

在博弈过程中，需要先确定博弈开始的初值，本书是利用行业最优结果作为博弈开始的初值，行业最优即所有的发电商的利润之和最大化。参与者，即厂商在了解市场出清机制和其他安全约束的前提下，决定自己的发电量 $P_{i,t}$，所有厂商的发电量之和决定了市场的出清价格，也决定了企业的收益，通过迭代直到对于所有厂商 i 而言，找到了一组最优的 $P_{i,t}^*$ 和 $U_{i,t}^*$，市场也找到了一组最优的 mcp_t^*，使

$$\sum_{t=1}^{T} U_{i,t}^* P_{i,t}^* \mathrm{mcp}_t^* - (a_i P_{i,t}^{*2} + b_i P_{i,t}^* + c_i) \geqslant \sum_{t=1}^{T} U_{i,t} P_{i,t} \mathrm{mcp}_t - U_{i,t}(a_i P_{i,t}^2 + b_i P_{i,t} + c_i) \quad (12.5)$$

式中各变量含义同式(12.1)中各变量的含义。这个状态下 $P^* = (P_1^*, \cdots, P_i^*, \cdots, P_N^*)$ 就是纳什均衡解，调度机构的调度目标即市场供需均衡通过式(12.5)来满足。

2. 数据收集

1) 机组的相关数据来源

本书以京津唐区域电网作为分析对象，实际电网中含有的机组类型很多，为了便于计算，本书依照京津唐区域实际情况简化模型，机组数量由原来的近160个依照比例缩小为原来的1/30左右，包含两台300MW燃煤火电机组、一台600MW燃煤火电机组、一台300MW燃气火电机组和一个250MW风电场。

风电运行的主要成本是初期建造投资成本，即固定成本，而火电场的成本除了固定成本之外还有燃料成本，将固定成本考虑容量因子的因素折算到系数 c 中，由此得到的机组成本系数见表12.1。

表 12.1 机组成本系数

机组类型	容量/MW	成本系数/[元(MW·h)]		
		a_i	b_i	c_i
燃煤火电	300	0.0581	160.2086	12364.9131
燃煤火电	600	0.0576	129.6843	27102.8446
燃气火电	300	0.5392	115.5920	82781.9858
风电	250	0	0	56554.26509

资料来源：谢国辉(2010)；赵晓丽和王顺昊(2014)；国家可再生能源中心.2015.《可再生能源手册2015》；中国电力企业联合会.2016.《电力统计基本数据一览表》；国家能源局.2017.《全国可再生能源电力发展监测评价报告》。

表12.1中表示的是各类型燃煤机组启停机的相关数据，由于本书研究的调度周期是1天，这里只考虑燃煤机组热态启动这一种短时间启动的方式。燃气机组启停机每小时需要消耗 $26000m^3$ 的燃气，一般能在1h内实现启停机。

2) 煤、油、气的价格数据来源

煤炭价格是利用国家发展和改革委员会价格司公布的2014年全年煤价计算的平均煤价444.44元/t 和2014年北京市公布的天然气价格 2.6元/m^3 进行折算；油价选取的是北京市2014年8月~2015年8月油价的平均值，为7723.1元/t；水价来源于《关于调整北京市非居民用水价格的通知》中2014年的价格，为7.15元/t。

垂直一体化下发电独立模式的价格不是由市场产生的。本书选取2014年全国平均电价进行计算(表12.2)。

表 12.2 2014年全国平均上网电价情况　　　　　[单位：元/(MW·h)]

电价	燃煤	燃气	风电	水电	销售电价
平均电价	418.77	758.36	572.06	291.61	647.05

数据来源：国家能源局.2015.国家能源局2013—2014年度全国电力企业价格情况监管通报。

3) 电力负荷和风电出力数据来源

电力负荷是通过调研得到的京津唐区域电网 2014 年的典型日负荷数据,如图 12.3 所示,按照机组简化的同等比例折算。在用电需求方面,本书将用电需求函数看成是经济学中最常用的线性形式,由于电力的需求弹性很小,同时电力需求函数计量起来很困难,这里斜率取值只是在概念上满足刚性需求的特点,数值不一定精确。

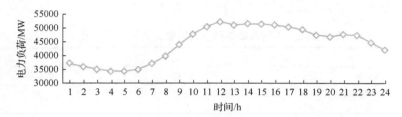

图 12.3　2014 年京津唐区域电网典型日用电负荷
资料来源:京津唐电网公司

很多文献通过利用韦伯分布的方式对风电的发电情况进行模拟。本书的研究重点不在于风电预测的准确性,而在于不同调度机制下的比较,因此本书采用的是王新雷等(2014)的研究中京津唐区域电网风电典型日的出力数据,如图 12.4 所示。

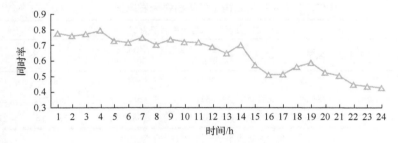

图 12.4　京津唐区域电网风电典型日的出力曲线

4) 标煤折算系数

本书通过《1986 年重点工业、交通运输企业能源统计报表制度》[①]中规定的能源折算系数进行折算。本书的燃煤已经按照标准煤来折算,$1m^3$ 天然气折算为 1.33kg 标准煤,1t 油折算为 1.4286tce,1 万 kW·h 电能折算为 1.229tce。

3. 计算结果及分析

表 12.3 给出了三种市场结构(垂直一体化垄断、完全市场竞争、古诺垄断竞

---

① 国家经济委员会,国家统计局.1986.《1986 年重点工业、交通运输企业能源统计报表制度》.北京.

争)下出现市场均衡结果时的风电出力和弃风情况。表 12.3 显示,风电平均出力水平,即风电容量因子为 23%情形下(Cyranoski, 2009),三种市场结构下均没有弃风发生,风电发电量可以达到最大。而在风电最大出力水平下,即风电容量因子为 70%情形下(调研得到的数据),在垂直一体化垄断模式下,存在弃风,风电发电量小于其他两种市场结构情形;在完全竞争和垄断竞争情形下,风电发电量依然可以达到最大化。垂直一体化垄断情形下存在弃风的主要原因是该种情形为获得最大化利润,抑制了总体电力产出(表 12.4)。

表 12.3　不同市场结构下的风电出力与弃风情况

市场结构	风电发电量/MW	弃风率/%
风电平均出力水平(风电容量因子为 23%)		
垂直一体化垄断	1381.391	0
完全市场竞争	1381.391	0
古诺垄断竞争	1381.391	0
风电最大出力水平(风电容量因子为 70%)		
垂直一体化垄断	3213.22	24
完全竞争	4225.95	0
古诺竞争	4225.95	0

表 12.4　不同市场结构下各机组每天发电量　　　(单位:MW·h)

市场结构	风电	燃气发电	燃煤发电 300MW 1	燃煤发电 300MW 2	燃煤发电 600MW	合计
风电平均出力水平(风电容量因子为 23%)						
垂直一体化垄断	1381.39	2160.00	3041.67	3041.67	8188.51	17813.24
完全市场竞争	1381.39	2681.99	6371.67	6371.67	13062.52	29869.24
古诺竞争	1381.39	4848.50	6833.56	6833.56	7825.26	27722.27
风电最大出力水平(风电容量因子为 70%)						
垂直一体化垄断	3213.22	2160.00	2890.30	2890.30	6919.76	18073.58
完全市场竞争	4225.95	2185.96	5660.44	5660.44	12136.45	29869.24
古诺竞争	4225.95	4344.24	6433.18	6433.18	7112.49	28549.04

12.2　国外电力市场机制设计经验

12.2.1　市场设计需要反映电力系统对调峰电源的持续需求

目前,拥有较大波动性可再生能源装机比例的区域(如北欧电力市场),当风电发电量较大时，电力价格较低，因为这种低成本电力代替了(高成本)化石能源电厂。除非给予补偿，否则化石能源电厂将减少收益，因为其以低于规划的时间运行。此外，为应对波动的净负荷增加而对化石能源电厂采取启停，这使机组损耗加大，经济性降低，并且可能提前退役。市场设计需要反映系统对用于平衡的电厂的持续需求。因此，需要研究市场机制设计，使现有的中等灵活电厂的运营保持经济性，以防止波动性可再生能源比例增加后灵活电源的潜在短缺。

12.2.2　改革交易机制或增加交易产品促进可再生能源发电增长

为了促进可再生能源发展，美国得克萨斯州等电力市场在进行市场机制重新设计时，研究了新的市场机制设计如何能够更有利于可再生能源的发展。相关措施主要包括两个方面：一方面是改进交易机制，另一方面是增加交易产品。交易机制的改进方面包括：①需求侧响应机制的设计；②加强市场监管；③防止市场操纵；④完善电力辅助服务交易机制等。促进可再生能源发电增长的交易产品可以包括：①增加日间辅助服务产品(intraday commitment option)，即在原有的旋转备用辅助服务产品(spinning commitment option)和非旋转备用辅助服务产品(non-spinning commitment option)的基础上，增加响应时间在4h之内的辅助服务产品；②增加可再生能源容量市场交易产品；③增加储能交易产品等。

12.2.3　可再生能源证书交易机制

可再生能源证书(REC)是一种可以在市场上交易的能源商品，由专门的认证机构给可再生能源产生的一定单位的电力(如每 1MW·h 电力)颁发一个专有的号码证明其有效性，代表了使用可再生能源发电对环境的价值。可再生能源证书交易机制可以增加可再生能源在电力交易市场中的竞争力，是促进可再生能源发展的有效手段。

1. 美国经验

到目前为止，美国绝大多数实行配额制政策的州均建立了可再生能源证书交易系统，保证了资源贫乏地区的公用事业单位可通过购买可再生能源资源丰富地区提供的绿色证书来履行可再生能源配额义务。本书以得克萨斯州为例来总结美国绿色证书交易系统。

1)证书认证

发电商每生产 1MW·h 的可再生能源电力相当于 1 个 REC，每一季度项目管理员对证书进行认证，认证工作主要是检查证书标识的内容是否符合实际情况。得克萨斯州绿色证书的设计非常简洁，主要标识以下内容：发电设备、用来发电的可再生能源类型、发电年份和季度、该发电设备以 MW·h 为单位的发电量等。

2) 证书交易

发电商生产的可再生能源电力可通过可再生能源证书进行交易，交易范围可在全州范围内进行。证书的上限价格由得克萨斯州公用事业委员会(the public utility commission of Texas，PUCT)设定。若零售商未能到期供应规定的可再生能源电量，将受到 50 美元/(MW·h)的处罚。为鼓励除风电以外的可再生能源的发展，还规定 1MW·h 非风电的可再生能源电力相当于两个 RECs。

3) 监管机构

ERCOT 作为 REC 管理者，负责对证书交易进行全过程监管，包括参与方的登记认证，REC 的分配和管理，记录 REC 的生产、销售、转让、购买和到期情况，发表项目年度报告等。电力零售商和发电商需定期向项目管理员汇报其可再生能源发电量，所有的证书交易都必须通过 ERCOT 登记才能生效。

4) 证书弹性机制

得克萨斯州的证书弹性机制包括：规定义务补足或者调和期，时间一般为三个月。凡在这段时期内未达到配额义务的义务承担者可购买证书。已完成配额义务并还有证书剩余的可以出售证书。允许进行证书储蓄(即通过允许有效期延后一至两年来降低零售商的风险和提高规模经济性)和赤字储蓄(即允许零售商弥补其证书亏空的时间延后一至数年)。弹性机制保证了义务承担主体有机会选择以较低成本的方式来完成义务。

5) 管理考核

《得克萨斯州公用事业监管法》规定，对未完成配额义务的义务主体进行严厉的行政处罚，即每千瓦时将处以不高于 5 美分或者在义务期内可再生能源证书交易平均价格 200%的罚款，允许义务承担主体选择其中价格较低的处罚措施。一般来说，上缴的罚款都远远高于正常履行义务付出的成本。

6) 效果评估

对得克萨斯州证书交易系统的效果评价存在差异。一些评论认为，得克萨斯州风力发电量规模较大，使该州一直超前完成目标，2005 年就已完成了 2009 年的目标，2007 年超额完成了 2015 年的目标，在 2009 年达到了 2025 年 10GW 的目标，使得得克萨斯州成为美国风力发电装机容量最多的州，其占全国风电装机总量的 8%。但也有分析认为，REC 其实并未对得克萨斯州可再生能源的发展起到太大的促进作用，其价格也从未超过 1 美元/(MW·h)，反而是联邦政府推行的可再生能源生产税抵扣政策成为可再生能源投资的主要推动力。同时，得克萨斯州的证书交易系统也未能解决可再生能源发电上网消纳的问题。虽然风力发电在得克萨斯州发展异常迅猛，但是电力传输问题一直是得克萨斯州进一步开发可再生能源的主要瓶颈。由于部分地区生产的风电已高于电网的传输能力，ERCOT 不得不缩减风电装机容量。但无论如何，绿色证书在得克萨斯州可再生能源发展中发挥的作用是不容否定的。

2. 英国经验

为实现国家可再生能源的发展目标，英国从 2002 年开始实施可再生能源义务 (the renewable obligation，RO) 制度，同时引入了绿色证书交易机制，旨在通过建立绿色证书交易系统来提高市场分配效率，降低可再生能源生产成本。

1) 证书发放

自 2009 年 4 月 1 日起，英国开始根据不同技术的成本差异分别发放不同数量的可再生能源义务证书，这在一定程度上促进了个别尚未成熟技术的发展。2011 年，英国能源监管机构 OFGEM 公布了《可再生能源义务：发电商指导》，明确规定陆上风力发电企业每提供 1MW·h 电力将得到一张可再生能源义务证书 (ROC)。同等条件下，海上风力发电企业可得到两张 ROCs，农作物发电企业可得到两张 ROCs，沼气发电企业可得到 0.5 张 ROCs，垃圾填埋气体发电企业可得到 0.25 张 ROCs。所有微型发电商 (申报净容量在 50kW 以下) 无论采用何种技术，每生产 1MW·h 电力都可得到两张 ROCs。

2) 证书交易

发电商每发出 1MW·h 的可再生能源电力，监管机构将发给其相应数量的 ROC。发电商将生产的可再生能源电力出售给供电商的同时，也提供同等数量的 ROC。最后，供电商按照规定设立年度可再生能源比例，把规定数量的 ROC 交回到 OFGEM，从而完成 ROC 的整个循环。为促进供电商制定更高的可再生能源发电目标，ROC 证书制度规定，证书的有效期为两年，即第一年多余的 ROC 可以用于下一年度继续使用。

3) 考核与监管

供电商在每年 9 月 1 日前上交规定比例的 ROC，如未能达到电力监管机构的规定，则会受到相应数额的罚款。未完成 ROC 制度规定的供电商可以在 9 月 1 日～10 月 31 日补交 ROC 或按照买断价格支付罚款，但需缴纳滞纳金。若年度发电商的 ROC 仍有剩余，表明可再生能源电力市场处于卖方市场，OFGEM 可以收购剩余的 ROC，收购价为 30 英镑/ROC (2002 年)，这实际上相当于政府为可再生能源证书确定了一个最低价格水平。

OFGEM 是英国能源领域独立的监管部门，负责整个 ROC 交易体系的运行和监管，包括 ROC 的注册、核算、交易，年度目标的确立，供应商完成 RO 的审核，年度 RO 资金的分配及对未完成 RO 供电商的惩罚等。

4）效果评估

2002~2012年，英国实施《可再生能源义务法令》以来，各年度义务证书所占供应比例和价格都在提高，为可再生能源配额义务的完成发挥了重要作用。具体情况见表12.5。

表12.5 英国可再生能源义务证书所占比例和价格情况

执行时间	供应比例/%	价格/[£/(MW·h)]	单位有效价格/[p/(kW·h)]
2002.04.01~2003.03.31	3.0	30.00	0.09
2003.04.01~2004.03.31	4.3	30.51	0.13
2004.04.01~2005.03.31	4.9	31.39	0.15
2005.04.01~2006.03.31	5.5	32.33	0.18
2006.04.01~2007.03.31	6.7	33.24	0.22
2007.04.01~2008.03.31	7.9	34.30	0.29
2008.04.01~2009.03.31	9.1	35.76	0.33
2009.04.01~2010.03.31	9.7	37.19	0.36
2010.04.01~2011.03.31	11.1	36.99	0.41
2011.04.01~2012.03.31	—	38.69	

资料来源：Renewable Obligation(United Kingdom). (2020-01-31)[2020-05-06].http://en.jinzhao.wiki/wiki/Renewables_obbigation_(United_Kingdom).

然而，绿色证书的交易市场也存在较大的不稳定性，如果运行不当，可能造成绿色证书的炒作，这与最初降低可再生能源电力生产成本的初衷相悖。可以说，英国RO的不确定性和ROC市场的不稳定性已对可再生能源义务目标的完成效果产生了负面影响，使英国RO的完成率一度在60%左右徘徊。另外，英国能源和气候变化部对OFGEM的管理约束力不够，使其职能过多，管理效率不佳。

总之，绿色证书系统往往作为配额制政策的重要组成部分。在可再生能源配额制政策框架下，政府监管部门、电力零售商和可再生能源发电商都是主要的参与方。政府监管部门发布年度可再生能源电力比例，监管制度的运行。电力零售商作为义务主体购买并向政府监管部门提交满足配额要求的绿色证书。合格的可再生能源发电商根据发电量申请并出售绿色证书，同时获得收益。

此外，就英国的经验来看，配额制实施过程中的配套政策也要有相应部门进行有效监管，政府部门、管理机构及电力公司都要明确自己的职责。例如，政府部门要明确配额制的持续时间、符合条件的能源种类及配额比例、证书最高价格的制定及管理机构职责的分配，而管理机构应负责制定实现目标的认证规定、奖惩条例及定期汇报配额制实施情况等，电力公司的责任则为完成配额和证书交易。需要注意的是，政府制定的各项政策及监管机构制定的各项条例既要实现协调统一，也要照顾到电力公司的利益诉求。只有各机构之间相互协同作用，不忽视任何一方的职责，才能更好地完成配额制。

12.3 电价机制的完善

12.3.1 电价形成机制改进建议

近年来中国风电发展环境发生了较大变化：一是风电投资成本下降；二是补贴缺口增大；三是弃风限电现象严重。这些发展环境的变化对可再生能源电价的形成机制提出了改进要求。

1. 并网电价应采取相对更为灵活的定价方式

对于风电而言，风电场投资中风电机组设备成本约占总投资的65%。2008年以后，中国风机成本大幅下降(图 12.5)，风电场投资成本也相应大幅下降。国家可再生能源信息管理中心发布的《2013年度中国风电建设统计评价报告》[1]显示：中国风电场造价呈逐年下降趋势，2012年决算单位造价为7958元/kW。

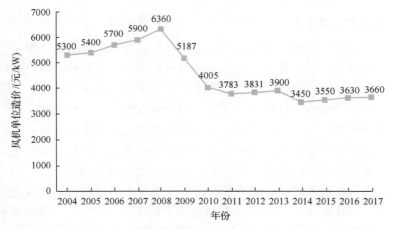

图 12.5 中国风机价格变动趋势
资料来源：国家可再生能源中心(2015)

在风电投资成本不断降低的情况下，适当调整其上网电价水平，不但可以减少财政补贴的巨大压力，还可以通过价格信号的引导作用，反映不同时段风电并网发电的价值。调整风电上网电价水平，目前遇到的一个问题是风电弃风比例较高，不少风电企业已处于盈亏边界点。因此，在对风电上网电价进行调整的时候，需要同时解决风电弃风比例过高的问题，以保证风电企业的投资收益。不能因为风电电价的调整，影响风电的进一步发展。

对风电并网电价的调整，还应该体现市场导向相对灵活的定价原则。在可再

---

[1] 水利水电规划设计总院，国家可再生能源信息管理中心. 2014. 2013年度中国风电建设统计评价报告.

生能源发展初期，完全固定的电价机制有利于促进可再生能源的成长和发展；但是，随着可再生能源发展规模的扩大，能够反映市场需求的相对灵活的电价机制更有可能促进可再生能源的大规模增长。因此，改革风电价格形成机制，反映价格信号，通过市场机制引导可再生能源的投资和消纳，应该成为风电并网电价调整的一个主要方向。

2. 引入两部制电价机制

随着可再生能源发电比例的提高，火电机组的利用小时有可能呈现出不断下降的趋势，为了保障火电机组的收益，可考虑引入两部制电价，即上网电价由两部分组成：容量电价和电量电价。容量电价与机组的装机容量相关，这部分电价的制定依据是保障火电机组基本的投资回报率；电量电价与火电机组的发电量相关，在计划调度模式下，主要由其变动成本决定；在未来竞争上网电价机制下，主要由边际成本决定。

3. 拓宽可再生能源补贴资金来源，保障可再生能源电价的有效实施

近些年，可再生能源电价附加未能足额征收。首先，按规定，可再生能源电价附加除了西藏自治区免收外，其他地区的各类用电，包括自备电厂和向发电厂直接购电的大用户均应收取。2011 年全社会用电量为 4.7 万 kW·h，如能全额征收，2011 年当年应征收总额约 200 亿元，而实际仅征收了 100 亿元，缺口 100 亿元。2012 年应征收总额为 400 亿元，实际征收 200 亿元左右。其次，已征收资金和实际需求之间存在较大缺口。据估算，2011 年应支付补贴资金 208 亿元，实际需求与征收资金量之间缺口达 100 亿元，2012 年也出现类似情况。

风电、光伏发电等的发展离不开国家财政补贴，尽管可再生能源电价附加已调升到 0.015 元/(kW·h)，但随着开发规模的不断增加，现有电价附加水平仍然不足，存在补贴金额不足的风险。按照已公布的规划，2015 年中国风电发电量将达到 2000 亿 kW·h，约需补贴 400 亿元；光伏发电的发电量为 500 亿 kW·h，约需补贴 250 亿元；生物质发电发电量为 700 亿 kW·h，约需补贴 280 亿元；电网接入补贴需 100 亿元，这些补贴合计不少于 1000 亿元。即使在风电上网电价调整以后，财政补贴的压力仍然巨大。因此，需要拓宽可再生能源补贴资金来源，这样才能保障可再生能源电价的有效实施。

12.3.2 可再生能源跨省交易电价机制

风电跨省跨区送出有两种情况：一是区域内的跨省送出，即省间交易。例如，吉林省送到辽宁省。根据《中华人民共和国可再生能源法》及原电监会于 2007 年 7 月发布的《电网公司全额收购可再生能源电量监管办法》，电网企业全额收购其电

网覆盖范围内可再生能源并网发电项目上网电量。因此,当前风电送出模式可视为统购统销,即电网公司统一收购风电场的电量,然后输送并出售给各符合区域的各类电力用户。风电场业主只需与电网公司交易,无需与最终用户交易,交易模式简单、清晰。二是区域间交易。当风电无法在本区域内完全消纳时,需要外送到其他区域消纳。

为了进一步提高"三北"地区可再生能源电力跨区域外送的经济性和市场竞争力,我们提出的政策建议包括两个方面。

1) 建立可再生能源电力交易市场化定价机制,充分发挥市场配置资源的作用

目前可再生能源固定上网电价机制不能反映可再生能源运营成本低的竞争优势。例如,风电依靠风力而不是燃料发电,运行成本低是其竞争优势所在。但是,固定电价使得风电的竞争优势不能得到发挥。若能采用相对灵活的风电上网电价,并在此基础上实行相对灵活的跨省(自治区、直辖市)可再生能源电力交易电价,如在用电低谷且风力资源最充足的夜间,风电采用较低的上网电价和跨省(自治区、直辖市)交易电价,则应有助于减少弃风现象。

2) 对输电环节进行价格补贴

输电环节价格偏高造成可再生能源在受电省(自治区、直辖市)的落地价格偏高,影响了可再生能源跨省(自治区、直辖市)输送。国家可考虑给予输电环节一定的价格补贴,补贴资金从可再生能源发展基金中支出。这部分增加的基金支出可以来自向风电企业支付的基金减少部分。因为在扩大了跨省(自治区、直辖市)间电力交易的情况下,弃风现象将减少,从而为降低风电并网电价及对风电企业的补贴提供了可能。

12.3.3 辅助服务电价机制

1. 完善辅助服务成本补偿机制

对于辅助服务成本补偿,原电监会曾经颁布了《并网发电厂辅助服务管理暂行办法》和《发电厂并网运行管理规定》(简称两个细则),这两个细则采用的是辅助服务行政考核和补偿机制,主要思想是对辅助服务进行考核和成本测算,然后由发电企业共同承担成本。各区域电网根据各电网的实际情况,按照补偿成本和合理收益的原则对提供有偿辅助服务的并网发电厂进行补偿,或者选择将相关考核费用按贡献量大小对提供有偿辅助服务的并网发电厂进行补偿。这种考核和补偿机制,无法兼顾不同电厂提供辅助服务的成本差异,无法区别辅助服务质量的差异,无法有效激励并网电厂提供辅助服务的积极性。因此,这两个细则的规定需要进一步完善。主要思想是应该根据不同电厂提供辅助服务的成本差异进行相应补偿,以提高并网电厂提供辅助服务的积极性。

2. 建立辅助服务市场

在英国、美国、澳大利亚和北欧等国家和地区，辅助服务与电能一样被视为一种特殊的商品，构成了电力市场的商品体系。电能市场逐渐在各国建立的同时，辅助服务市场也将逐步建立起来。通过辅助服务市场形成辅助服务的电价机制，有利于调动并网电厂提供辅助服务的积极性。

3. 关键性的辅助服务产品定价

电力市场中的辅助服务产品类型包括：实时功率平衡服务、无功电压调节服务、供电安全可靠性服务（预防和校正控制、事故控制、备用容量、黑启动容量等）。在有关辅助服务的定价研究中，无功电压调节服务定价及备用容量的获取和定价最受关注（倪以信，2002）。针对中国促进可再生能源发电的现实情况，目前最需要迫切解决的辅助服务产品定价是指深度调峰的辅助服务定价。

深度调峰的辅助服务定价模式可以有两种：一种是依据成本进行定价。这需要逐项分析不同类型的发电机组在提供深度调峰辅助服务时所产生的成本，工作量会相对复杂。另一种是采用基于联营体模式由中央决策的备用容量市场决定，即市场运营部门根据全网备用容量需要在备用容量市场上作为"单一买方"统一向备用容量供应商购买，再将成本分摊到用户。

鉴于中国目前辅助服务市场还没有建立，建议先采取相对简单易行的办法估算深度调峰的辅助服务价格，并逐步过渡到先进的方法。

12.3.4 需求侧响应电价机制

需求侧响应电价机制的实施条件与电力市场化程度密切相关，考虑到中国电力市场目前尚处于初级阶段，以及未来电力市场的发展，可再生能源并网发电需求侧响应电价机制的设计可以分三个阶段逐步推进。

1. 市场初级阶段：分时电价机制

在市场初级阶段，需求侧响应价格机制可采用分时电价机制。针对风电中长期和短期出力波动，可交叉实施两类分时电价：季节性分时电价和日峰谷分时电价。中国北方供暖期较长，在供暖期内，由于要保证供暖机组持续运行，供应侧调峰资源减少，风电弃风现象严重。因此，可按照"供暖期—非供暖期"的划分标准，制定季节性分时电价。在供暖期内，降低主要电力用户的销售电价水平，提高主要电力用户用电负荷，保证风电充分消纳。

在风电平衡区域内，对典型日来风情况进行总结，针对风电日内出力波动规律，制定日峰谷分时电价。在风电出力降低/提高时，相应提高/降低主要电力用户的销售电价水平,从而使终端用户负荷水平与风电出力变化情况相一致。

2. 市场过渡阶段:改进分时电价机制同时引入关键峰荷电价机制和实时电价机制

在市场过渡阶段,需求侧响应电价机制是对分时电价进行改进,并引入关键峰荷电价机制和实时电价机制。

(1) 分时电价。在日负荷整形方面,实时电价更为高效。因此,在市场过渡阶段,对分时电价机制进行改进,一方面逐步将日峰谷分时电价调整为日前实时电价,另一方面继续保留季节性分时电价。

(2) 关键峰荷电价。在将分时电价作为基本负荷整形手段的基础上,针对风电出力骤减的特殊情况,引入关键峰荷电价。在风电出力骤减时,电网运行管理机构启动关键峰荷电价,降低用电负荷水平。关键峰荷电价分为固定期限和变动期限两种类型。在固定期限关键峰荷电价下,尖峰持续时间是事先确定的(一般提前一天通知);变动期限关键峰荷电价实施的时点和持续时间都不是事先确定的,通常需要智能响应、双向通信等技术的支持。在市场过渡阶段,由于相关智能通信技术尚不完善,实施变动期限关键峰荷电价尚有难度,可优先实施固定期限关键峰荷电价。

(3) 实时电价。实时电价是峰谷分时电价的高级形式,在负荷整形方面,其效率更高。因此,在市场过渡阶段,引入实时电价机制将有助于提高需求侧响应效果,缓解风电出力波动带来的不利影响。按照不同的划分方法,实时电价机制有多种类型,有日前的、日中的;有强制的、自愿的。在市场过渡阶段,可首先考虑引入日前实时电价,提前一天确定并通知用户第二天24小时每小时的电价。此外,在实时电价用户选择方面,早期选择部分大型工商业用户作为"实时电价用户群",将实时电价作为其可选择的电价机制;后期逐步扩大"实时电价用户群"比例,逐步将实时电价作为大型工商业用户的强制电价。

3. 市场完善阶段:改进的分时电价机制、关键峰荷电价机制和实时电价机制

在市场完善阶段,中国电力市场体系已较为完善,各项电网运行技术已较为成熟。此时应改进实时电价、峰谷分时电价和关键峰荷电价。可取消日峰谷分时电价,继续保留"采暖期—非采暖期"季节性分时电价;进一步扩大针对风电并网的实时电价用户群比例,并基于风功率预测技术和电网智能运行控制技术,实施以小时为计算单位的日中实时电价;实施变动期限关键峰荷电价。

12.4 电力交易机制的完善

12.4.1 扩大电力交易范围

国际能源署2011年5月发布的《波动性可再生能源管理》研究报告显示的大

规模可再生能源电力系统平衡机制方面的国际经验表明，在更大电力市场范围下可再生能源发电对电力系统的不利影响会更低，因为波动性可再生能源在较大范围的分散分布能够增加其互补性，其出力比集中分布的电厂的波动性更平滑。同时，通过扩大地理分布也可以平滑平衡区出力。该报告显示，电力系统单个平衡区的独立运营及邻近电力系统的独立运营不利于优化灵活电源使用，如果在平衡时间框架中进行区域合作，相反或滞后的出力变化将发生互补，从而平滑波动性可再生能源整体出力。

此外，欧洲风能理事会 2009 年风电交易研究项目报告中明尼苏达州最大的电力公司 XcelEnergy 2004 年的研究结果，以及纽约州的独立分析均表明：在更大范围内调度可再生能源是减小电网影响和接入成本的优化选择。因此，扩大电力交易范围，实现真正意义上的跨省（自治区、直辖市）电力交易市场，对促进可再生能源发电具有重要意义。

12.4.2 建立辅助服务电力交易市场

随着可再生能源发电比例的扩大，需要更多的火电机组及灵活性电源，包括燃气机组、抽水蓄能电站等，为可再生能源提供备用、调峰等辅助服务。为了提高调峰机组对可再生能源发电出力进行调峰的积极性，增加灵活性电源的建设投资，扩大调峰容量，需要建立辅助服务电力交易市场，形成辅助服务电力价格。辅助服务电力交易市场将成为未来整个电力市场的重要组成部分。

辅助服务电力交易市场的建立是一项相对比较复杂的工作，它涉及交易机制的建立，尤其是交易价格的形成机制、交易的结算机制等；还涉及资源配置方式的改变，以及利益关系的重新调整。资源配置方式的转变主要指将计划调度的方式转变为市场决定调度的方式，这种转变具有一定的难度，而最大的难度可能在于利益关系重新调整带来的挑战。这种转变会遭到既得利益者的反对，最终结果将是多方博弈的均衡。所以，辅助服务电力交易市场的建立难以一蹴而就，需要一个渐进的过程。

12.4.3 鼓励可再生能源跨省（自治区、直辖市）交易

中国风能资源和太阳能资源分布相对集中，而且风电场、太阳能光伏发电站集中的地区往往负荷比较低，如何仅在省（自治区、直辖市）内进行可再生能源的消纳，是可再生能源消纳面临的较大障碍。因此，鼓励可再生能源跨省（自治区、直辖市）交易，对促进可再生能源发电的增长是一个必然选择。

可再生能源跨省（自治区、直辖市）交易需要解决三个关键性问题：第一，跨省（自治区、直辖市）的电力交易市场已经建立，或已经初步建立。第二，具有相对灵活的可再生能源并网电价。目前，不同地区实行严格固定的不同的可再生能

源并网电价,这对可再生能源的交易产生了阻碍,即难以确定可再生能源交易中的结算电价。第三,协调好与地方政府的经济利益。可再生能源的跨省(自治区、直辖市)交易会影响到电力输入(购买)省(自治区、直辖市)的经济利益[这一问题在其他电力跨省(自治区、直辖市)交易中同样存在]。因为,在电力供给大于需求的情况下,若购买其他省(自治区、直辖市)的电力,将降低本省(自治区、直辖市)的发电量,从而影响到本省(自治区、直辖市)的 GDP。因此,应设计相应的激励机制鼓励相关省(自治区、直辖市)对可再生能源电力的消纳和购买。

12.5 本章小结

理论分析显示,电力市场化改革可以通过吸引投资、提高效率、便于监管、提高可再生能源竞争优势、增加可再生能源需求、促进利益冲突的解决等方面对可再生能源发电起到促进作用。基于京津唐区域电网的实际数据,运用博弈论方法定量化分析了电力市场化改革(不同电力市场结构)对可再生能源发电的影响,研究认为:竞争机制的引入比垂直一体化垄断模式更有利于促进可再生能源并网发电。为更合理地构建促进有利于可再生能源发展的电力市场化改革机制,本章还分析了国外电力市场设计经验,包括应满足电力市场机制设计中系统对调峰电源的持续需求;应改革电力交易机制、增加电力交易产品;推进可再生能源证书交易机制的建设;等等。

在上述分析的基础上,提出了中国满足可再生能源发展需要的电力市场机制的完善建议:在可再生能源跨省交易电价机制方面,认为应该充分发挥可再生能源电力运行成本低的优势,采取相对灵活的市场定价机制,促进可再生能源的跨省(自治区、直辖市)交易。在辅助服务电价机制方面,应完善辅助服务成本补偿机制,建立辅助服务市场,并先采取相对简单易行的办法尽快估算深度调峰的辅助服务价格,并尽早实施,以后再逐步过渡到先进的计算方法。在需求侧响应电价机制方面,可再生能源并网发电需求响应电价机制的设计可以分三个阶段逐步推进:市场初级阶段实施分时电价机制;市场过渡阶段实施改进的分时电价机制,同时引入关键峰荷电价机制和实时电价机制;市场完善阶段实施改进的分时电价机制、关键峰荷电价机制和实时电价机制。

第 13 章　促进可再生能源发展的宏微观调控运行机制完善

13.1　财税机制的国际经验借鉴

13.1.1　美国经验

经过多年探索实践，美国在支持可再生能源发展方面已形成完善、系统的财税激励政策，包括税收抵免、直接补贴、贷款担保等。这些政策激励力度大，较好地调动了各方投资和应用可再生能源的积极性，促进了美国可再生能源的迅速发展。

1. 税收抵免政策

税收抵免是联邦政府促进可再生能源发展最主要的财税措施，联邦政府根据可再生能源发展的实际情况对税收抵免的覆盖范围、抵免额度不断予以调整。

一是投资税抵免。美国对可再生能源的投资税抵免有两个突出特点：第一，享受投资税抵免的可再生能源范围不断扩大，额度不断增加，但对申请者的资质要求越来越严，目前美国已经开始将全生命周期评价法作为评价一个项目是否值得联邦政府支持的标准。第二，税收抵免的灵活性有所增强，《2009 美国复苏与再投资法案》允许纳税人对新建装置可在可再生电力生产税抵免、投资税抵免及联邦基金之间任选其一；符合条件的用于可再生能源设备制造、研发设备安装、设备重置和产能扩大项目的投资，都可按照设备费用的 30%给予投资税抵免。

二是生产税和生产所得税抵免。生产税抵免可以追溯到《1992 能源政策法案》，该法案对可再生电力生产给予生产税抵免，该政策此后几度调整，目前根据不同的可再生能源类型规定了相应的抵免额度及优惠时效。生产所得税抵免可以追溯到《2005 能源政策法案》，主要集中在生物燃料领域。该法案规定，生产能力小于 6000 万 gal[①]的小型燃料乙醇生产商和生产能力小于 1500 万 gal 的小型生物柴油生产商，可以享受每加仑 0.1 美元的生产所得税减免。

三是消费税抵免。主要集中在生物燃料领域，其中燃料乙醇的消费税减免可以追溯到 1978 年联邦政府的《能源税收法案》中，当时美国政府为鼓励乙醇汽油的使用，免除乙醇汽油每加仑 4 美分的消费税。此后，联邦政府对乙醇汽油的消

---

① 1gal(UK)=4.54609L。

费税减免一直在每加仑 4~6 美分浮动，目前燃料乙醇的消费税减免标准为每加仑 0.51 美元，对用农业原料生产的生物柴油，消费税减免额度为每加仑 1 美元，对使用非农业原料，如动物油脂生产的生物柴油，消费税减免额度为每加仑 0.5 美元。

2. 对生产侧和消费侧直接补贴政策

基于《美国复苏与再投资法案》（2009）的拨款，美国财政部和能源部采取直接付款而非税收减免形式，对 5000 个生物质能、太阳能、风能和其他可再生能源项目设施进行补贴。加利福尼亚州政府出台奖励政策，对获得新型储能系统资格（AES）的供应商提供每瓦 2 美元的补助。为鼓励使用新能源汽车，在税收抵免的基础上，美国能源部还专门建立了一个短期资助项目，对部分购车者直接进行资助。

3. 加速折旧政策

为使可再生能源的投资人加快回收投资成本，美国政府非常重视运用折旧政策。《能源税法案》（1979）提出，可再生能源利用项目可以根据联邦加速折旧成本回收制度享受加速折旧优惠。该政策在此后的《国内税收法案》（1986）、《联邦能源安全法案》（2005）、《能源改进及延长法案》（2008）、《美国复苏与再投资法案》（2009）等法案中有所调整，一些商业化时机已经成熟的可再生能源技术，如风能、太阳能、地热能、燃料电池、微型燃气轮机、地源热泵、热电联产和小型风电等，也被纳入加速折旧的范围内。《2008 联邦经济刺激法案》还提出对一些符合条件的可再生能源项目给予 50%的额外折旧，可以一次性将相关费用的 50%予以折旧，其余部分的折旧按照正常折旧程序操作。

4. 基金支持政策

联邦政府专门设立基金用于扶持可再生能源发展和推进能效改进，包括美国能源部能源基金、财政部可再生能源基金及农业部美国农村能源基金。其中，可再生能源基金由《2009 美国复苏与再投资方案》授权，对 2009 年、2010 年投运的或者 2009 年、2010 年开始安装且在联邦政府规定的税务减免截止日之前投运的可再生能源利用项目的设备投资给予一定额度的补助。基金项目由纳税主体申请，不纳入获益者的应税收入。

5. 债券和贷款担保政策

目前主要的债券有可再生能源债券和节能债券。债券发行人只需支付本金，债券持有人可以根据联邦政府的规定享受税收抵免，调整后的税收抵免额度为联邦政府公布的传统债券利率的 70%。如果抵免额度超过纳税义务，相应部分可以延期到下一个年度。贷款担保项目主要有能效抵押贷款担保、能源部贷款担保、农业部美国农村能源贷款担保。能效抵押贷款担保主要用于推进可再生能源在住宅方面的应用，私房房主可以利用联邦能效抵押贷款进行已有住宅或者新住宅的能效改进和可再生能源利用。能源部贷款担保主要用于可再生能源、能效改进、先进输配电技术和分布式能源系统等领域先进技术的开发。农业部美国农村能源贷款担保项目和农村能源基金项目的用途基本类似。

可再生能源产业是新兴产业，尤其需要在战略上提前谋划，否则很容易出现科技与产业脱节、生产与应用脱节等传统产业发展中常见的问题。美国政府在发展可再生能源方面已经形成了较成熟的战略思路，因此其政策具有一贯性，政策发出的信号也更加科学和有引导力。同时，联邦政府的政策与地方政府的政策也互相补充，互为一体。联邦政策侧重于全局性的、有共性的一些内容，地方政策则充分考虑当地的资源禀赋和经济发展水平，具有一定的灵活性和较强的针对性。此外，美国绝大部分可再生能源政策及为政府决策服务的咨询意见和研究成果都向公众公开，使每一位关心该问题的公民都可以在报刊或者网上看到，公众参与度很高。

13.1.2 欧盟经验

欧盟各成员国都发布了一揽子可再生能源支持方案，目的是到2020年温室气体排放量较1990年的基础上减少20%。这一揽子支持方案包括投资支持、保护性电价、可交易绿色证书、财政和金融措施。其中，投资支持包含财政向可再生能源体系的直接投资。欧盟成员国中有13个国家采取财政和金融措施来促进可再生能源的发展，这些措施主要包括以下几个方面。

1. 财政补贴

投资补贴方面，瑞典对所有可再生能源项目提供投资额10%~25%的补贴。荷兰在绿色能源电价的基础上，对个人投资风电提供20%的补贴，西班牙对光伏发电提供40%的补贴。

信贷扶持方面，德国复兴信贷银行（KFW）、欧洲投资银行等设立了可再生能源投资专项，意大利对从2001年起安装屋顶光伏系统（5~50kW）的项目投资提供85%的免息贷款等。

产品补贴方面，瑞典从1997年开始实行电价补贴制度，政府对生物质发电给予0.9欧分/(kW·h)的补贴。

用户补贴方面，欧洲大部分国家对安装太阳能热水器的用户提供20%~60%的补贴，澳大利亚则直接提供每套500澳元的补贴。这种补贴随着市场和技术的进步而变化，日本起初对光伏发电产品的补贴为40%，现在逐步降到10%以下，并准备在适当的时候取消补贴。

2. 税收优惠

可再生能源税收优惠方面,丹麦、葡萄牙、比利时、爱尔兰等国对个人投资可再生能源项目均免征所得税。爱尔兰对一般企业投资风能、生物质能等项目资金免征企业所得税。在意大利,可再生能源系统的增值税从 20%减至 10%,市民的建筑如装配有可再生能源系统将给予财产税减免,减免程度依赖于财产价值和个人情况。

3. 行政干预

行政干预方面,英国、澳大利亚、美国部分州政府实施强制配额制度,要求垄断性能源企业(主要是电网公司)必须按照国家规定的价格或价格计算规则,收购可再生能源产品;西班牙部分省市,强制要求开发商在新建和既有建筑上安装太阳能热水器。

4. 环境税

瑞典从 20 世纪 70 年代开始实行能源税,90 年代初期对能源税制度进行改革,加大了对环境保护的促进作用,旨在提高能源使用效率,减少化石能源消耗,鼓励使用生物燃料;同时,瑞典还开征了多种专门的环境税,以不同能源的污染物含量和排放量为计税依据。瑞典和英国对非可再生能源电力征收电力税的水平分别为 1.99 欧分/(kW·h)、0.13 欧分/(kW·h)[①]。德国对动力燃料征收较高的矿物油税,每升汽油的矿物油税高达 65.4 欧分,每升柴油的矿物油税为 47 欧分;为鼓励人们使用生物动力燃料,德国对生物动力燃料免征矿物油税,该优惠措施持续至 2009 年。在荷兰,电力消耗需要缴纳环境保护税,缴纳总额依据能源消耗总量和阶段性确定。

13.1.3 对中国的启示

1. 政府支持是可再生能源产业大规模走向市场的重要因素

可再生能源产业一般具有较高的技术含量,研发费用高,成本也较高。为了促进可再生能源技术商业化、提高市场渗透力和经济竞争力,美国、日本和欧盟等国家和地区普遍采取了多种激励政策,其中财税政策便是其中很重要的激励手段。日本于 1997~2004 年对太阳能电池安装进行财政补贴,补贴幅度高达 50%,光伏发电成本足以和传统发电成本相竞争,从而促进光伏发电产业连续八年位居

---

① 资料来源:比较视阈下探析河北省新能源产业及其政府政策激励问题. (2012-07-18)[2020-05-16]. http://www.cnbin.com/bencandy.php?fid-195-id-7786-page-1.htm.

全球首位。2005年日本取消了相关补贴制度后，本土的太阳能发电产业发展呈下降趋势，并被实施财税政策优惠的德国反超，这足以说明政府支持对可再生能源产业发展尤其是产业商业化的初级阶段有非常重要的促进作用。

2. 财税政策多样化有利于支持新能源产业链的整体发展

美国、日本和欧盟等国支持可再生能源产业发展的财税政策包括财政补贴、政府采购、税收激励和税收惩罚等，支持手段多样化。财政补贴包括生产补贴、投资补贴和消费补贴；税收激励主要体现在新能源产品的税收优惠措施，包括降低税率、加速折旧、投资抵免、免税期、亏损弥补等；相对应的，税收惩罚一般是对传统能源征税。从支持重点来看，财税政策支持可再生能源产业链的整体发展。从可再生能源技术研发到产业化投入，从可再生能源产品消费到产品转化推广等，可再生能源产业发展的每一步都有财税政策支持。

3. 注重财税手段和其他经济手段、行政手段等的有机结合

鼓励新能源发展的政策除了财税政策之外，发达国家还非常注重综合运用其他经济政策、行政政策和法律政策等，主要体现在价格激励、信贷扶持、出口鼓励、科研和产业化促进等方面，采取一揽子政策促进再生能源产业的发展。

13.2 调度机制的国际经验

13.2.1 在更大区域内调度是减小电网影响和接入成本的优化选择

在更大区域或市场内进行风电调度有利于提高全国电力市场消纳风电的综合能力。首先，更大的平衡区域有更大的能力接受风电，因为它可以为更多的发电资源提供辅助服务。其次，更大的平衡区域有地理分散的优势，可以平滑风电出力的变化。据欧洲风能理事会（EWEA，2009）2009年2月公布的风电交易研究项目（Trade Wind Project）研究报告[①]，在整个欧盟范围内跨国调度和交易风电将显著提高总体风电消纳能力。该报告对2020年欧盟2亿kW风电装机情景的风电出力概率分析显示，如果在欧盟范围内通过跨国电网进行大范围风电调度，可以使平均风电容量可信度（capacity credit）从各国独立调度消纳风电时的7%增加到14%。现在美国大约有140个平衡区域。每个平衡区域在区域内自己调节负荷和发电的平衡，并满足北美电力可靠性委员会（NERC）的要求。在2004年，明尼苏达州最大的电力公司XcelEnergy研究了15%的风电穿透率（相当于12%的电量），对于单个控制区域，估计风电的接入成本为4.60美元/(MW·h)；2006年在该州所有的

---

① 资料来源：EWEA. Integrating Wind: Developing Europe's power market for the large-scale integration of wind power. TradeWind Project. (2009-09) [2020-1-30]. https://www.researchgate.net/publication/257536641.

控制区域内进行接入研究，风电穿透率相当于25%的电量，接入成本却是4.41美元/(MW·h)。2006年纽约州的独立分析也表明，在单个平衡区域与在州内平衡区域相比，单个平衡区域中1h的、5min的和6s的风电出力变动都更大[①]。

13.2.2 成立可再生能源电力控制中心

为了实现在最大程度吸纳风电的同时，确保电力系统的安全稳定运行，2006年6月西班牙电网公司REE在其调度控制中心下专门成立了世界上第一个可再生能源电力控制中心(CECRE)，负责对全国可再生能源发电进行调度控制。西班牙法律要求风力发电公司必须成立实时控制中心，所有装机容量在1万kW以上的风电场的实时控制中心必须与CECRE直接互联。这些控制中心负责每12s向CECRE上报有功功率、无功功率、电压、温度、风速等风电场运行数据，并根据CECRE的调度指令，调节风电出力，在15分钟内达到相关要求。为了维持系统稳定，在某些特定情况下，CECRE有权切除部分风电或要求风电场降低出力运行。

CECRE的关键部分是风力发电预测系统。该预测系统由三部分组成：风电场数据库、基于自适应时间序列的预测算法、预测组合模块。西班牙1997年实施的《电力法》规定，风电场必须对其发电量做出预测，并上报电网公司。当预测与实际所发电力相差超过20%时，风电场要向电网公司缴纳罚款，相差越大则罚款数目也越大。目前，西班牙已经能够将48h内的预测误差控制在30%以内(平均误差不超过20%)、24h内预测误差控制在15%以内(平均误差不超过10%)，该领域处于世界领先地位。

13.2.3 更多利用市场机制决定风电上网电量

近年来，在实现风电的初步规模化发展后，一些国家(特别是风能资源潜力大且分布集中的欧美国家)开始探讨利用更多市场机制解决大规模风电进入电力系统之后与电力调度相关的问题。优惠政策并不意味着风电企业必须免于电力市场竞争。例如，加拿大阿尔伯塔省电力运行机构(AESO)于2007年9月开始在风电领域引入市场运行框架。在该市场运行框架下，政府不再直接规定风电装机上限(900MW)，而是把风电纳入自由竞争电力市场，对风电上网电量和价格申报(offer)进行相对经济性评价、负荷分配和出力管理(限制出力或出力变化率，甚至要求完全弃风)，更多利用市场机制决定风电上网电量(罗旭和马克，2011)。

北欧电力市场与风电比较相关的是现货市场、日内市场与平衡市场。日内市

[①] 资料来源：国家发展和改革委员会能源研究所. 中国大规模可再生能源发电并网的保障政策研究报告. (2010-10-29) [2018-08-12]. http://www.efchina.org/Reports-zh/reports-efchina-20101029-zh.

场的目标是为发电商和配电商建立一个可以在尽可能接近电力传输时段的时间内交易的市场，允许市场参与者在现货市场成交结果公布后，可以交易每小时的电力合同。北欧电力市场中，丹麦的风电已参与丹麦现货市场交易，风电企业收益由现货市场价格确定。此外，风电企业还可以在日内市场上交易超过或低于预测值的电能。

新西兰电力市场包括现货市场、双边合同交易、备用市场。风电可直接参与电力市场与其他类型机组竞争，主要是参与市场基荷电量竞争。报价截止前 2 个 h 还可变更申报数据，因此风电机组可以根据最新的预测结果变更申报的出力数据，称为"2 个 h 规则"（徐玮等，2010）。上述市场机制有力地促进了这些国家可再生能源的增长。

13.2.4 对中国的启示

中国可再生能源分布不均衡，可再生能源集中地区往往电力负荷相对较低（如东北地区、西北地区），因此，实现可再生能源在更大区域内的调度对于提高全国可再生能源的消纳能力具有重要意义。国际经验也表明在更大的平衡区域进行电力调度可以增加电网接纳可再生能源电力的能力，因为这样可以提高辅助服务的充裕度，还可以平滑可再生能源出力的变化。

同时国际经验还表明，成立可再生能源电力控制中心，对于最大程度吸纳可再生能源具有重要的促进作用。此外，中国普遍使用的电量计划的行政调控方式几乎不反映供求关系，也与电力市场中优胜劣汰、能者多劳的规律相违背。建立适应市场竞争和可再生能源大力发展形势的市场机制，对有效解决计划电量的刚性约束与促进可再生能源发电等发展系统灵活性需求之间的矛盾，以及电力系统内各类不同的发电资源之间的利益冲突具有重要作用。

13.3 发电预测机制的国际经验

13.3.1 欧美国家和地区风电预测预报机制

20 世纪 90 年代初期，欧洲国家和地区就已经开始研发风能预测预报系统并将其应用于预报服务。预报技术多采用中期天气预报模式嵌套高分辨率有限区域模式（或嵌套更高分辨率的局部区域模式）和发电量模式对风电场发电量进行预报，如丹麦 Risoe 实验室开发的 Prediktor 预报系统已应用于丹麦、西班牙、爱尔兰和德国的短期风能预报业务，同时丹麦技术大学开发的风力预测工具（wind power prediction tool，WPPT）也应用于欧洲地区的风能预报。

90 年代中期以后，美国 True Wind Solution 公司研发的风能预报软件 eWind

是由高分辨率的中尺度气象数值模型和统计模型构成的预测预报系统，eWind 和 Prediktor 已用于美国加利福尼亚州大型风电场的预报。加拿大风能资源数值评估预报软件 West 是将中尺度气象模式(mesoscale meteorological model)和风谱分析及应用程序(wind atlas analysis and application program，WAsP)相结合可以绘制出分辨率为 100~200m 的风能图谱，并据此可以对风力发电情况进行预报。目前用于风能预报业务的系统还有德国的 Previento 和风电管理系统(wind power management system，WAPS)等。2002 年 10 月，欧盟委员会资助启动了"为陆地和海上大规模风电场的建设开发下一代风资源预报系统"计划，目标是开发优于现有方法的先进预报模型，重点强调复杂地形和极端气象条件下的预报，同时也发展近海风能预报。

1. 风电预测预报的实施模式

风电预测预报的实施模式原则上由风电预测部门决定，随着越来越多的电网或者电力市场采用风电预测预报，目前有两类不同的风电预测预报实施模式被广泛采用。

(1) 集中预测。由系统或者市场运营商集中预测所属区域的风电场总出力，而不管是否有风电场的积极参与。这种模式的关键是只使用一个集中的风电预测预报系统，这意味着系统或者市场运营商是预测预报积极的参与者，所以其关心预测模型的使用情况。

(2) 分散预测。要求或者激励风电场预测自身出力，且不规定具体的预测方法。这意味着多个不同的风电预测服务商可以通过竞争为多个风电场客户提供预测服务。理论上，系统或者市场运营商不需要了解具体预测方法，可以依靠市场的力量保证预测精度。实际中也存在介于这两种模式之间的变体，如可以要求分散预测系统具有某些共同的技术参数，或者一个集中预测系统使用多个不同时间尺度或覆盖区域的预测模型。这两种模式也可以同时实行，如系统或市场运营商既要求对风电场进行分散预测，也进行自己的集中预测。

2. 风电预测实施模式的关键特征

表 13.1 总结了一些国家风电预测实施模式的关键特征，包括预测实施是市场驱动还是电网要求，预测模式是集中预测还是分散预测，预测模型的选择方式是基于实验还是基于共同研究。

3. 典型的风电预测预报机制

按照是否要求风电场提供风电预测预报，可以将风电预测预报机制分为风电场强制预测预报、风电场自愿预测预报和风电场无要求预测预报三类。

表 13.1 风电预测实施模式的对比

项目	实施模式		实施驱动		预测模型选择方式
	集中	分散	市场	电网	
美国加利福尼亚州电网	是		是		竞争性实验
丹麦 Elantra 电网	是		是	是	共同研究
德国 E.ON 电网	是	有限	是	有限	共同研究
德国 EnBW 电网	是	有限	是		非正式评估
德国 RWE 电网	是	有限	是	否	非正式评估
西班牙电网	是	是	是	是	REE：共同研究 风电场：招标和实验
爱尔兰电网	是	有限	有限	是	ESBNG：共同研究 风电场：招标
英国电网		有限	有限		招标

1) 风电场强制预测预报

风电场强制预测预报主要以爱尔兰电网、西班牙电网、美国新墨西哥州的电力公司 PNM 电网和得克萨斯州 ERCOT 电网为代表。目前，爱尔兰电网总装机容量为 7000MW，与外界互联容量仅为 450MW，而风电装机容量达 700MW，即风电在整个电网的比重为 10%，风电对爱尔兰电网安全、稳定运行影响很大。爱尔兰积极参与欧盟的风电预测预报研究工作，安装了欧洲的 MoreCare 预测预报系统，并主持了 Anemos 风电预测项目。爱尔兰最新的风电并网规程要求超过 30MW 的风电场必须提供预测预报。2007 年实施的市场交易规则为风电上网提供两种选择：按照一般的市场价格享受优先调度权或者参与市场竞价，前者可免除预测误差过大导致的罚款，后者承受罚款。

从 2004 年 3 月起，西班牙颁布新的皇家法令为风电提供了两种电价机制：一种是以固定电价将风电卖给配电公司；另一种是通过电力市场代理商在电力市场出售风电。这两种电价机制对应风电场不同的预测责任：第一，选择固定电价的风电场要求从 2005 年 1 月开始至少提前 30h 预测自身每小时的风电出力，并将预测结果发送给配电公司，预测结果可以不断进行调整直到日内市场关闭前 1h；第二，对参与电力市场的风电场，由于市场代理商必须在 10 点前提交最终的发电计划，目前风电预测要求在每天的早上 10 点前完成，预测的具体要求可以与市场代理商沟通。不管选择哪种电价机制，如果没有遵守发电计划，所有装机容量大于 10MW 的风电场将被罚款。对于选择固定电价机制的风电场，如果预测偏差超过 20%，将会被罚款；对于参与电力市场的风电场，预测偏差的罚款将考虑在每个购电协议中，或者通过市场代理商进行总体协商。

美国新墨西哥州的电力公司 PNM 电网在购电协议中要求风电场必须提供日前每小时预测结果和超短期预测结果；得克萨斯州 ERCOT 电网根据合格调度实体（qualified scheduling entities, QSE）的规定，通过并网协议或者购电协议要求风电场提供日前预测结果。如果预测误差超过发电计划的50%,风电场按照边际出清价格接受罚款。

2) 风电场自愿预测预报

美国加利福尼亚州电力系统运营商 CAISO 是美国首个使用风电预测系统的系统运营商,CAISO 在 2004 年将风电场自愿预测预报作为间歇能源参与计划的一部分引入了加利福尼亚州电网。CAISO 区域内的风电可以选择两种上网发电模式。第一种模式,CAISO 以可避免成本收购风电,第二种模式,风电参与电力市场竞价。由于可避免成本定价在未来存在很大的不确定性,越来越多的风电场运营商倾向于参与电力市场竞价,而风电的属性不适合电力交易机制对发电计划准确性的严格要求。为了解决这个问题,CAISO 实施了基于风电场自愿参加基础上的间歇性能源参与项目,为风电场提供集中预测预报服务。

经过严格的对比试验,CAISO 选择 TrueWind 公司作为风电预测服务的供应商。如果风电业主愿意向 CAISO 缴纳少量的年费[2005 年的费用标准为 0.1 美元/(MW·h)]加入该集中风电预测计划,那么风电场的风电功率预测信息将由 CAISO 提供,并且允许较高的风电预测误差;否则,风电业主只能自己进行风电预测,并且被允许的风电预测误差较小(不加入间歇资源参与计划的风电场按每10min 的不平衡电量结算;而加入计划的风电场按月度不平衡电力结算,大部分预测误差都可以在 1 个月内相互抵消)。为了激励风电预测服务供应商不断努力提高预测精度,CAISO 与 TrueWind 公司签署了处罚和奖励协议。协议规定:如果每月的平均绝对误差(mean absolute error,MAE)大于风电装机容量的 12%,或者每月电力生产偏差大于实际产量的 0.6%,TrueWind 公司将被处以罚款;如果 MAE 小于风电装机容量的 10%,或者每月电力生产偏差小于实际产量的 0.1%,TrueWind 公司将被给予奖励。有关报告显示,风电场向 CAISO 缴纳的年费过少,致使这些年费不能完全抵消购买预测服务的费用,新的计费办法将会出台。

3) 风电场无要求预测预报

德国、丹麦等国家目前的《可再生能源法》赋予风电优先上网权,系统运营商没有在并网协议和购电协议中规定风电场的预测预报义务,并且没有安排风电参与市场竞价,因此风电预测主要由系统运营商承担,风电场业主不需要进行风电预测。这些国家的风电需要在更大的范围内跨境消纳,大规模的风电交易促使这些国家的系统运营商致力于风电预测预报性能的提升。

13.3.2 对中国的启示

1. 风电预测模式

中国风电资源比较集中,因此具备集中预测的条件。同时,中国的电力调度网络是世界上最先进的调度网络之一,风电场与电网调度部门之间的通信设施同样处于世界领先地位。因此,硬件设施不是阻碍中国进行风电预测预报的障碍,反而电网公司具有很好的条件进行集中预测预报。

另外,中国风电也具备进行分散预测的特点。中国大部分新建风电场规模较大,接入电压等级较高,而规划的 7 个 10GW 级风电基地最大化地体现了这种集群化开发的思路。风电场装机容量大意味着分散预测预报的单位容量成本很低,风电场接入电压等级高意味着风电场数据采集与监控系统安装的必要性强,因此,以风电场为单位的分散预测对于新建的大型风电场也比较适用。但是,中国进行分散预测预报的弱点也很明显,风电预测预报技术的落后和预测预报服务供应商的缺乏使风电预测预报服务没有形成可供风电场广泛选择的预测服务供应市场。这在一定程度上限制了中国风电场直接从市场上购买风电预测预报服务的可行性。

2. 技术准备

随着电力市场改革的不断推进,风电可能面临着不得不进入市场竞争的处境,履行供电合同的压力将对风电预测的精度提出更高的要求。因此,应提早进行风电预测预报的相关技术准备工作。甘肃省气象局气象服务中心已于 2012 年 6 月正式启动该省风电天气预报,并在全国气象部门研发并投用了第一套为风电企业服务的风功率预测预报集约化系统。截至 2013 年 3 月,这一预报系统已在风电场取得良好效果,并受到风力发电企业的好评,目前该预报服务已经覆盖该省主要风电场发电、并网需要。

13.4 改革宏观调控机制,实现可再生能源优先调度

13.4.1 电力规划协调机制的完善

1. 改变电网建设的滞后性,提前进行电网建设规划

提前进行电网规划,改变长久以来电网建设滞后于电力建设的局面,加强电网建设。从国外经验来看,电网的提前规划和建设有利于解决可再生能源发电大规模接入和输送问题。中国可再生能源资源分布集中,与负荷中心呈逆向分布,负荷中心本地消纳能力有限,所以可再生能源发电存在着远距离输送等问题。由于电网建设周期长,即使在电网建设和可再生能源发电站建设同时进行规划的前提下,也会出现电网建设速度相对滞后,可再生能源电力无法送出的问题。因此,电网建设规划应该基于对可再生能源电场建设进行预先判断的基础上,先于可再

生能源建设规划进行，以解决可再生能源电力及时送出的问题。

2. 成立统一的电力系统综合资源规划部门，实施动态的电力规划管理

成立统一的电力系统综合资源规划部门，或者将目前比较分散的电力规划权力集中到某一部门之下，对电网建设与电源建设、可再生能源建设与其他电源建设等进行统一的滚动式的综合规划，并负责战略规划协调机制的组织、运行与监督，保证规划有效执行。

同时，也可以考虑成立可再生能源发电调度中心，更好地应对可再生能源发电所面临的各种问题，提高电力系统的稳定性，促进可再生能源并网发电的规模。

3. 建立各部门间的相互协调机制，促进电力战略规划的相互协调

应该建立电网建设和电源建设间、不同电源建设间的相互协调机制，定期举办相关协调会议，进行相关数据、信息和规章的互享；并设立分歧解决机制、连带责任机制等，通过一系列制度性的义务机制和激励机制的规定，促进电力系统相关部门间及时有效地沟通，实现电力战略规划的相互协调，促进可再生能源发电的大规模增长。

4. 建立合理的奖惩机制，提高政府的宏观调控作用

为了保证中央和地方各级电力规划协调一致，促进电力规划的有效实施，应该建立可再生能源发电的奖惩机制，增强国家规划实施的权威性和约束力。中央政府应更好地履行自己的宏观调控职责并提高宏观调控的能力，协调国家和地方可再生能源规划，确保各级规划的步伐一致，发展目标、发展任务和保障措施相互配套。此外，还需明确各部门的规划权限，既要赋予地方政府在相关规划制定中具有一定的权力，又要统筹各地区之间、全国范围内电力综合资源规划战略的协调发展。

13.4.2 财税机制的完善

1. 财税机制中应体现环境外部成本

传统化石能源发电具有环境负外部性特征，而可再生能源发电则是环境友好型的电力供应形式。因此，财税机制的设计中应该体现出可再生能源发电与传统化石能源发电对环境影响的差异性。财税机制的设计可以通过两种方式体现这种差异性：第一，对传统化石能源发电企业征收碳税或其他形式的能源税。这种方式一般会受到来自传统化石能源发电企业的强烈反对，而且企业往往会将增加的成本转移给最终用户，电价上涨的压力比较大。因此，这种方式实行起来难度较大。第二，实施碳排放权交易制度。该种制度下，传统化石能源发电企业自我选择的灵活性相对较大，既可以选择通过技术进步减少碳排放的方式，也可以向其他企业购买碳排放限额。因此，这种方式实施难度相对较小。中国目前已有七个省市开展试点，实施了该项政策。

为了更好地体现可再生能源发电的环境友好型特征，促进可再生能源的发展，在碳排放权交易制度实施中，应该在碳排放权交易制度下，分配给可再生能源发电企业一定的碳排放配额，这样可再生能源发电企业可以通过出售这些配额获得利润，从而提高其市场竞争优势。

2. 应扩大财政补贴的激励范围

在可再生能源发展初期，经济性激励政策，如政府补贴，主要作用于可再生能源自身，实施方式主要是提高可再生能源并网电价、提高其投资收益，这种激励措施往往被认为是非常有效的一种促进可再生能源快速发展的经济性激励措施。但是，随着可再生能源的快速发展，可再生能源并网发电比例不断提高将会引起相关利益主体利益的变化。例如，电网公司电网建设的投资成本会增加，这部分电网投资收益利率一般较低；再如，火电、水电等机组为可再生能源并网发电进行调峰时，会产生调峰成本，还会产生减少发电量的机会成本。这些利益相关者的利益如果不能得到有效补偿，将会影响可再生能源发电比例的进一步增加。

因此，在可再生能源快速增长以后，应将对可再生能源自身进行经济激励的政策重心进行适当调整，即在考虑对可再生能源进行经济激励的同时，考虑对整个电力系统相关利益者的经济激励，以更好地促进可再生能源发电规模的进一步扩大。具体措施可包括：对电网企业为接纳可再生能源发电的电网投资建设给予适当补贴，以保证其投资成本的回收。同时，应进一步完善调峰辅助服务机制，对调峰机组实施更加具有经济激励性的补偿手段，激励调峰电源主动为可再生能源并网发电提供更多的调峰服务。

3. 应该注重财税手段和其他经济手段、行政手段等的有机结合

随着可再生能源发电规模的不断扩大，财政补贴压力不断增大，因此，单独依靠财政补贴政策已经难以满足进一步促进可再生能源发电增长的需要。应该借鉴国际经验，注重财税手段和其他经济手段、行政手段等的有机结合。例如，应该在信贷扶持、科研投入和产业化促进等方面，采取一揽子政策促进可再生能源发电的增长。

13.5 改革微观运行机制，实现可再生能源优先调度

13.5.1 改革年度发电计划

在年度发电计划机制彻底取消之前，可以通过以下完善措施，促进可再生能源并网发电规模的扩大。

1. 年度发电计划制定中优先考虑可再生能源并网发电

年度发电计划制定中应该先将可再生能源年度可能发电量纳入计划安排中。可再生能源年度可能发电量的确定应该主要由三个因素决定：第一，上一年度可再生能源的应发电量；第二，本年度可再生能源的新增装机容量；第三，本年度电网建设情况及促进可再生能源发电量增长的其他条件的改善情况。在优先安排完可再生能源年度可能发电量之后，根据剩余的负荷量情况再安排火电机组的发电量。

2. 通过年度发电计划的适当灵活调整促进更多可再生能源并网发电

年度发电计划每年要进行一次中期调整，如果在中期调整以前，火电机组发电量较少，难以完成全年的发电计划，则可以利用中期调整的机会，降低火电机组的年度发电计划指标。此外，应该淡化对年度发电计划火电机组发电量完成情况的考核，因为火电机组的年度发电计划并不具有强制约束力。即使由于可再生能源并网发电量增加，火电机组的年度发电计划难以完成，电网公司也不需要对此承担任何责任。只要电网公司做到公开、公平、公正调度，即在需要降低火电机组出力的情况下，注意基本同比例地降低各火电机组年度发电量即可。

3. 降低火电发电计划与上一年度发电量的关联程度

目前，火电年度发电计划制定的依据之一是火电机组上一年度的发电量。因此，为了在年度计划安排中多争取发电量，火电机组的开机方式（主要指在线运行的火电机组数量）往往偏大，不仅使火电机组在低出力运行下的燃煤效率降低，而且造成可再生能源并网发电空间大大减少，还造成火电机组向下调峰的能力减弱，不利于实现电力系统的灵活运行。因此，如果割断或者减少火电发电计划与上一年度火电机组发电量的关联关系，将有利于降低火电机组的开机方式，有利于促进可再生能源的并网发电。

综上，可以通过完善年度发电计划机制促进可再生能源发电的增长，这种完善机制应该以法律或者规章的形式进行规定，并由电力监管部门对其有效执行情况进行监督。

13.5.2 电力调度机制的完善

由于风电、火电等可再生能源具有间歇性、反调峰性和不稳定性特征，随着风电并网发电规模的增大，当今国内外从理论界到实践界都非常关注如何协调风电和火电等传统机组的发电调度问题，都在研究如何通过调度模式的改进扩大电网对可再生能源的接纳能力。关于电力调度机制的完善，主要包括以下几方面的工作。

1. 提高调度中心实时调度的管控能力

为了提高调度中心实时调度的管控能力，调度中心应该具备以下主要功能：①对联络线和风电场的实时状态进行监控的功能；②具有有功功率计算和分配的功能；③具有在线预警的功能，提供断面实时约束条件。

为了提高调度中心实时调度的管控能力，电力调度中心应该具备的硬件条件包括：专门的风电管理服务器，可以与风电场能量管理系统进行数据交换；同时需要风电场侧设风电场中控室，监控每台风电机组的运行状况和发电出力情况；另外，风电场还配置有气象数据采集装置，与风电场能量管理系统通过专线进行数据交换。电力调度中心应该具备的软件条件包括：数据采集系统、风电出力预测系统及风电监控系统等，并且风电监控系统应该可以嵌入监控与数据采集系统（SCADA）中的自动发电控制（AGC）模块，并有风电监控专项，对参与频率调整的AGC风电场进行实时监视，同时具备可视化界面。

2. 在更大范围内实现可再生能源的统一调度

宏观层面，中国目前实行的是以省（自治区、直辖市）为实体的调度模式，电力（包括可再生能源电力）原则上在省（自治区、直辖市）内自行平衡，这非常不利于可再生能源电力消纳，因此，在可再生能源的调度方面，需要打破以省（自治区、直辖市）为实体的调度模式，扩大可再生能源的跨省（自治区、直辖市）消纳。如果网调对区域内可再生能源电力拥有直调权，取消联络线关口制约，进行可再生能源电力的全网统一平衡，可以最大限度地消纳区域电网内可再生能源上网电量。由于全网统一平衡，也可最大限度地控制可再生能源对系统调峰、调频的影响。在可能的情况下，甚至可以进一步实现可再生能源发电的跨区域平衡。

3. 确定合理开机组合，挖掘火电机组深度调峰潜力

为了促进更多可再生能源并网发电，应该合理确定不同类型机组的开机组合，尽量降低火电机组的开机数量和发电量；开机机组出力曲线中应该优先考虑可再生能源预计出力情况。同时，应该进一步深入研究火电机组深度调峰情况下的最

佳安全经济调峰曲线，尽可能挖掘火电机组深度调峰的潜力，为更多可再生能源并网发电提供空间。

4. 强化灵活性调度管理

灵活性调度管理主要注重以下三方面的工作：第一，系统调度员应该时刻关注风速的变化，尤其是当风速过高或过低可能超出风机的切入风速时，应该考虑启动灵活备用(flexible reserves)。第二，要求系统内的机组进行日内的可信性评估承诺，每小时进行一次(intra-day reliability assessment commitment with hourly granularity)，该制度目前已在美国实施。调度人员依据这种承诺随时调整对相关机组的调度指令。第三，同时关注电力供给方的灵活性供给及电力负荷方的灵活性需求，对供给和需求的灵活性进行匹配。

13.5.3 电力系统备用机制的完善

1. 备用容量合理规模的确定

按照《电力系统技术导则》的定义：备用分为运行备用和检修备用，其中，运行备用按备用的用处可分为负荷备用和事故备用。负荷备用是指接于母线且立即可以带负荷的旋转备用容量，用以平衡瞬间负荷波动与负荷预计误差。事故备用是指在规定的时间(10min)内，可供调用的备用容量，其中至少有一部分是在系统频率下降时能够自动投入工作的旋转备用发电容量。运行备用按备用的特性可分为旋转备用和非旋转备用。旋转备用容量是指已经接在母线上，随时准备带上负荷的备用发电容量。非旋转备用容量是指可以接在母线上并在规定的时间内(10min)带上负荷的备用发电容量，必要情况下包括在规定的时间(10min)内可切除的负荷。

备用容量的需求取决于负荷峰谷差情况、负荷波动、可再生能源发电比例、可再生能源预测准确性等因素。备用容量过低，会影响到电力系统的安全稳定运行；备用容量过高不仅会产生资源浪费，还会给可再生能源的并网发电带来不利影响。2012年6月5日国家能源局西北监管局颁布的《西北电网备用容量监管办法(试行)》中规定，西北电网旋转备用容量不低于全网最大发电负荷的5%。并首次对电力系统的最大备用容量进行了规定："原则上全网及各省(区)旋转备用容量不得超过对应最大发电负荷的10%。"并进一步规定："因风电、光伏发电或直流受电等因素需要增加旋转备用容量时，应提前向西北电监局备案。"2003年8月颁布的《中国南方电网运行备用管理规定》中明确规定，全网负荷备用不低于全网最大统调负荷的2%，全网事故备用为全网最大统调负荷的8%~12%。

虽然某些区域已对备用容量的规模进行了规定，但是总体上看，针对可再生能源快速发展的备用容量合理规模的确定原则和方法等问题还不够明确，这也是某些地区备用容量偏多的主要原因之一。因此，针对可再生能源发电规模不断扩大的实际情况，研究制定备用容量的合理规模是电力系统备用机制完善中的关键问题之一。

2. 明确可再生能源发电比例与系统备用容量的关系

根据调度执行周期的长短，备用还可以分为一次备用、二次备用和三次备用。电力系统的一次备用也是一次调频，它是针对周期为几秒的小波动而调节的，它的作用时间为 30s 以内。一次调频结束后，会造成频率偏差和区域控制偏差（ACE），而二次备用从 10s 左右开始响应，其开始发挥作用的时间与一次备用逐步失去作用的时间基本相当。三次备用调度执行周期在中国一般为 15min。

可再生能源并网发电对一次备用容量需求影响很小，因为在秒/分时间段上，如同目前的负荷变化一样，可再生能源，如风电总容量出力的快速变化也是随机发生的。将负荷变化与发电变化进行综合考虑时，由风电引起的波动增加非常小。电力系统中的一次备用容量足以应对风电的极快变化（林卫，2014）。

在 10~30min，只有风电比例高于 10%时，才会对二次备用和三次备用需求产生可观的影响，且需求会随风电比例的增加而增加（林卫，2014）。

关于可再生能源发电比例与系统备用容量的关系，Holttinen(2009)表明，当风电比例为总需求量的 10%时，备用容量为风电装机容量的 1%~15%；当风电比例为总需求量的 20%时，备用容量为风电装机容量的 4%~18%。

中国目前针对可再生能源发电比例与系统备用容量关系的规定还不曾见到，这一关系的明确将有利于在保障电力系统安全运营的前提下，促进更大规模的可再生能源并网发电。

3. 确定合理的备用资源采购模式

备用容量采购模式的安排是电力系统备用机制完善中的主要问题之一。如果备用容量由区域电网调度中心统一管理(采购)，可以使各省(自治区、直辖市)的备用资源互相调剂和支援，提高备用资源的使用效率，减少备用容量，减少火电机组开机，从而为风电并网发电创造有利条件。

备用容量统一采购需要解决的主要问题是：第一，目前电力调度的基本原则是以省(自治区、直辖市)内电力平衡为主，省(自治区、直辖市)间联络线计划和年度发电计划是固定的，备用容量统一管理如何与现有机制协调值得进一步研究。第二，备用容量统一采购将对各省(自治区、直辖市)的利益产生影响，这种利益的调整如何完成值得进一步研究。第三，备用容量统一采购后，通过何种方式更有效地分配给各省(自治区、直辖市)电力公司,是用计划方式、市场方式还是计划和市场相结合的方式?

总之,备用容量的统一采购对促进可再生能源并网发电是有利的,但是如何使这种机制与现有其他政策更好地协调需要进一步研究。

13.5.4 机组组合模式的完善

1. 机组组合模式中优先考虑可再生能源出力

目前的机组组合模式对可再生能源出力没有进行优先考虑,即没有将可再生能源出力纳入电力平衡计划中,这对更多吸纳可再生能源发电产生了较大的不利影响。因此,本书建议机组组合模式应该在优先考虑可再生能源出力的情况下进行优化。将可再生能源出力纳入电力平衡计划中的一个重要前提条件是提高可再生能源出力预测的准确性。下面将对此进行讨论。

2. 提高可再生能源出力预测的准确性,保障机组组合模式的优化

提高可再生能源出力预测的准确性,需要注重以下几项工作:①明确可再生能源发电预测主体及其责任。可再生能源发电预测主体包括可再生能源运营商、可再生能源发电预测的中介服务机构,以及电力调度中心。由于电力预测的准确性在很大程度上取决于可再生能源电站数据的准确性及机组运行状态,即在可再生能源发电预测中,可再生能源运营商具有重要作用。即可再生能源运营商应该成为风电预测准确性的责任主体,调度中心的预测起到辅助和参考作用。但是,鉴于可再生能源运营商对可再生能源发电的预测能力可能有限,可考虑由第三方中介组织提供预测服务,可再生能源运营商与第三方签订服务合同。②具体规定预测内容。可再生能源发电预测内容可包括定期预测、关键时期预测(如最大负荷时期、最低负荷时期等)、重要的风电波动(变化速率)预测、极端天气状况预测、即日交易和极短期预测(提前 2~4h)。③规范数据获取。可再生能源发电预测数据的获取以风电预测数据为例,包括两个层次:第一,要求风电场上报历史功率、历史风速、风电机组运行状态等数据。因此,需要风电场具备测风塔,并且能够自动采集测风塔数据,以实现超短期风电功率预测功能,提高风电预测准确率的提高。第二,建设集中预测系统。这需要对观测网络进行投资,以便提供所需气象数据和运行数据,从而对某一区域风电总体出力情况进行预测。

13.6 本章小结

影响可再生能源发展的激励机制可以分为宏观管理机制和微观运行机制。其

中,宏观管理机制主要包括电力规划协调机制和财税机制;微观运行机制主要包括电力年度计划机制、调度机制、开机方式与备用容量安排机制、预测机制等。本章首先从国外财税机制、调度机制、发电预测机制的经验分析入手,探讨了电力市场促进可再生能源发电的宏观管理和微观运行机制的完善问题。

在战略规划协调机制的完善方面,提出了促进可再生能源发电的电力系统综合资源规划建议,包括改变电网建设的滞后性,提前进行电网建设规划;建立各部门间的相互协调机制;建立合理的奖惩机制,提高政府的宏观调控作用。

财税机制的完善方面主要包括三个方面:第一,财税机制中应体现环境外部成本因素。例如,在碳排放权交易制度下,应该分配给可再生能源发电企业一定的碳排放配额,可再生能源发电企业可以通过出售这些配额获得利润,提高其市场竞争优势。第二,应扩大财政补贴的激励范围。在对可再生能源产业进行补贴的同时,兼顾利益相关者的利益,增大对利益相关者的经济激励。第三,应该注重财税手段和其他经济手段、行政手段等的有机结合。

在电力运行机制的完善方面,提出年度发电计划机制的完善中所要解决的重点问题是:年度发电计划制定中优先考虑可再生能源并网发电;通过年度发电计划的适当灵活调整促进更多可再生能源并网发电;同时,应降低火电发电计划与上一年度发电量的关联程度,并尽可能鼓励火电机组多为可再生能源发电进行调峰。

在电力调度机制的完善方面,需要重点解决的问题有:提高调度中心实时调度的管控能力;在更大范围内实现可再生能源的统一调度;确定合理的开机组合,挖掘火电机组深度调峰潜力;强化灵活性调度管理等。在电力系统备用机制的完善方面提出:应确定备用容量的合理规模;明确可再生能源发电比例与系统备用容量的关系;确定合理的备用资源采购模式。在开机方式和机组组合方式的完善方面提出:机组组合模式中优先考虑可再生能源出力;提高可再生能源出力预测的准确性,保障机组组合模式的优化。

第 14 章 结论及展望

促进能源结构由化石能源向以可再生能源为代表的清洁能源转型已成为人类未来能源发展的大趋势。2017 年欧盟 28 国可再生能源发电已超过煤电。2018 年，全球可再生能源装机容量已增长到世界总装机容量的 33% 以上。中国可再生能源近年来已得到快速发展，截至 2018 年底，中国可再生能源装机已达全部电力装机的 20.9%，成为世界上最大的风电和光伏发电装机大国。中国可再生能源的快速发展离不开其所面临的一些重要机遇：第一，对环境保护的高度重视。全球气候变暖和地域性的环境污染是中国进入"新时代"后实现高质量发展目标需要重点应对的问题。目前，北极冰层厚度已降到记录以来最低值，北极冰盖只是 50 年前的一半，海平面上升的速度是 1870 年的 5 倍。全球气候变暖严重威胁人类的生存环境 (Shaw et al., 2014)。此外，中国还面临着地域性环境污染问题。耶鲁大学发布的《2018 年环境绩效指数报告》(2018 Environmental Performance Index)显示，中国在 180 个国家中的"保护人类健康"和"保护生态系统"两个方面的排名均位列第 120 位，相比 2016 年有所下降。其中，空气质量排名 177，仅超过了印度、孟加拉国和尼泊尔。因此，改善地域性的环境质量，促进全球性的温室气体排放减少，是中国面临的一项重要任务。化石能源利用，尤其是煤炭燃烧是全球气候变暖的一个主要原因。与世界能源消费结构中天然气和煤炭比例已大体相当不同的是，中国的一次能源消费中煤炭占比高达 62%，天然气占比仅为 6%(国家统计局，2019)。因此，减少中国煤炭消费，增加可再生能源等清洁能源消费，实现能源体系的低碳化、清洁化发展是中国未来能源发展战略中的一项重要选择。

第二，中国采取了一系列鼓励可再生能源发展的政策措施，这些措施有力地促进了并将继续促进中国可再生能源的快速发展。具体包括：①补贴政策、固定上网电价政策等激励政策(对于此，前面相关章节已有详细分析，这里不再赘述)。②可再生能源配额制与绿色电力证书政策。2017 年 6 月，中国开始实施绿色电力证书制，目前虽然还只限于自愿认购，但这对从需求侧扩大对可再生能源的需求，促进可再生能源等绿色能源消费的文化意识培养，仍然具有积极的重要意义。同时，2018 年 9 月发布的《可再生能源电力配额及考核办法》第二轮征求意见稿中提到，可再生能源电力配额制的实施将进一步促进中国可再生能源的消纳和发展。③碳排放权限额及交易政策。自 2010 年 9 月中国首家碳排放权交易市场在深圳成立以来，已有 8 家碳排放权交易的试点地区；2017 年底，全国又建立了统一的碳排放权交易市场。碳排放权限额及交易的政策，是促进燃煤发电等污染排放企业环境外部成本内部化的手段，这样的政策可以提高燃煤发电成本，从而提高可再生能源等清洁电力的竞争力。④储能政策。储能的发展有利于解决可再生能源出力的不稳定性问题，是可再生能源大规模发展和利用的重要保障。2017年9月，中国颁布了促进储能发展的首个系统性文件——《关于促进储能技术与产业发展的指导意见》，该文件中提到未来10年内要分两个阶段推进储能产业的发展：第一阶段实现储能由研发示范向商业化初期过渡；第二阶段实现由商业化初期向规模化发展转变。之后又相继颁布了《电化学储能系统储能变流器技术规范》（GB/T 34120—2017）、《储能变流器检测技术规程》（GB/T 34133—2017）、《电化学储能电站用锂离子电池管理系统技术规范》（GB/T 34131—2017）等一系列国家标准和行业技术规范，以促进储能产业的规范化发展。

第三，进一步推进电力市场化改革。2015年3月颁布了《中共中央国务院关于进一步深化电力体制改革的若干意见》，随着电力市场化改革的不断深入，可再生能源边际成本低的竞争优势将有利于促进可再生能源的上网消纳；此外，电力市场化改革后，电网公司职能的重新定位（由原有的买电卖电公司转变为提供输电和配电等的服务公司），将有利于电网公司更好地履行公共服务的职能，有利于促进可再生能源消纳。

在中国可再生能源发展面临诸多机遇的同时，同样面临许多挑战。这些挑战主要体现在以下四个方面。

第一，资源分布与电力负荷分布的不平衡性及省（自治区、直辖市）间交易壁垒的存在导致可再生能源的消纳和大规模发展仍然存在重大挑战。例如，中国的风电资源主要分布在"三北"地区（东北、西北、华北），这些地区电力需求相对较低；而网省间交易由于计划管制、地方经济保护等问题，可再生能源的跨省消费依然面临很大困难。

第二，中国电力系统的灵活性电源缺乏。中国的发电结构中，燃煤发电机组占60%以上的比例，导致电力系统缺少灵活性。此外，目前中国的电力调峰辅助服务市场还没有建立，缺少电力调峰电价，这在较大程度上影响了电力调峰电源投资建设的积极性。

第三，中国电力市场中存在较为严重的垄断性，这不但容易导致可再生能源政策传导中的市场失灵，还可能导致政策在制定和实施过程中产生政府失灵，从而使可再生能源发展的激励政策难以奏效。

第四，促进可再生能源发展的补贴缺口巨大。截至2017年底，中国可再生能源发展的补贴缺口已达到1000亿元人民币。如何在减少补贴与促进可再生能源发展之间寻求平衡，以及如何以其他政策弥补补贴政策弱化可能对可再生能源发展产生的不利影响等问题均是中国可再生能源未来发展中需要解决的重要问题。

为了解决中国可再生能源发展面临的挑战，需要结合中国特有的政治、经济和社会文化背景,研究影响中国可再生能源发展的关键性制约因素;需要兼顾环境约束和成本约束,探索适合中国可再生能源大规模发展的科学路径的选择,并需要研究促进向这种发展路径自发式演化的可再生能源发展的激励机制的构建。对于这些问题的研究,既需要考虑在中国这类新兴市场环境下政治经济文化等方面对其的影响,还需要应用和发展社会选择理论、激励相容理论、制度经济学等理论。

总之,可再生能源在过去几十年已得到世界各国的极大重视,引发了新一轮能源革命。近年来欧美等国家和地区每年60%以上的新增发电装机来自可再生能源。2015年,全球可再生能源发电新增装机容量首次超过常规能源发电新增装机容量,表明全球电力系统建设正在发生结构性转变。在这一大背景下,中国政府十分重视可再生能源等清洁能源的发展,制定了可再生能源发展的战略目标。中国《"十三五"能源战略规划》中明确指出,要把发展清洁低碳能源作为调整能源结构的主攻方向。《中共中央国务院关于加快推进生态文明建设的意见》及《印发打赢蓝天保卫战三年行动计划的通知》等一系列重要文件中均强调要加快调整能源结构,构建清洁低碳高效的能源体系。由此可见,促进可再生能源发展已成为中国能源战略的重大走向。今后在推动可再生能源发展的过程中,需要特别关注的问题包括:如何以最小的经济成本和社会成本实现可再生能源对传统化石能源的逐渐替代;如何更好地实现可再生能源发展与温室气体减排的协同;如何在推动可再生能源发展的过程中促进相关产业链发展及社会总体经济的提升;如何实现可再生能源发电行业、电动汽车行业、供热行业、储能行业等相关行业的协同发展;以及如何实现电力流、信息流、价值流的互通与融合等;这些问题都值得我们未来去进行更广阔而深入的研究。

参 考 文 献

安骏. 2005. 600MW 机组汽轮机的寿命管理研究. 华东电力, 33(7): 64-67
白连勇. 2013. 中国火力发电行业减排污染物的环境价值标准估算. 科技创新与应用, (26): 127-127
白云. 2009. 600MW 汽轮机转子低周疲劳寿命计算及研究. 长沙: 长沙理工大学
白云, 汤竞, 毛建民. 2009. 试论地下工程风险管理中参建各方的地位与作用. 土木工程学报, (1): 124-129
北京市统计局, 国家统计局北京调查总队. 1995～2012. 北京统计年鉴 1995～2012. 北京: 中国统计出版社
北京市卫生局, 《北京卫生年鉴》编辑委员会. 2012. 2012 北京卫生年鉴. 北京: 北京科学技术出版社
常建平, 陈大宇. 对跨省(区)长期电能交易合同"灵活"调整机制的几点思考. (2012-03-13)[2020-05-06]. http://wenku.baidu.com/view/1012624afe4733687e21aa16.html
常立宏, 董志刚. 1999. 调峰机组转子寿命管理的分析. 黑龙江电力技术, (2): 23-26
陈建华, 马晓逵. 2009. 中国对外贸易结构与产业结构关系的实证研究. 北京工商大学学报(社会科学版), 24(2): 1-5
陈建华, 郭菊娥, 席酉民, 等. 2009. 秸秆替代煤发电的外部效应测算分析. 中国人口资源与环境, 19(4): 161-167
陈鹏. 2009. 大型汽轮机启停过程优化和寿命管理研究. 北京: 华北电力大学
陈伟强, 石磊, 钱易. 2009. 1991 年～2007 年中国铝物质流分析(Ⅱ): 全生命周期损失估算及其政策启示. 资源科学, 31(12): 2120-2129
陈伟强, 万红艳, 武娟妮, 等. 2009. 铝的生命周期评价与铝工业的环境影响. 轻金属, (5): 3-10
崔和瑞, 艾宁. 2010. 秸秆气化发电系统的生命周期评价研究. 技术经济, 29(11): 70-74
狄向华, 聂祚仁, 左铁镛. 2005. 中国火力发电燃料消耗的生命周期排放清单. 中国环境科学, (5): 632-635
段利东. 2009. 火电厂建设项目运营初期风险评价管理研究. 保定: 华北电力大学
樊庆锌, 敖红光, 孟超. 2007. 生命周期评价. 环境科学与管理, (6): 177-180
傅银银. 2013. 中国多晶硅光伏系统生命周期评价. 南京: 南京大学
高成康, 董家华, 祝伟光, 等. 2012. 基于 LCA 对风力发电机的环境负荷分析. 东北大学学报(自然科学版), 33(7): 1034-1037
郜晔昕. 2012. 中国煤炭发电的外部成本研究. 广州: 华南理工大学
郭丹, 朴在林, 胡博, 等. 2016. 风电场运行数据分析. 电网与清洁能源, 32(4): 93-98
郭晶晶. 2011. 国产 600MW 超临界汽轮机转子寿命研究. 北京: 华北电力大学
郭敏晓. 2012. 风力、光伏及生物质发电的生命周期 CO_2 排放核算. 北京: 清华大学
郭敏晓, 蔡闻佳, 王灿, 等. 2012. 风电场生命周期 CO_2 排放核算与不确定性分析. 中国环境科学, 32(4): 742-747
国家可再生能源中心. 2015. 中国可再生能源产业发展报告·2015. 北京: 中国经济出版社
国家能源局. 2016 年风电并网运行情况. (2017-01-26)[2018-10-20]. http://www.nea.gov.cn/2017-01/26/c_136014615.htm
国家统计局. 1998～2017. 1998～2017 中国统计年鉴. 北京: 中国统计出版社
国家卫生和计划生育委员会. 2014. 中国家庭发展报告 2014, 北京: 中国人口出版社
韩炜. 2013. 1000MW 超超临界汽轮机转子寿命研究. 北京: 华北电力大学
韩炜, 何青, 沈克伟, 等. 2013. 1000MW 超超临界汽轮机转子启动过程的热应力分析. 华电技术, 35(2): 27-32
胡亮, 王娜, 樊祥船, 等. 2013. 东北电网建设抽水蓄能电站必要性分析. 东北水利水电, 31(2): 1-2,5
胡志远, 谭丕强, 楼狄明, 等. 2007. 柴油及其替代燃料生命周期排放评价. 内燃机工程, (3): 80-84
黄少中等. 2012. 大规模可再生能源跨区(省)送出辅助服务成本补偿机制研究. 北京: 观公出版社
黄智贤, 吴燕翔. 2009. 天然气发电的环境效益分析. 福州大学学报(自然科学版), 37(1): 147-150

参 考 文 献

阚海东, 邬堂春. 2013. 中国大气污染对居民健康影响的回顾和展望. 第二军医大学学报, 34(7): 697-699
李伯宁. 1989. 中国土木工程手册. 上海: 上海科学技术出版社
李凡, 李娜, 许昕. 2016. 基于政策工具的可再生能源技术创新能力影响因素研究. 科学学与科学技术管理, 37(10): 3-13
李丰, 张粒子, 舒隽, 等. 2012. 含风电与储能系统的调峰与经济弃风问题研究. 华东电力, (10): 56-61
李洪东, 郭玲丽. 2008. 国外电力监管经验及对中国的启示. 第三届(2008)全国电力营销技术与管理交流研讨会, 西安
李虹. 2004. 中国电力工业监管体制改革研究. 管理现代化, (6): 21-23
李今朝. 2005. 国产300MW火电机组调峰方式的研究. 保定: 华北电力大学
李蔓, 王震, 孙德智. 2009. 聚乙烯生产生命周期评价的研究. 环境科学与技术, 32(5): 191-195
李小冬, 王帅, 孔祥勤, 等. 2011. 预拌混凝土生命周期环境影响评价. 土木工程学报, (1): 132-138
林卫. 2014. 中国可再生能源发电现状分析及发展建议. 华章, (25): 369-370
刘华堂, 李树人. 1997. 国产200MW汽轮机参加调峰运行的寿命管理. 汽轮机技术, (4): 60-65
刘敬尧, 李璟, 何畅, 等. 2009. 燃煤及其替代发电方案的生命周期成本分析. 煤炭学报, 34(10): 1435-1440
刘俊伟, 田录晖, 张培栋, 等. 2009. 秸秆直燃发电系统的生命周期评价. 可再生能源, 27(5): 102-106
刘瑞丰, 刘维刚, 张雯, 等. 2014. 基于配额制的西北可再生能源跨省跨区电力交易经济性评价. 电网与清洁能源, (1): 59-63
刘新东, 陈焕远, 姚程. 2012. 计及大容量燃煤机组深度调峰和可中断负荷的风电场优化调度模型. 电力自动化设备, 32(2): 95-96
吕学勤, 刘刚, 黄自元. 2007. 电力调峰方式及其存在的问题. 电站系统工程, 23(5): 37-40
罗旭, 马克. 2011. 美国得克萨斯州电力可靠性委员会在风电调度运行管理方面的经验和启示. 电网技术, 35(10): 140-146
倪以信. 2002. 电力市场输电服务和辅助服务及其定价. 电力系统自动化, 16: 6-7
潘丽娜. 2009. 乐清市酸雨成因分析与控制对策研究. 杭州: 浙江大学
裴若楠. 2007. 300MW汽轮机组寿命管理. 北京: 华北电力大学
裴世英, 张保衡. 1987. 汽轮机转子的疲劳寿命. 中国电机工程学报, (4): 14-25, 74
任博强, 彭鸣鸿, 蒋传文, 等. 2010. 计及风电成本的电力系统短期经济调度建模. 电力系统保护与控制, 38(14): 67-72
阮仁满, 衷水平, 王淀佐. 2010. 生物提铜与火法炼铜过程生命周期评价. 矿产综合利用, (3): 33-37
王海龙, 赵光洲. 2007. 循环经济对资源环境外部性的作用及问题探讨. 经济问题探索, (2): 22-26
王腊芳, 张莉沙. 2012. 钢铁生产过程环境影响的全生命周期评价. 中国人口·资源与环境, 22(S2): 239-244
王鹏, 张灵凌, 梁琳, 等. 2010. 火电机组有偿调峰与无偿调峰划分方法探讨. 电力系统自动化, 2010, 34(9): 87-90
王如栋, 刘华堂. 2000. 200MW火电机组两班制启停调峰转子寿命分析及预测. 汽轮机技术, (4): 229-231
王新雷, 徐彤, 马实一. 2014. 2015年京津唐电网风电消纳能力研究. 中国能源, 36(9): 39-42
王尧明. 2004. 国产300MW汽轮机转子寿命分配与管理研究. 武汉: 武汉大学
魏先英, 余耀. 1993. 300MW(A156型)汽轮机冷、热态起动寿命损耗分析. 发电设备, (z4): 7-11
吴勇刚. 2013. 大型火电机组汽轮机转子寿命损耗的分析与研究. 机电信息, (9): 39-40
夏云春. 1995. 新国产200MW汽轮机转子疲劳寿命损耗研究. 华东电力, 11: 15-16
谢国辉. 2010. 绿色发电调度模式和模型研究. 北京: 华北电力大学
徐玮, 杨玉林, 李政光, 等. 2010. 甘肃酒泉大规模风电参与电力市场模式及其消纳方案, 34(6): 71-77

徐小宁, 陈郁, 张树深, 等. 2013. 复合硅酸盐水泥的生命周期评价. 环境科学学报, 33(9): 2632-2638
闫风光, 赵晓丽. 2016. 基于环境外部性的风电经济性评价. 现代电力, 33(4): 79-86
叶宏亮, 马文会, 杨斌, 等. 2007. 工业硅生产过程生命周期评价研究. 轻金属, 11: 46-49
于贵勇. 2011. 绿色明证: 风电机组的碳足迹. 风能, (2): 70-71
张保衡. 1987. 大容量火电机组寿命管理与调峰运行. 北京: 水利电力出版社: 1-52
张锋锋. 2007. 大型汽轮机转子疲劳寿命的数值模拟. 北京: 华北电力大学
张粒子, 何勇健, 葛炬. 2012. 中国能源需求与影响因素的协整分析. 中国电力, 45(2): 74-77
赵会茹, 戴杰超. 2013. 基于协整分析法的中国风电电价形成机制有效性检验. 可再生能源, 31(9): 69-73
赵晓丽, 王顺昊. 2014. 基于CO_2减排效益的风力发电经济性评价. 中国电力, 47(8): 154-160
中国标准出版第五编辑室. 2013. 建筑材料标准汇编 混凝土(上)(第四版). 北京: 中国标准出版社
中国电力企业联合会. 1998~2015. 中国电力行业年度发展报告. 北京: 中国市场出版社
中国电力企业联合会. 2007. 电力建设工程概算定额(2006年版). 北京: 中国电力出版社
中华人民共和国环境保护部. 2007~2016. 中国环境统计年报·2006~2015. 北京: 中国环境出版社
中华人民共和国卫生部. 2011. 2011年中国卫生统计提要. 北京: 中国协和医科大学出版社
中华人民共和国卫生部. 2012. 2012年中国卫生统计提要. 北京: 中国协和医科大学出版社
周亮亮, 刘朝. 2011. 洁净燃煤发电技术全生命周期评价. 中国电机工程学报, 31(2): 7-14
周晓霞, 宋子岭. 2009. 两种混凝土的生命周期评价. 环境工程, (s1): 472-475
祝伟光, 高成康, 蔡九菊. 2010. 基于生命周期评价分析风力发电的环境负荷. 全国能源与热工2010学术年会, 厦门
邹治平, 马晓茜. 2003. 风力发电的生命周期分析. 中国电力, 36(9): 83-87

Aadland D, Caplan A J. 2006. Cheap talk reconsidered: New evidence from CVM. Journal of Economic Behavior and Organization, 60: 562-578

Allen B P, Loomis J B. 2008. The decision to use benefit transfer or conduct original valuation research for benefit-cost and policy analysis. Contemporary Economic Policy, 26(1): 1-12

Aravena C, Hutchinson W G, Longo A. 2012. Environmental pricing of externalities from different sources of electricity generation in Chile. Energy economics, 34(4): 1214-1225

Ardente F, Beccali M, Cellura M, et al. 2008. Energy performances and life cycle assessment of an Italian wind farm. Renewable and Sustainable Energy Reviewer, 12: 200-217

Aunan K, Pan X. 2004. Exposure-response functions for health effects of ambient air pollution applicable for China, a meta-analysis. Science of the Total Environ, (3): 3-16

Borchers A M, Duke J M, Parsons G R. 2007. Does willingness to pay for green energy differ by source? Energy Policy, 35(6): 3327-3334

Bravo M A, Son J, De Freitas C U, et al. 2016. Air pollution and mortality in São Paulo, Brazil: Effects of multiple pollutants and analysis of susceptible populations. Journal of Exposure Science and Environmental Epidemiology, 26(2): 150-161

Brown T C, Kingsley D, Peterson G L, et al. 2008. Reliability of individual valuations of public and private goods: Choice consistency, response time, and preference refinement. Journal of Public Economics, 92(7): 1595-1606

Bulte E, Gerking S, List J A, et al. 2005. The effect of varying the causes of environmental problems on stated WTP values, evidence from a field study. Journal of Environmental Economics and Management, 49(2): 330-342

Calori G, Carmichael G R. 1999. An urban trajectory model for sulfur in Asian Megacities, model concepts and preliminary application. Atmospheric Environment, (33): 3109-3117

Carlsson F, Frykblom P, Lagerkvist C J. 2005. Using cheap talk as a test of validity in choice experiments. Economics Letters, 89(2): 147-152

Carrion M, Arrogo J M. 2006. A computationally efficient mixed-integer linear formulation for the thermal unit commitment problem. IEEE Transaction on Power Systems, 21(3): 1371-1378

Cerwick D M, Gkritza K, Shaheed M S, et al. 2014. A comparison of the mixed logit and latent class methods for crash severity analysis. Analytic Methods in Accident Research, 3: 11-27

Chen B H, Hong C J, Zhu, H G, et al. 2002. Quantitative evaluation of the impact of air sulfur dioxide on human health in the urban districts of Shanghai. Journal of Environmental Health, 11(1): 56-59

Chen R, Kan H, Chen B, et al. 2012. Association of particulate air pollution with daily mortality, the china air pollution and health effects study. American Journal of Epidemiology, 175: 1173-1181

Colombo S, Hanley N, Louviere J. 2008. Modelling preference heterogeneity in stated choice data: An analysis for public goods generated by agriculture. Sergio Colombo Stirling Economics Discussion Paper 2008-28. (2019-03-18) [2018-08-10]. http://www.research-gate.net/publication/23646542

Cosmi C, Macchiato M, Mangiamele L, et al. 2003. Environmental and economic effects of renewable energy sources use on a local case study. Energy Policy, 31(5): 443-457

Crawford R H. 2008. Validation of a hybrid life-cycle inventory analysis method. Journal of Environmental Management, 88(3): 496-506

Crawford R H. 2009. Life cycle energy and greenhouse emissions analysis of wind turbines and the effect of size on energy yield. Renewable & Sustainable Energy Reviews, 13(9): 2653-2660

Cummings R L, Taylor L. 1999. Unbiased value estimates for environmental goods: A cheap talk design for the contingent valuation method. The American Economic Review, 89: 649-665

Cyranoski D. 2009. Beijing's windy bet. Nature, 457(22): 372-374

Daniel R, Petrolia T K. 2011. Preventing land loss in coastal Louisiana, estimates of WTP and WTA. Journal of Environmental Management, 92(3): 859-865

De Valck J, Vlaeminck P, Broekx S, et al. 2014. Benefits of clearing forest plantations to restore nature? Evidence from a discrete choice experiment in Flanders, Belgium. Landscape and Urban Planning, 125: 65-75

Dong S Z, Zhang Z Y, Cai C K, et al. 2007. Effects of air pollution on pulmonary function of children in industrial area. Journal of Environmental Health, 15(2): 71-73

Dong X W, Zhi R Z. 2010. Valuing recreational benefits of environmental amenity based on contingent valuation method: A case study of Jiuzhai Gou. International Conference on Environmental Science Information Applied Technology, Calgary

Dusseldorp A, Kruize H, Brunekreef B, et al. 1995. Association of PM10 and airborne iron with respiratory health of adults living near a steel factory. American Journal of Respiratory & Critical Care Medicine, 152: 1032-1039

DuvalJouve M J. 2003. External costs: Research results on socio-environmental damages due to electricity and transport. Bulletin De La Société Botanique De France, 16(9): 381-385

Edin K A. 1997. The future of biofuels: A comment on the paper by Herman Vollebergh. Energy Policy, 25(6): 623-627

Ellis G, Barry J, Robinson C. 2007. Many ways to say 'no', different ways to say 'yes': Applying Q-methodology to understand public acceptance of wind farm proposals. Journal of Environmental Planning and Management, 50(4): 517-551

EWEA. 2009. Integrating Wind: Developing Europe's power market for the large-scale integration of wind power. Trade Wind Project. (2009)[2020-01-30]. https://www.researchgate.net/publication/257536641

Faaij A, Meuleman B, Turkenburg W, et al. 1998. Externalities of biomass based electricity production compared with power generation from coal in the Netherlands. Biomass and Bioenergy, 14(2): 125-147

Fieller E C. 1954. Some problems in interval estimation. Journal of the Royal Statistical Society, 16(2): 175-185

García-Llorente M, Martín-López B, Nunes P A L D, et al. 2012. A choice experiment study for land-use scenarios in semi-arid watershed environments. Journal of Arid Environment, 87: 219-230

Georgakellos D A. 2010. Impact of a possible environmental externalities internalisation on energy prices: The case of the greenhouse gases from the Greek electricity sector. Energy Economics, 32(1): 202-209

Han S Y, Kwak S J, Yoo S H. 2008. Valuing environmental impacts of large dam construction in Korea: An application of choice experiments. Environmental Impact Assessment Review, 28(4): 256-266

Hanemann W M. 1983. Marginal welfare measures for discrete choice models. Economics Letters, 13: 129-136

Hanemann W M. 1984. Welfare evaluations in contigent valuation experiments with discrete response. American Journal of Agricultural Economics, 66: 332-341

Hanley N, Wright R E, Adamowicz V. 1998. Using choice experiments to value the environment. Environmental and resource economics, 11(3-4): 413-428

Heiskanen E, Lovio R, Jalas M. 2011. Path creation for sustainable consumption, promoting alternative heating systems in Finland. Journal of Cleaner Production, 19(16): 1892-1900

Hensher D A, Rose J M, Greene W H. 2005. Applied Choice Analysis: A Primer. Cambridge: Cambridge University Press

Hite D, Duffy P, Bransby D, et al. 2008. Consumer willingness-to-pay for biopower, results from focus groups. Biomass and bioenergy, 32(1): 11-17

Ho K F, Lee S C, Chan C K, et al. 2003. Characterization of chemical species in PM2.5 and PM10 aerosols in Hong Kong. Atmospheric Environment, 37: 31-39

Hobbs B F, Metzler C B, Pang J S. 2000. Strategic gaming analysis for electric power systems, an MPEC approach. IEEE Transactions on Power Systems, 15(2): 638-645

Holttinen. 2009. Design and operation of power systems with large amounts of wind power. Final Report IEA Wind Task, 25(2006-2008)

Huh S Y, Kwak D, Lee J, et al. 2014. Quantifying drivers' acceptance of renewable fuel standard, Results from a choice experiment in South Korea. Transportation Research Part D, Transport and Environment, 32: 320-333

IEA. 2016. CO_2 Emissions From Fuel Combustion 2016. (2018-03-28)[2020-02-01]. https://www.doc88.com/p-1354878061644.html

International Monetary Fund. 2012. World Economic Outlook DatabaseApril 2012 Edition. (2012-01)[2018-05]. http://www.imf.org/external/pubs/ft/weo/2012/01/weodata/index.aspx

Jaeger S R, Rose J M. 2008. Stated choice experimentation, contextual influences and food choice: A case study. Food Quality and Preference, 19(6): 539-564

Kan H D, Chen B H. 2004. Particular air pollution in urban areas of Shanghai, China, health-based economic assessment. Science of the Total Environment, 322(1): 71-79

Kosenius A K, Ollikainen M. 2013. Valuation of environmental and societal trade-offs of renewable energy sources. Energy Policy, 62(5): 1148-1156

Krinsky I, Robb A L. 1986. On approximating the statistical properties of elasticities. The Review of Economics and Statistics, 68(4): 715-719

Ku S J, Yoo S H. 2010. Willingness to pay for renewable energy investment in Korea, a choice experiment study. Renewable and Sustainable Energy Reviews, 14(8): 2196-2201

Kuehn B M. 2014. WHO: More than 7 million air pollution deaths each year. Journal of the American Medical Association, 311(15): 1486

Künzli N, Kaiser R, Medina S, et al. 2000. Public-health impact of outdoor and traffic-related air pollution, a European assessment. The Lancet, 356(9232): 795-801

Kwiterovich P O. 1997. The effect of dietary fat, antioxidants, and prooxidants on blood lipids, lipoproteins, and atherosclerosis. Journal of the American Dietetic Association, 97(7): s31-s41

Kypreos S, Krakowski R. 2005. An assessment of the power-generation sector of China. Paul Scherrer Institut Switzerland. (2005-01)[2018-08-01]. https://www.researchgate.net/publication/265064364_An_Assessment_of_the_Power-Generation_Sector_of_China

Lancaster K J. 1966. A new approach to consumer theory. Journal of Political Economy, 74(2): 132-157

Lee S, Yoo S H. 2009. Measuring the environmental costs of tidal power plant construction, a choice experiment study. Energy Policy, 37(12): 5069-5074

Li J, Guttikunda S K, Carmichael G R, et al. 2004. Quantifying the human health benefits of curbing air pollution in Shanghai Journal of Environmental Management, 70(1): 49-62

Li X, Feng K S, Siu L Y, et al. 2012. Energy-water nexus of wind power in China, the balancing act between CO_2 emissions and water consumption. Energy Policy, 45, 440-448

Lim S Y, Lim K M, Yoo S H. 2014. External benefits of waste-to-energy in Korea, a choice experiment study. Renewable and Sustainability Energy Reviews, 34: 588-595

List J A, Gallet C A. 2001. What experimental protocol influence disparities between actural and hypothetical stated values. Environmental and Resource Economics, 20: 241-254

List J A. 2001. Do explicit warnings eliminate the hypothetical bias in elicitation procedures? Evidence from field auctions for sports cards. American Economic Review, 91: 1498-1507

Longo A, Markandya A, Petrucci M. 2008. The internalization of externalities in the production of electricity, willingness to pay for the attributes of a policy for renewable energy. Ecological Economics, 67(1): 140-152

Louviere J J, Hensher D A. 1982. On the design and analysis of simulated choice or allocation experiments in travel choice modelling. Transportation Research Record, 890: 11-17

Louviere J J, Woodworth G. 1983. Choice allocation consumer experiments: An approach aggregate data. Journal of Marketing Research, 20: 350-367

Louviere J J, Hensher D A, Swait J D. 2000. Stated Choice Methods: Analysis and Application. Cambridge: Cambridge University Press

Lovio R, Mickwitz T, Heiskanen E, et al. 2011. Path dependence, path creation and creative destruction in the evolution of energy systems//Wüstenhagn R, Wuebker R. Handbook of Research on Entrepreneurship. Cheltenham: Edward Elgar Publishing Limited: 274-301

Lu X, McElroy M B, Peng W, et al. 2016. Challenges faced by China compared with the US in developing wind power. Nature Energy, 23: 50-61

Margolin B H. 1968. Orthogonal main-effect 23 designs and two- factor interaction aliasing. Technometrics, 10: 559-573

Markandya R. Boyd. 2000. Economic evaluation of environmental impacts and external costs, Metroeconomica, (5): 891-899.

Martnez E, Sanz F, Pellegrini S, et al. 2009. Life cycle assessment of a multi-megawatt wind turbine. Renewable Energy, 34: 667-673

Mcfadden D. 1986. The choice theory approach to market research. Marketing Science, 5(4): 275-297

Mendelsohn R, Dinar A, Williams L. 2006. The distributional impact of climate change on rich and poor countries. Environment and Development Economics, 11(2): 159-178

Meyer N I. 2004. Renewable energy policy in Denmark. Energy for Sustainable Development, 8(8): 25-35

Mahapatra D, Shukla P R, Dhar S. 2012. External cost of coal based electricity generation: A tale of Ahmedabad city. Energy Policy, 49: 253-265

Odeh N A, Cockerill T T. 2008. Life cycle analysis of UK coal fired power plants. Energy Conversion and Management, 49(2): 212-220

Ostro B D. 1983. The effects of air pollution on work loss and morbidity. Journal of Environmental Economics and Management, 10(4): 371-382

Pehnt M, Oeser M, Swider D J. 2008. Consequential environmental system analysis of expected offshore wind electricity production in Germany. Energy, 33(5): 747-759

Polzin F, Migendt M, Täube F A, et al. 2015. Public policy influence on renewable energy investments—A panel data study across OECD countries. Energy Policy, 80: 98-111

Pope C A, Dockery D W. 2006. Health effects of fine particulate air pollution, lines that connect. Journal of the Air and waste Management Association, 56: 709-742

Sáez R M, Linares P, Leal J. 1998. Assessment of the externalities of biomass energy, and a comparison of its full costs with coal. Biomass and Bioenergy, 14(5-6): 469-478

Samakovlis E, Huhtale A, Bellander T, et al. 2005. Valuing health effects of air pollution focus on concentration-response functions. Journal of Urban Economics, 58(2): 230-249

Schaafsma M, Brouwer R, Liekens I, et al. 2014. Temporal stability of preferences and willingness to pay for natural areas in choice experiments: A test-retest. Resource and Energy Economics, 38: 243-260

Shaw C, Hales S, Howdenchapman P, et al. 2014. Health co-benefits of climate change mitigation policies in the transport sector. Nature Climate Change, 4(6): 427-433

Söderholm P, Sundqvist T. 2003. Pricing environmental externalities in the power sector: Ethical limits and implications for social choice. Ecological Economics, 46(3): 333-350

Soliño M, Prada A, Vázquez M X. 2009a. Green electricity externalities, Forest biomass in an Atlantic European Region. biomass and bioenergy, 33(3): 407-414

Soliño M, Vázquez M X, Prada A. 2009b. Social demand for electricity from forest biomass in Spain, Does payment periodicity affect the willingness to pay? Energy Policy, 37(2): 531-540

Soliño M, Farizo B A, Vázquez M X, et al. 2012. Generating electricity with forest biomass, Consistency and payment timeframe effects in choice experiments. Energy Policy, 41: 798-806

Solomon B D, Johnson N H. 2009. Valuing climate protection through willingness to pay for biomass ethanol. Ecological Economics, 68(7): 2137-2144

Sun C W, Yuan X, Yao X. 2016. Social acceptance towards the air pollution in China: Evidence from public's willingness to pay for smog mitigation. Energy Policy, 92: 313-324

Sun Y, Zhuang G, Tang A, et al. 2006. Chemicalcharacteristics of PM2.5 and PM10 in haze-fog episodes in Beijing. Environmental Science Technology, 40: 3148-3155

Sundqvist T. 2004. What causes the disparity of electricity externality estimates? Energy Policy, 32: 1753-1766

Susaeta A, Alavalapati J, Lal P, et al. 2010. Assessing public preferences for forest biomass based energy in the southern United States. Environmental management, 45(4): 697-710

Susaeta A, Lal P, Alavalapati J, et al. 2011. Random preferences towards bioenergy environmental externalities: A case study of woody biomass based electricity in the Southern United States. Energy Economics, 33(6): 1111-1118

Train K. 2009. Discrete Choice Methods With Simulation. 2nd ed. New York: Cambridge University Press

Tremeac B, Meunier F. 2009. Life cycle analysis of 4.5MW and 250W wind turbines. Renewable & Sustainable Energy Reviews, 13(8): 2104-2110

Turner R K, Pearce D, Bateman I. 1995. Environmental economics: An elementary introduction. Fuel and Energy Abstracts, 36(2): 136

van der Kroon B, Brouwer R, van Beukering P J H. 2014. The impact of the household decision environment on fuel choice behavior. Energy Economics, 44: 236-247

Vollebergh H. 1997. Environmental externalities and social optimality in biomass markets, waste-to-energy in The Netherlands and biofuels in France. Energy policy, 1997, 25(6): 605-621

Wang Y X, Sun T Y. 2012. Life cycle assessment of CO_2 emissions from wind power plants, methodology and case studies. Renew Energy, 43: 30-36

WHO. 2006. Air Quality Guidelines, Global Update 2005: Particulate matter, ozone, nitrogen dioxide and sulphur dioxide. WHO Regional Publications, Copenhagen: WHO Regional Office for Europe

WHO. 2013. Review of Evidence on Health Aspects of Air Pollution REVIHAAP Project. WHO Regional Publications, Copenhagen: WHO Regional Office for Europe

Xu M M, Guo Y M, Zhang Y J, et al. 2014. Spatiotemporal analysis of particulate air pollution and ischemic heart disease mortality in Beijing, China. Environmental Health. 13(1): 1-12

Yang J, Chen B. 2013. Integrated evaluation of embodied energy, greenhouse gas emission and economic performance of a typical wind farm in China. Renewable and Sustainable Energy Reviewer, 27: 559-568

Yang M J, Pan X C. 2008. Time-series analysis of air pollution and cardiovascular mortality in Beijing, China. Journal of Environmental Health, 25(4): 294-297

Yang Q, Chen G Q, Zhao Y H, et al. 2011. Energy cost and greenhouse gas emissions of a Chinese wind farm. Procedia Environmental Sciences, 5: 25-28

Yoo J, Ready R C. 2014. Preference heterogeneity for renewable energy technology. Energy Economics, 42: 101-114

Zarnikau J. 2003. Consumer demand for 'green power' and energy efficiency. Energy Policy, 31(15): 1661-1672

Zhang L Y, Liu F Z, Jin L. 1999. The study on the effects of air pollution on the children's health in an industrial area in Tianjin. Journal of Environmental Health, 16(2): 93

Zhang M, Song Y, Cai X. 2007a. A health-based assessment of particulate air pollution in urban areas of Beijing in 2000-2004. Science of the Total Environment, 376(1-3): 100-108

Zhang Q, Weili T, Yumei W, et al. 2007b. External costs from electricity generation of China up to 2030 in energy and abatement scenarios. Energy Policy, 35(8): 4295-4304

Zhang X M, Pei X K, Wang J H. 2000. Epidemiological study on air pollution. Journal of Environmental Health, 17(1): 9

Zhao X L, Ma Q, Yang R. 2013. Factors influencing CO_2, emissions in China's power industry, Co-integration analysis. Energy Policy, 57(6): 89-98

Zhao X L, Li S J, Zhang S F, et al. 2016. The effectiveness of China's wind power policy: An empirical analysis. Energy Policy, 95: 269-279

Zhao X L, Cai Q, Ma C B, el al. 2017. Economic evaluation of environmental externalities in China's coal-fired power generation. Energy Policy, 102: 307-317